JN232536

2現象オシロの簡単操作ガイドブック

# オシロスコープ入門

### 田中 新治 著

CQ出版社

## 電気に弱い人にもわかるガイドブック

　本書では、これからオシロスコープの操作を習いたい人、使い始めて間もない人、あるいはみようみまねで取りあえず使っている人々など、いわゆるビギナーを対象にオシロスコープの使い方を説明しています。
　それ故、オシロスコープがどのような仕組みで動作しているかなど、ここでは細かく説明していません。オシロスコープそのものはブラック・ボックスであっても、オシロスコープの操作の習得に支障はありません。
　どのようにすれば波形の観測ができるのか？、交流電圧や周波数を求めるには？精度の高い測定方法は？など、実践的な内容に重点をおいています。
　理系の人でないと理解し難いオームの法則やデシベルなど、電気の専門知識が必要な記述は使わず、文系の人にも理解しやすいように別の表現に変えたり、オシロスコープの操作の習得に限れば、急いで知る必要もないと思われるものはあえて省略しました。
　以下は本書の章タイトルですが、最初のページから順に読む必要はありません。自分のオシロスコープに対する理解度により、知りたい内容のページへ一気にジャンプして読まれるほうがスキルアップの早道です。ぜひこの機会にプロフェッショナルへの道を目指して頑張ってください。

```
第 1 章 .... 波形と電圧との関係
第 2 章 .... ブラウン管の基礎知識
第 3 章 .... オシロスコープの動作原理
第 4 章 .... ノブ（つまみ）やスイッチの説明
第 5 章 .... オシロスコープの操作方法
第 6 章 .... 2現象オシロスコープの操作方法
第 7 章 .... オシロスコープの基本測定
第 8 章 .... リサジュー図形の仕組み
第 9 章 .... プローブ（Probe）
第10章 .... 測定時の誤差
第11章 .... スキルアップ・テクニック
第12章 .... FAQ（よく聞かれる質問）
第13章 .... 定格の読み方
第14章 .... オシロスコープの用語集
インデックス
Appendix.. 遅延掃引（Delayed Sweep）
```

## ⚠ 注 意

　本書の内容は、製品化されたオシロスコープをベースに記述していますが、随所に、他の類似機種での実例も引用し記述しています。

　オシロスコープの取り扱いや操作方法に関して正確な情報を提供するよう務めましたが、個々に機種を特定して説明しているわけではありませんので、お手元の製品(オシロスコープ)マニュアルの記述と相違が出てくることも考えられます。万一、本書の記述と実行結果が異なる場合は、製品マニュアルの記述に従って操作してください。

　本文中に多数掲載している製品や波形、その他の図画については、本書の理解を容易にすることを重点にイラスト化したので、必ずしも現実の形に忠実ではありません。

　なお、本書によりオシロスコープを使用したことによるデータやハードウェア、その他への影響や被った損害などについては、いかなる事例も著者、出版社とも一切責任を負いません。

# オシロスコープ（Oscilloscope）とは、

　　　　オシロスコープとは、時間の経過と共に電気信号（電圧）が変化していく様子をリアルタイムでブラウン管に描かせ、目では見ることのできない電気信号の変化していく様子を観測できるようにした波形測定器です。

　このブラウン管は、ドイツ人のブラウン(Karl Ferdinand Braun)が、大学の学生に電流の波形を見せるための教材として1897年に試作した陰極線管(Cathode Ray Tube)が原型とされ、今では彼の名前で広く呼ばれるようになりました。

　現在、テレビジョンに使われているブラウン管は、オシロスコープのものとは仕組みが異なりますが、ルーツを遡れば同じ所へ行き着きます。

　オシロスコープは、このブラウン管上の輝点の動きの速さや振れの大きさを測ることで、間接的に電気信号の電圧の時間的変化を簡単に測ることができます。

　ですから、測定しようとする現象が電圧の形に変換できれば、電気信号の変化だけでなく、温度、湿度、速度、圧力‥‥など、色々な現象の変化量を測ることができます。

　また、メータ類と大きく異なるところは、単にその電圧の平均的な値を測るためのものではなく、電圧が変化していく様子を時々刻々と目で追いかけたり、突発的に発生する現象も捉えることができます。

　しかも、非常に高い周波数の電気信号の変化もブラウン管に描くことが可能で、エレクトロニクス分野のエンジニアには必携の波形測定器として重宝がられています。

　本書は、ビギナーを対象にしているので、難解な回路構成や信号処理にはあえて触れず、オシロスコープの概念と基本的操作、使い方に絞ってやさしく解説しています。

　オシロスコープのハードウェアの説明よりも、どのように操作すればオシロスコープの機能を100パーセント活用できるのかを説明することにウエイトをおいてます。

CS-4135

ぜひ、皆さんも本書を片手にオシロスコープを操作してみてください。習うより慣れろ‥‥意外に簡単であることがわかってくると思います。
　ここでマスターすることはオシロスコープのベーシックですから、その基本的な考え方は将来も変わることはありません。本書が皆さんのオシロスコープによる測定技術の向上に少しでもお役に立てば幸いです。
　最後になりましたが、執筆に際しご協力頂いた横井俊彦さんをはじめ、出力センター、印刷会社、出版社など、多くの方々のお世話になりありがとうございました。この紙面をお借りして厚くお礼申し上げます。

2000年7月　　田中 新治

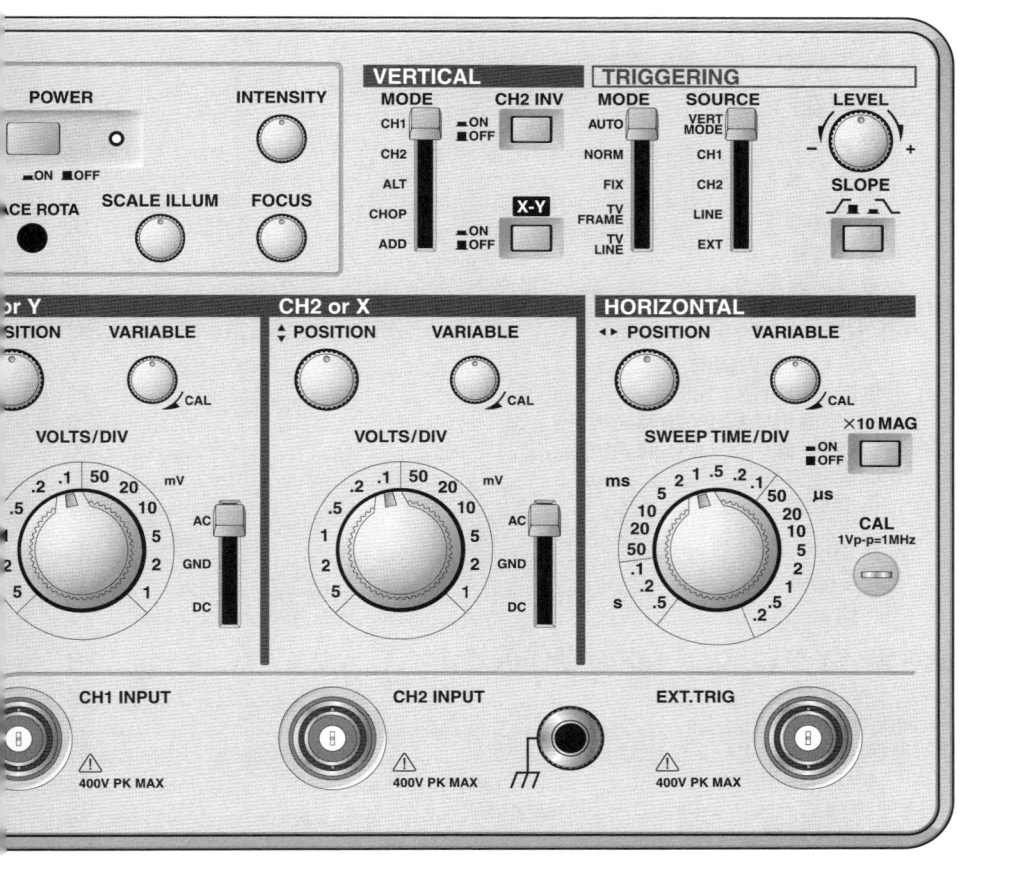

# 目次

## 第1章 波形と電圧との関係 ...... 12
直流電圧と交流電圧 ...... 12
代表的な波形 ...... 13
正弦波 ...... 13
ノコギリ波 ...... 13
方形波 ...... 14
パルス波 ...... 14
交流電圧計の限界 ...... 14

## 第2章 ブラウン管の基礎知識 ...... 16
ブラウン管の種類 ...... 16
電磁偏向形ブラウン管 ...... 16
静電偏向形ブラウン管 ...... 16
静電偏向形ブラウン管の構造 ...... 17

### 電子銃部（ガン） ...... 18
カソード ...... 18
制御グリッド ...... 18
第2グリッド ...... 18
第1陽極 ...... 18
第2陽極 ...... 18
後段加速電極 ...... 19

### 偏向部（ヨーク） ...... 20
ブラウン管の偏向部 ...... 20
偏向板の構造 ...... 20
 垂直偏向板（Y軸偏向板） ...... 20
 水平偏向板（X軸偏向板） ...... 20
偏向板の機能 ...... 20
偏向感度 ...... 21

### 蛍光面（スクリーン） ...... 26
残光時間 ...... 26
目盛 ...... 27

## 第3章 オシロスコープの動作原理 ...... 28
基本的な動作 ...... 28
同期方式 ...... 31
 同期掃引方式 ...... 31
 トリガ掃引方式 ...... 32
トリガ掃引方式オシロスコープの回路構成 ...... 33
 入力減衰器 ...... 33

# 目次

　　垂直プリアンプ ........................................................................... 34
　　遅延回路（ディレー・ライン） ................................................. 34
　　垂直メイン・アンプ .................................................................. 34
　　トリガ発生器 ............................................................................ 34
　　掃引ゲート回路 ........................................................................ 35
　　掃引発生器 ................................................................................ 35
　　ホールドオフ回路 .................................................................... 35
　　水平軸増幅器 ............................................................................ 35
　　アンブランキング回路 ............................................................. 35
　　電源 / 高圧回路 ......................................................................... 35
　　校正電圧回路 ............................................................................ 35
　　ブラウン管 ................................................................................ 35
　2現象オシロスコープの回路構成 ................................................ 36
　　2信号の切替方式 ..................................................................... 36
　　ALT（オルタ）方式とは .......................................................... 37
　　CHOP（チョップ）方式とは .................................................. 37

## 第4章 ノブ（つまみ）やスイッチの説明 ...............................38

　　SCREEN（蛍光面） ................................................................... 38
　　POWER（電源スイッチ） ........................................................ 39
　　SCALE ILLUM（目盛照明調整） ............................................. 39
　　INTENSITY（輝度調整） ......................................................... 39
　　FOCUS（焦点調整） ................................................................ 40
　　TRACE ROTA（輝線傾き調整） ............................................. 40
　　VERTICAL POSITION（垂直位置調整） ................................ 41
　　CH1 INPUT / CH2 INPUT（信号入力端子） ........................ 42
　　AC - GND - DC（入力結合切替） ........................................... 43
　　VERTICAL MODE（垂直入力切替） ....................................... 43
　　CH2 INV（CH2 反転） ............................................................. 45
　　X-Y（X-Y モード切替） ........................................................... 45
　　VOLTS/DIV（垂直感度調整） ................................................. 46
　　VARIABLE（垂直感度微調整） ............................................... 51
　　リアパネルにある機能 ............................................................. 52
　　　　CH1 OUT（CH1 信号出力） ............................................. 52
　　　　Z AXIS INPUT（輝度変調入力） ...................................... 52
　　SWEEP TIME/DIV（掃引時間切替器） .................................. 53
　　VARIABLE（掃引時間微調整） ............................................... 56
　　HORIZONTAL POSITION（水平位置調整） ......................... 57
　　×10MAG（10倍掃引拡大） .................................................... 58
　　CAL（校正用電圧端子） .......................................................... 59
　　EXT. TRIG（外部トリガ入力端子） ....................................... 60
　　GND（接地端子） .................................................................... 60
　　TRIGGERING MODE（トリガ・モード選択） ...................... 60
　　TRIGGERING SOURCE（トリガ信号選択） ......................... 61
　　TRIGGERING SLOP（トリガ・スロープ設定） .................... 62
　　TRIGGERING LEVEL（トリガ・レベル調整） ...................... 63

オシロスコープ入門　**7**

## 第 5 章 オシロスコープの操作方法 ..... 64
電源を ON する前にあらかじめ基本ポジションにセット ..... 64
基本ポジションにセットしたら電源 ON ..... 66
ノブやスイッチのセットが完了したら信号を入力 ..... 68
 ① 波形の位置を上下に移動させる ..... 76
 ② 波形の位置を左右に移動させる ..... 76
 ③ 波形の振幅を連続的に変える ..... 78
 ④ 大信号や微少信号を適当な大きさ（振幅）にする ..... 78
 ⑤ 波形の周期を連続的に変える ..... 80
 ⑥ 波形の周期を適当な数にする ..... 80

## 第 6 章 2 現象オシロスコープの操作方法 ..... 82
電源を ON する前にあらかじめ基本ポジションにセット ..... 82
二つの信号を同時に観測する ..... 82
AUTO と NORM を切り替えてみる ..... 84
VERT MODE / CH1 / CH2 を切り替えてみる ..... 84
スロープの＋と－を切り替えてみる ..... 86
入力信号を切り替えて表示波形を確かめてみる ..... 88

## 第 7 章 オシロスコープの基本測定 ..... 90
電圧の測定 ..... 90
時間の測定 ..... 91
リサジュー図形による測定 ..... 91

## 電圧の基本測定 ..... 92
交流電圧の測定 ..... 92
直流電圧の測定 ..... 96
交流分を含んだ直流電圧の測定 ..... 100
 「直流電圧分の測定」 ..... 100
 「交流電圧分の測定」 ..... 102

## 時間の基本測定 ..... 104
時間の測定 ..... 104
周波数の測定 ..... 106

## リサジュー図形による基本測定 ..... 108
振幅の比較 ..... 110
位相差の算出 ..... 112
周波数の比較 ..... 114

## 第 8 章 リサジュー図形の仕組み ..... 118
同じ周波数によるリサジュー図形 ..... 119
「リサジュー」と言われる由縁 ..... 120
リサジュー図形の例 ..... 121

# 目次

## 第 9 章 プローブ（Probe） ... 122
- プローブの種類 ... 122
- プローブの仕組み ... 123
- プローブの仕様 ... 123
- プローブの校正 ... 124

## 第 10 章 測定時の誤差 ... 126
- 読み取り誤差を少なくする（電圧測定）... 126
- 読み取り誤差を少なくする（時間測定）... 128
- 周波数特性による測定誤差 ... 129
- 立上り時間（パルス）の測定誤差 ... 130
- 定格で定められた許容誤差 ... 131

## 第 11 章 スキルアップ・テクニック ... 132
- 電源を ON する前にあらかじめ基本ポジションにセット ... 132
- 基本ポジションにセットしたら電源 ON ... 134

### トリガソースの選択方法 ... 136
- VERT MODE がトリガ信号を自動選択 ... 136
- ［LINE］は電源同期（50 Hz or 60 Hz）専用 ... 139
- ［EXT］は外部信号でトリガ ... 139

### ×10MAG の測定 ... 140
- ×10MAG と SWEEP TIME/DIV の測定は同じか？ ... 140
- ×10MAG と SWEEP TIME/DIV の動作の違いは？ ... 142
- 「×10MAG」と「SWEEP TIME/DIV」それぞれの波形表示 ... 143

### 方形波やパルス波の測定 ... 144
- 方形波、パルス波の各部分の定義 ... 145
- スクリーンの目盛 ... 145
- 立上り時間の測定 ... 146
- 立下り時間の測定 ... 148
- パルス幅の測定 ... 150

### 2 信号の時間差と位相差の測定 ... 152
- 2 信号の時間差の測定 ... 152
- 2 信号の位相差の測定 ... 154

### 2 信号の和と差の測定 ... 158
- 2 信号の和の測定 ... 158
- 2 信号の差の測定 ... 160

### 映像信号（ビデオ信号）の観測 ... 164
- ビデオ信号の観測 ... 164

# 第12章 FAQ（よく聞かれる質問）..........................................166
- 他の場所にオシロスコープを移動したら輝線が傾いてしまった .................166
- 波形の輝度が普段より暗い ..........................................................166
- 電源スイッチを ON したがブラウン管に何も現れない ........................166
- 輝度が暗く波形というよりは斜線（または円弧の一部）に見える .............166
- 波形の輝度が暗くスクリーンの左右外側にも波形が続いている ...............166
- 輝線が太く滲んでいるように見える ..............................................167
- TRIGGERING MODE スイッチが NORM の時に輝線が見えない .............167
- TRIGGERING MODE スイッチが AUTO でも輝線が見えない ..................167
- 信号を入力しているが輝線しか見えない .........................................167
- CH1 に信号を入れても波形が見えない ...........................................167
- CH1 と CH2 に同時に信号を加えているが CH1 の波形しか見えない .......167
- 電源スイッチを ON したが輝点しか見えない ...................................168
- CH1 に信号を加えたが縦に輝線が 1 本見えるだけ .............................168
- リサジュー図形が HORIZ. POSITION ノブで横方向に移動できない ........168
- リサジュー測定の時に図形の縦と横が説明と違う ..............................168
- CH2 の信号が TRIGGERING SLOP の設定と逆にトリガする .................168
- VERTICAL MODE を ADD にしたが予想した波形と異なっている ...........168
- HORIZ. POSITION ノブを回しても輝線がスクリーンから外へ出ない .....168
- TRIGGER LEVEL ノブが中央付近にあっても波形が静止しない .............169
- 波形の振幅を小さくすると波形が静止しない ....................................169
- 波形の振幅が 1 div 位から小さくなると静止しなくなる .....................169
- Triggering Mode スイッチが NORM でも波形が静止しない ..................169
- 波形の立ち上がり部分から見たいのに立ち下がり部分からになる ..........169
- 低周波（50 Hz 以下）になると波形が時々動いてしまう .....................169
- ビデオ信号が静止しない ............................................................170
- ×10MAG スイッチを ON にすると波形が左右に揺れ動いている ............170
- 低周波を 2 現象表示している時に波形がちらついて見にくい ..............170
- 2 現象表示している時に表示波形が細切れになる .............................170
- 信号（直流電圧）を加えたが輝線が動かない ...................................170
- 直流分を含んだ微少交流電圧を測定したいが波形が見えない ...............170
- 同じ信号源からの測定で前回と全然違う測定値となった ....................171
- 測定波形に交流雑音が混じっている ..............................................171
- 高い周波数で測定した電圧は誤差が大きいようだ？ ..........................171
- パルス波の立り時間を測定したが測定値が大き過ぎる？ ...................171
- プローブを使用したら測定値が一桁小さくなってしまった .................171

# 第13章 定格の読み方 ..........................................................172
「ブラウン管」..............................................................................172
　形式 ........................................................................................172
　加速電圧 ..................................................................................172
　有効面 .....................................................................................172
「垂直軸」..................................................................................172
　動作様式 ..................................................................................172

|    |    |
|---|---|
| 感度、減衰器 | 173 |
| 周波数特性 | 173 |
| 入力インピーダンス | 174 |
| 最大入力電圧 | 174 |
| CHOP 周波数 | 174 |
| 「水平軸」（CH2 入力） | 174 |
| 　動作様式 | 174 |
| 　感度 | 174 |
| 　入力インピーダンス | 174 |
| 　周波数特性 | 175 |
| 　X-Y 間位相特性 | 175 |
| 「掃引」 | 175 |
| 　掃引時間 | 175 |
| 　掃引拡大 | 175 |
| 　直線性 | 175 |
| 「同期」 | 176 |
| 　トリガ・ソース | 176 |
| 　トリガ・モード | 176 |
| 　トリガ感度 | 176 |
| 「その他」 | 176 |
| 　校正電圧 | 176 |
| 　輝度変調 | 176 |
| 　CH1 信号出力 | 176 |

## 第14章 オシロスコープの用語集 ......... 178

## インデックス ......... 188

## Appendix 遅延掃引（Delayed Sweep） ......... 202
SWEEP TIME/DIV スイッチによる波形拡大 ......... 202
「×10MAG」による波形拡大 ......... 204

## 遅延掃引とは ......... 205
遅延掃引の特徴 ......... 205
主掃引と遅延掃引 ......... 205
A & B SWEEP TIME/DIV（A & B 掃引時間切替器） ......... 206
遅延時間 ......... 207
拡大する部分の設定 ......... 208
「×10MAG」との相違 ......... 208

## 連続遅延と同期遅延 ......... 208
連続遅延（Starts After Delay） ......... 209
同期遅延（Triggerable After Delay） ......... 209

# 第1章 波形と電圧との関係

オシロスコープは電圧の変化をそのブラウン管上に波形として描き観測するための測定器です。まず、電気信号として直流と交流について理解した後、数ある波形の中から代表的なものを説明します。

## 直流電圧と交流電圧

直流といえば、私たちの身近にある家電製品の多くに使用される乾電池があげられ、自動車には充電可能な蓄電池が積まれています。どちらも電流を流すと図1-1のように時間の経過と共に電圧は少しずつ下がっていきますが、＋電極から負荷を通って－電極へ向けて電流が流れ、その向きは常に一定です。

直流電圧は、テスターや直流電圧計を使えば誰でも簡単に測ることができます。

一方、交流は図1-2のように電流の流れる方向が交互に入れ替わるもので、身近な例では、家庭で使用される商用電源100 V（東日本では50 Hz、西日本では60 Hz）がそれにあたります。

[図1-1] 乾電池の電圧変化

この50 Hzを例にとると、その電圧はゼロから正の方向に次第に増加し、最大点に到達すると今度はゼロに向かって減少し、その後さらに負の最大点まで行き、またゼロに戻ります。50 Hzの場合は、1秒間に50回それを繰り返すわけで、仮にとても動きが軽くゼロ目盛が中心にあるメータで測れば1秒間に50回の割でその指針が左右に振れることになります。

しかし、現実にはこのようなメータは手元にありませんし、仮にあったとしても私たちにはその動きを目で追うことはできません。

[図1-2] 商用電源の電圧変化

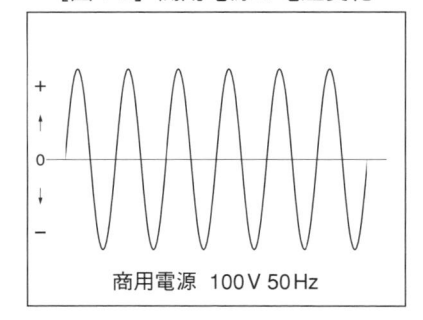

一般家庭に入っている交流を100 Vと、テスターや交流電圧計で測っていますが、実は瞬間瞬間で電圧が変わるこの交流電圧を、エネルギー的に等価な直流電圧に置き換え、その時の電圧値を「実効値」と定義しています。

商用電源 100 V 50 Hz

# 第1章 波形と電圧との関係

（通常、断りのない限り交流電圧は実効値として測られます）。

ですから、交流電圧計では、常にその電圧値が高速で変化している交流（高周波）の瞬間の値を測ることは不可能なのです。

## 代表的な波形

ここで、よく使われる波形の代表的なものをいくつか紹介しておきます。

### 正弦波

波形の中で最も一般的で、しかも他の波形との比較などにおいて基準となるベーシックな波形です。正弦波とは、既に皆さんも数学で学んだ、三角関数 sin, cos, tan の sin‥‥サインウェーブです。

［図1-3］正弦波

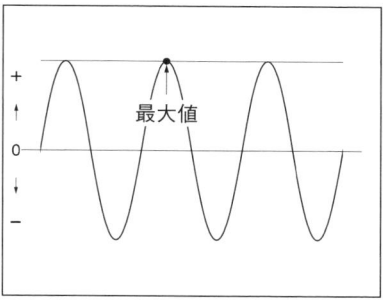

この正弦波は図1-3のようにゼロからスタートして時間の経過と共に増加し、最大点まで到達してその後は逆に減少し、ゼロを通過して逆方向の最大点を経て元のゼロの値に戻ります。一般家庭に入っている商用電源もこれと同じ正弦波で、公称100Vとされています。

この値は前述したように「実効値」です。図1-3にあるように、電圧が最大になる点を「最大値」といい、「実効値」との間に次のような関係があります。

最大値 = 実効値 × $\sqrt{2}$ ≒ 実効値 × 1.414

実は、通常100V（実効値）と言われている交流電圧は、波形的に見れば最大値が約141Vの交流であることがわかります。

### ノコギリ波

字の如く大工道具の鋸の歯の形をした図1-4のような波形です。時間の経過と共に直線的に増加し最大値まで達したら瞬時に直線的に減少します。

これは後に出てくるオシロスコープの輝点を横方向に移動させる掃引電圧にも使われています。

［図1-4］ノコギリ波

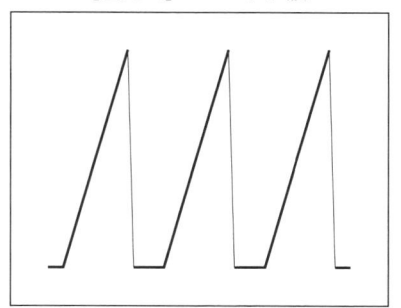

## 方形波

[図1-5] 方形波

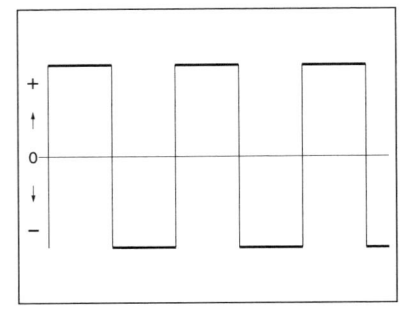

これも字のイメージから容易に想像されるように、図1-5のような四角形の形をした波形です。瞬時に一定の振幅になり、あらかじめ定められた時間だけその状態を保った後、瞬時に逆相(反対向き)で一定の振幅になります。

先程と同じようにあらかじめ定められた時間だけその状態を維持した後に、また正相に戻り、以後これを繰り返す波形です。

この波形は、この方形波と同じ周波数の正弦波(基本波)と、振幅が異なる奇数倍の周波数の正弦波(高調波)の合成されたものです。

この波形の特異な性質から増幅器の周波数特性や位相特性などの測定に使用されることが多いようです。

## パルス波

[図1-6] パルス波

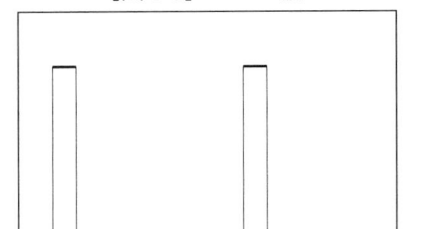

図1-6でもわかるように、ある間隔を空けて発生する衝撃波をいいます。デジタル技術の関連分野では、このパルス波が随所に利用されています。

## 交流電圧計の限界

代表的な波形について簡単に説明しましたが、これらの波形電圧をそれぞれ交流電圧計で測った場合、仮に指針が同じ目盛を指したら、はたしてその両者は同じでしょうか? 直感的にいって疑わしいと思われるでしょう。

交流電圧計は、測定する波形の平均的な電圧を指し示す仕組みになっているので、その波形の周期や瞬時値、最大値などが異なっていても同じ値を指す場合があります。

では、交流電圧計で測った値は正しくないのか? と疑問になりますが、そうでもありません。通常、交流電圧計は「正弦波」の「実効値」で目盛を校正してあり、測定する交流電圧が正弦波であればそのまま目盛から数値を読み取れば実効値がわかるようになっています。

# 第1章 波形と電圧との関係

しかし、正弦波以外はこの限りではありません。交流電圧計の指針は、測定している交流波形をエネルギー的に平均化した電圧として振れ、その量的な大小はわかっても、示している目盛の数値に信憑性は全くありません。

では、図1-7のように最大値が100 Vの正弦波(50 Hz)と、最大値が100 Vの方形波(50 Hz)を交流電圧計で測定すると、指針の振れはどちらのほうが大きいでしょうか？

[図1-7] 最大値（100 V）の比較

次に、図1-8のような実効値が100 Vの正弦波(50 Hz)と、最大値が100 Vの方形波(50 Hz)を交流電圧計で測定すると、指針の振れはどちらの方が大きいでしょうか？

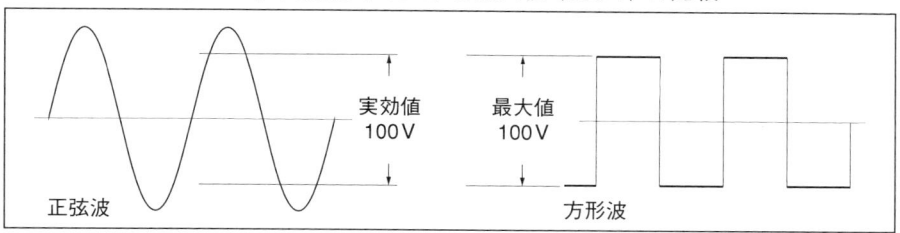

[図1-8] 実効値（100 V）と最大値（100 V）の比較

正弦波と方形波は比較しやすいと思いますが、ランダムに変化する波形はお手上げです。言い換えれば、交流電圧が時間の経過と共に変化していく様子を目に見えるようにしない限り正しい測定結果を得ることができません。そこで交流電圧計に代わって登場したのがオシロスコープなのです。

オシロスコープは、測定にあたって交流電圧計のような機械的な可動部分がありません。電気信号を増幅してブラウン管に光りの点（輝点）の連続的な動きとして描かせるので、時間的に変化の早い信号も難なく忠実に波形として再現します。

現在では、非常に変化のゆっくりした超低周波から、無線放送に使われている超短波の周波数（何百メガヘルツ）までの周波数帯域を、リアルタイムで観測できるオシロスコープが数多く開発されています。

# 第2章 ブラウン管の基礎知識

オシロスコープは、ブラウン管を使用して電圧の変化を時間を追って私たちの目に見えるようにして、その大きさや時間的に変化していく様子を測ることを目的にした波形測定器です。ここではブラウン管について説明します。

## ブラウン管の種類

このオシロスコープの心臓部にあたるブラウン管は、私たちが毎日見ているテレビジョンのブラウン管とはその仕組みが少し異なっています。

オシロスコープに用いられているブラウン管は静電偏向形で、テレビジョンに用いられている電磁偏向形と原理的には同じですが、電子銃から発射された電子ビームを偏向(曲げる)する方法が大きく異なります。

## 電磁偏向形ブラウン管

電磁偏向形のブラウン管は図2-1のようにそのネック部の外側に偏向用のコイルを取り付けておき、そのコイルに電流を流して磁界を発生させ、電子ビームを偏向する方式です。

この方式は偏向角度が大きく取れるので蛍光面が広く、テレビジョン用のブラウン管として適していますが、高い周波数には対応できないのでオシロスコープにはほとんど使用されていません。

[図2-1] 電磁偏向形ブラウン管

電子銃部(ガン)
偏向部(ヨーク)
蛍光面(スクリーン)

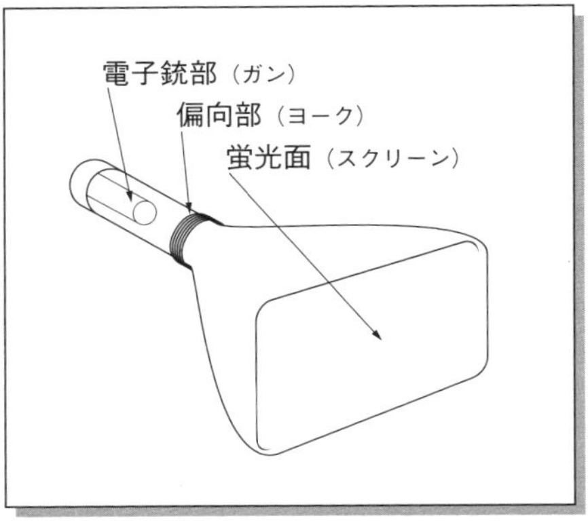

## 静電偏向形ブラウン管

オシロスコープに使われている静電偏向形のブラウン管は、ネック部分の内部に偏向板が配置され、この偏向板に加える電圧を加減して電子ビームの進行方向を曲げる方式です。

この方式は偏向角度が電磁偏向形のブラウン管より小さいため、ブラウン管の蛍光面サイズも75 mmから150 mm位までが実用サイズのようです。しかし、この静電偏向形は高い周波数にも対応しているのでオシロスコープに適しています。

# 第2章 ブラウン管の基礎知識

## 静電偏向形ブラウン管の構造

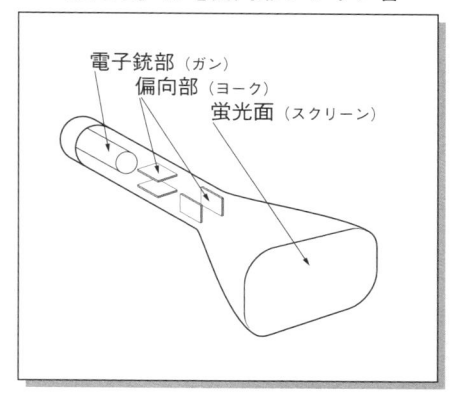

　静電偏向形ブラウン管は、電磁偏向形ブラウン管に比べ胴回りがスリムなボトル・タイプの形状で内部は真空状態になっています。

　その底面が蛍光面（波形が描画される面）、胴体部分がコーン部、首に近い部分がネック部と呼ばれています。

　蛍光面は、以前は円形でしたが、現在は長方形が主流になっています。注ぎ口に相当する部分はソケットで、電気回路へ接続するピンが付いています。

　また、静電偏向形ブラウン管の中でも後段加速形のブラウン管にはネック部とコーン部の中間に偏向ピンがあります。一般的な内部構造は、図2-2のように

　　　　電子銃部（ガン）
　　　　偏向部（ヨーク）
　　　　蛍光面（スクリーン）

の三つの部分で構成されています。これらをボトル・タイプのガラスの容器に納め、その内部を高い真空状態に保つことで、電子が飛び出し易い空間を形成しています。

　大雑把に言えば、このブラウン管は、電気信号を波形として私たちの肉眼で見られるような形に変換してくれるマジック・ボックスと言ってもよいでしょう。

　次に、このブラウン管の内部構造についてその概要を説明しますが、電子工学を学んだことがない人にはやはり難解かもしれません。

　本書では理論より実践をモットーに、オシロスコープの基本的な操作をマスターすることに重点をおいているので、この「第2章ブラウン管の基礎知識」と、次の「第3章オシロスコープの動作原理」を飛び越して、「第4章ノブ（つまみ）やスイッチの説明」へ進んでもよいでしょう。

[図2-2] 静電偏向形ブラウン管

　ひととおりオシロスコープの操作をマスターした時点で、もう一度読み直してみてください。そのほうが理解が早いかもしれません。

　では、次に電子銃部（ガン）、偏向部（ヨーク）、蛍光面（スクリーン）の順にそれぞれ説明していきます。

# 電子銃部（ガン）

これは蛍光面に細く集束された電子ビームを高速度で衝突させるための電極部分です。通常はガン（Gun‥‥銃の意味）と呼んでいますが、電子を発射することに由来してネーミングされたようです。

電子銃部は図2-3のように、ヒータ、カソード、制御グリッド（第1グリッド）、第2グリッド、第1陽極、第2陽極などにより構成されています。

## カソード

カソードと呼ばれる金属製の円筒の中にヒータがあり、これに通電してカソードを内部から熱すると、カソードの蛍光面に対向している面から電子がたくさん飛び出します。

## 制御グリッド

カソードから放射された電子はその前方にあるこの制御グリッド（第1グリッド）の負電圧に反撥されて中心に集束され、細い電子ビームとなって高い電圧のかかっている陽極に引っ張られるようにして蛍光面の方向へ進みます。

## 第2グリッド

正電圧（第2陽極と同じ）のかかったこの第2グリッドは、カソード、制御グリッドと一緒にカソード・レンズ系を形成し、制御グリッドから出てきた電子ビームを再び集束して次のレンズ系へ加速しながら送ります。

## 第1陽極

第1陽極は第2グリッドの前方にあり、第2グリッド、第2陽極よりやや低い電圧が加えられています。

第1陽極と第2グリッド、第2陽極でフォーカス・レンズ系を形成し、ブラウン管の焦点を合わせる役目をします。

## 第2陽極

カソードに対して非常に高い電圧（数千ボルト）がかかっていて、この電極および内部でつながっている第2グリッドが、電子ビームを高速で蛍光面に衝突させるために更に加速させます。

ブラウン管のコーン部分の内面には導電被膜が塗布されています。この導電被膜と第2陽極は電気的に接続されているので、電子ビームは偏向板の間を通過した後さらにこれにより加速されます。

## 第2章 ブラウン管の基礎知識

## 後段加速電極

　一般的に、高速度で変化する現象は蛍光面に描かれる波形の輝度が暗く見づらくなりますが、ブラウン管のコーン部に塗布されている導電被膜を第2陽極から分離して、これに第2陽極より更に高い電圧を加えることにより、明るく鮮明な波形として見ることができます（この電極がないブラウン管もあります）。

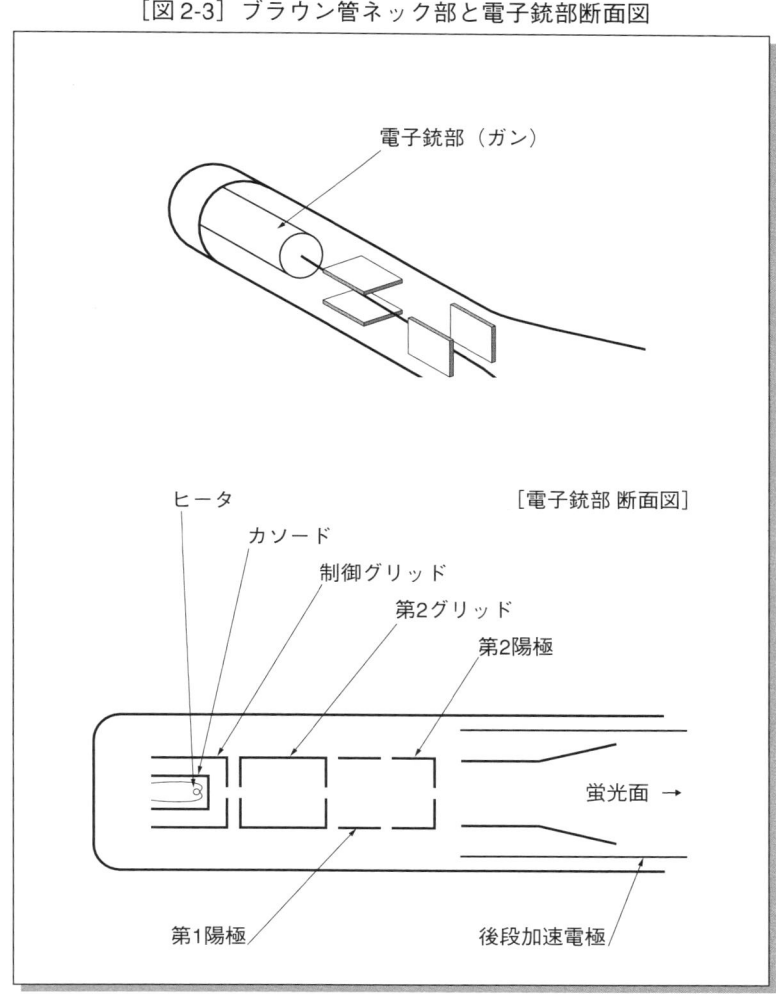

[図2-3] ブラウン管ネック部と電子銃部断面図

# 偏向部（ヨーク）

カソードから放射された電子ビームはいくつかの電極の働きで集束され蛍光面に衝突し輝点となって見えるわけですが、観測する交流の波形を描かすには、何らかの方法でこの輝点を蛍光面上で動かす必要があります。

この電子ビームを動かす働きをするのが電子銃部と蛍光面の間にある偏向部です（図2-4）。

## ブラウン管の偏向部

オシロスコープに用いられているブラウン管は前で触れていますが、静電偏向形でテレビジョン用の電磁偏向形とは原理的には同じですが、電子銃から発射された電子ビームを偏向する方法が大きく異なります。

静電偏向形のブラウン管は、電子銃より前方のネックに近い位置に偏向板が2組配置されていて、この偏向板に加える電圧を加減することにより電子ビームの進行方向を上下左右に変えることができます。

しかし、その角度は電磁偏向形のブラウン管より小さいため、蛍光面の大きさも対角で150 mm位が限度ですが、高周波に対応していることと、描かれる波形に歪みが少なく、測定精度を求められるオシロスコープには適しています。

## 偏向板の構造

静電偏向形ブラウン管の偏向板は、電子銃の前方に垂直方向に向き合う垂直偏向板（一対）と水平方向の向き合う水平偏向板（一対）が取り付けられています。

### 垂直偏向板（Y軸偏向板）

電子銃に近いほう（水平偏向板の手前）に位置し、電子ビームを垂直方向へ振らせます。

### 水平偏向板（X軸偏向板）

蛍光面に近いほう（垂直偏向板の前）に位置し、電子ビームを水平方向へ振らせます。

## 偏向板の機能

偏向板は電子銃から集束されて飛び出してきた電子ビームを上下および左右に振らせる大切な役目を担っています。この偏向板は2枚1組で平行に取り付けられ、その間を電子ビームが通過して行くように配置されています。

# 第2章 ブラウン管の基礎知識

## 偏向感度

　偏向板は電子ビームの進路を曲げることにあるわけですが、その曲げ具合はどのようになっているのか？それを定量的に表したものが偏向感度です。つまり蛍光面上で輝点を一定の距離移動させるのに何ボルトの電圧が必要かと言うことです。
　では、偏向感度はどのような条件で決まるのかと言いますと、
- 偏向板に加える電圧に比例する
- 偏向板から蛍光面までの距離に比例する
- 陽極の加速電圧に反比例する

その他、偏向板の構造そのもので決まる要素もあります。

　ブラウン管の偏向感度は、上記のように回路設計上で決まるものと、物理的に決まってしまうものとがありますが、要約すれば入力信号電圧が小さくても偏向角度を大きく取れるものほど良いわけです。
　実際には、輝点を1目盛（1 div）移動させるのに何ボルト必要かということで偏向感度の定格値（Volts/div）を定めています。もちろんこの数値が小さいほど高感度と言われます。

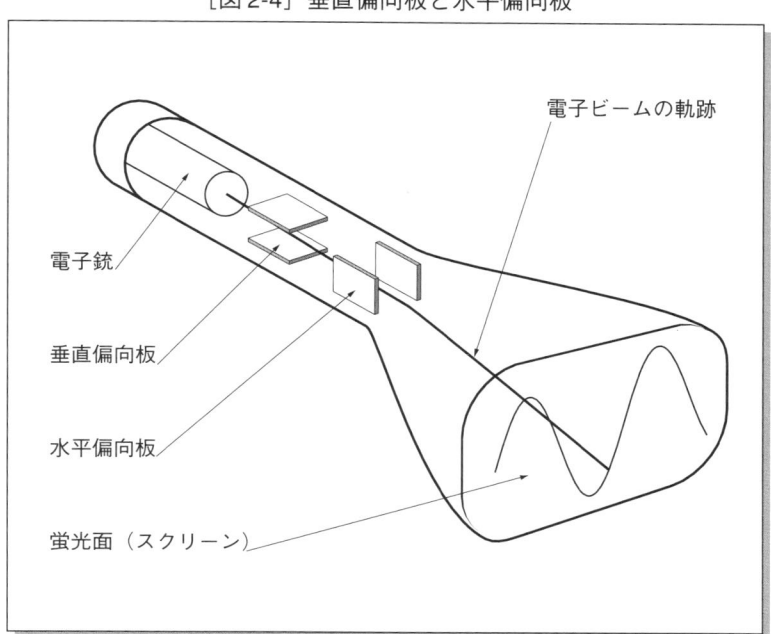

[図2-4] 垂直偏向板と水平偏向板

（電子ビームの軌跡、電子銃、垂直偏向板、水平偏向板、蛍光面（スクリーン））

オシロスコープ入門　21

> 直流電圧を垂直偏向板に加えたら、輝点はどのように動くでしょうか？

　垂直偏向板（Y軸偏向板）に電圧を加えない時には、電子ビームは直進しますが、上の偏向板にプラスの電圧を加えるとどうなるでしょうか？

　上下の偏向板の間に電位差が生じ電子はマイナスの電荷を帯びていますから、電子の寄り集まった電子ビームは上の偏向板の方向へ引っ張られ進行方向が上の方へ曲げられます。

　反対にマイナスの電圧を加えるとどうなるでしょうか？分かりますね、前と反対にマイナスとマイナスで反撥して逆の方向(下の方向)へ曲げられてしまいます（図2-5）。

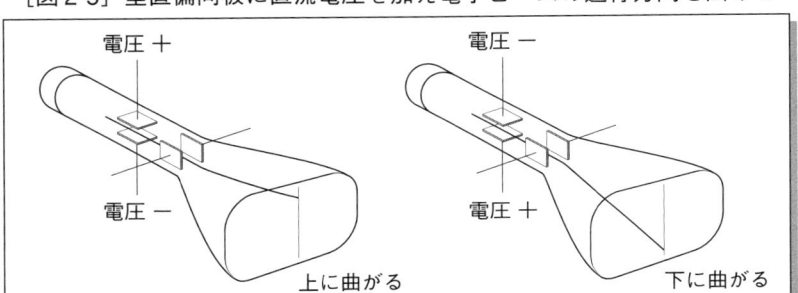

[図2-5] **垂直偏向板に直流電圧を加え電子ビームの進行方向を曲げる**

　どちらの場合も電子ビームの進行方向が変わりますから、蛍光面に到達した時には、電圧を与えなかった時の位置（蛍光面の中央部）から上の位置または下の位置に衝突して発光するわけです。

> 直流電圧を水平偏向板に加えたら、輝点はどのように動くでしょうか？

　同じように、水平偏向板（X軸偏向板）にプラスの電圧を加えると、その偏向板の方向へ電子ビームは曲げられ、マイナスの電圧を加えれば反対の方向へ曲がります（図2-6）。

[図2-6] **水平偏向板に直流電圧を加え電子ビームの進行方向を曲げる**

# 第2章 ブラウン管の基礎知識

> 交流電圧を垂直偏向板に加えたら、輝点はどのように動くでしょうか？

次に交流電圧を加えるとどうなるでしょうか？交流電圧も瞬間瞬間ではある電圧（瞬時値）を示すわけですから、例えば、50 Hzの交流電圧を垂直偏向板に加えると、毎秒50回周期的に電圧が増減を繰り返します（図2-7）。

[図2-7] 垂直偏向板に交流電圧を加え電子ビームの進行方向を変える

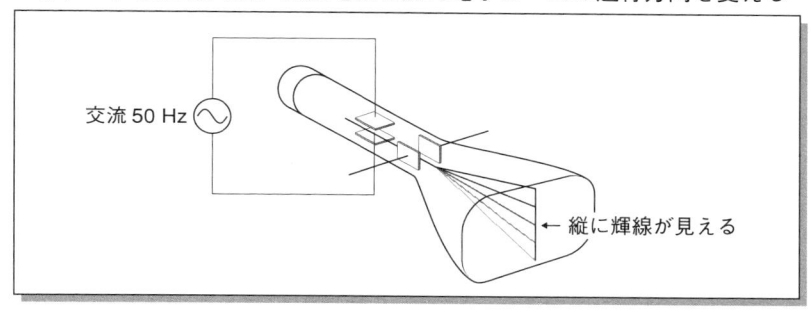

直流電圧を加えた時には輝点の位置が移動するだけでしたが、交流電圧で、蛍光面の輝点も電圧の変化に追従して上へ下へと往復を繰り返し、私たちには輝点の動きではなく1本の明るく光る線（輝線）として見えます。

この交流電圧を下げていくと輝線は短くなり、逆に電圧を上げていくと輝線は長くなり、輝線の長さは偏向板に加える電圧に比例しています。

> 交流電圧（正弦波）を垂直偏向板に、ノコギリ波を水平偏向板に同時に加えたら輝点はどのように動くでしょうか？

まず最初に水平偏向板にノコギリ波（図2-8）を加えると、蛍光面上で光る輝点は左端から右へ等速度で移動します。蛍光面中央を横切って右端まで行くと一瞬消滅しますが、すぐに先程と同じ左端に現れ、再度右へ移動を始め、以後この動作を繰り返します。

通常はノコギリ波の繰り返し周期が速いため、輝点の移動というよりむしろ一本の輝線として見えますが、この動作をオシロスコープでは掃引する（Sweepする）といいます。

次に、この状態で垂直偏向板にノコギリ波と同じ周期の正弦波（図2-9）を加えると、蛍光面の輝点の動きはどうなるでしょうか？

[図2-8] ノコギリ波

オシロスコープ入門　23

図2-10のように、水平偏向板に1 Hz（1周期が1秒）ノコギリ波を加えてみます。

一定のスピードで電圧が上がっていきピークに達すると急激にゼロへ戻るノコギリ波では、輝点は蛍光面の左端0点からスタートし右方へ等速度で移動1→2→3→4で中央を通過し5→6→7→8で右端に到達します。そして、次の瞬間に左端0へ戻ります（この後も順次この動作を繰り返します）。

[図2-9] 正弦波

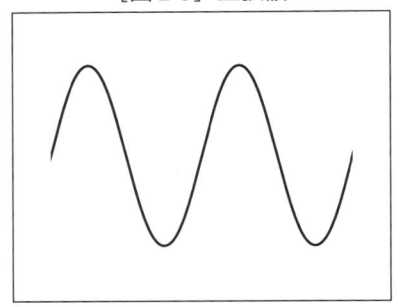

[図2-10] 垂直軸へ正弦波、水平軸にノコギリ波を同時に加える

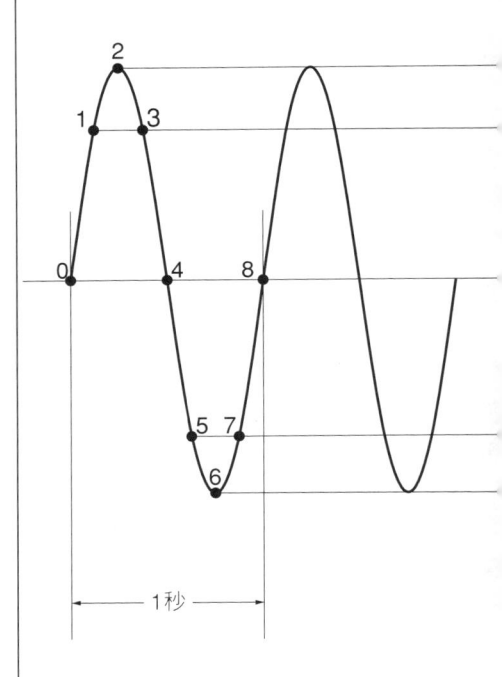

同時に、垂直偏向板に1 Hz（1周期が1秒）の正弦波が加えます。

同じ0点からスタートし1→2で最大（＋のピーク）になりで3→4でゼロ、そして5→6で最大（－のピーク）になり7→8で右端の元の点に到達します（この後も順次この動作を繰り返します）。

この動きを追うと、0→1→2→3→4→5→6→7→8と輝点は水平方向に等速度で進み、同時に 0→1→2→3→4→5→6→7→8と垂直方向に正弦波の振幅に応じた距離だけ移動します。この動きが輝点の軌跡として描かれるわけです。

垂直偏向板に加える正弦波（1 Hz）

# 第2章 ブラウン管の基礎知識

ブラウン管（蛍光面）に描かれる波形

1秒

水平偏向板に加えるノコギリ波（1Hz）

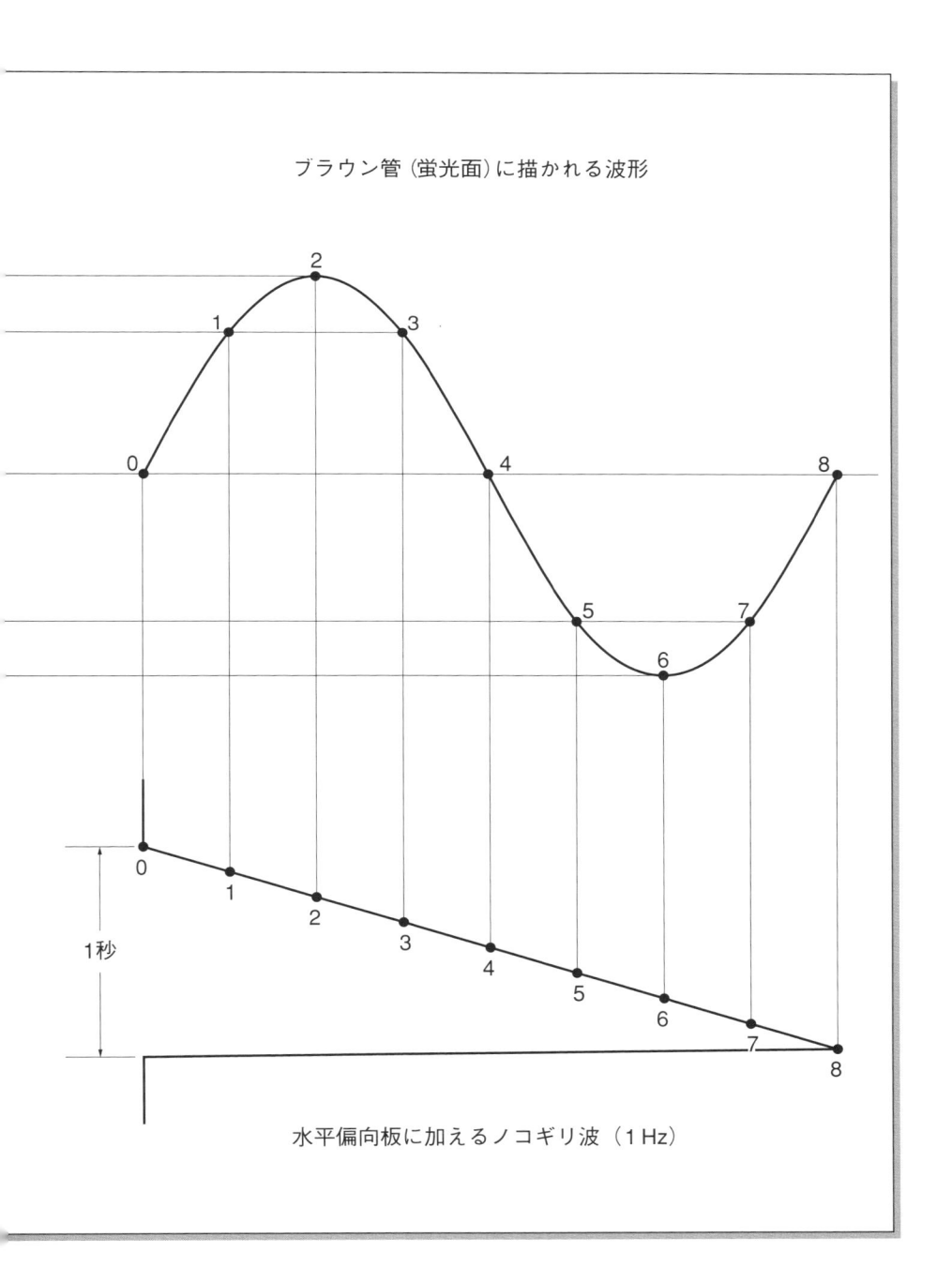

## 蛍光面（スクリーン）

ブラウン管の蛍光面（スクリーン）は言うまでもなく波形が描かれる部分です（図2-11）。長方形のこのスクリーン部は、対角寸法では130 mm 〜 150 mmが一般的で透明なガラス材の内側に蛍光物質が均一に塗布してあります。

この蛍光物質にも、発光色、輝度、残光時間など、それぞれに特徴がありブラウン管の用途によって使い分けられています。

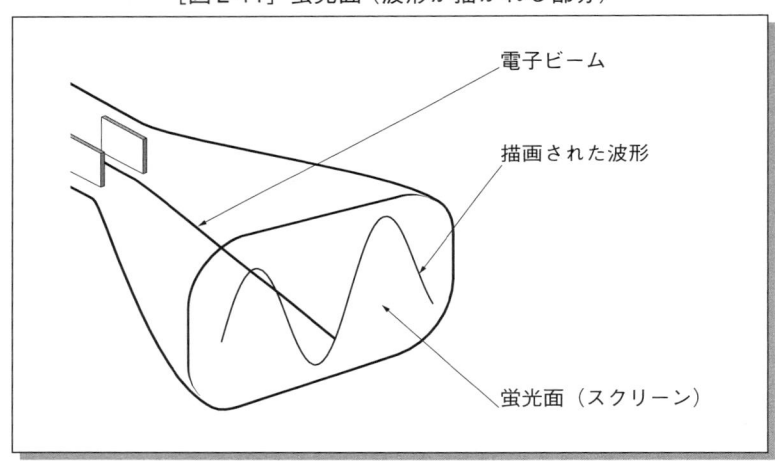

［図2-11］蛍光面（波形が描かれる部分）

電子銃から飛んできた電子ビームが高速でスクリーン内側の蛍光面に衝突して発光しますが、その発光色は緑色が主流だった時期もありましたが、今では黄緑色や青白色に変わってきています。

## 残光時間

輝点が発光している時間は、塗布してある蛍光物質によって長いものから短いものまであります。その蛍光物質が刺激（電子の衝突）を受けて発光してから消えるまでの時間を残光時間と言います。

一般的なブラウン管の残光時間は数十ミリ秒と短く、それより長い数百ミリ秒の残光時間があるタイプを残光形ブラウン管と呼んでいます。

変化がゆっくりした現象は、蛍光面上でも輝点がゆっくりと移動していくため、それが変化していく様子を波形として捉えにくくなります。

そこで輝点の発光時間を長く保ち、輝点が移動していった後も暫く発光状態にしておくことで、私たちに輝点が連続した線のように見えるようにしているのが残光形ブラウン管です。

# 第2章 ブラウン管の基礎知識

## 目盛

蛍光面の外側、私たちが波形を見ている面(以降、本書ではスクリーンと記述しています)は、以前は曲面でしたが、今は平面タイプが一般的です。

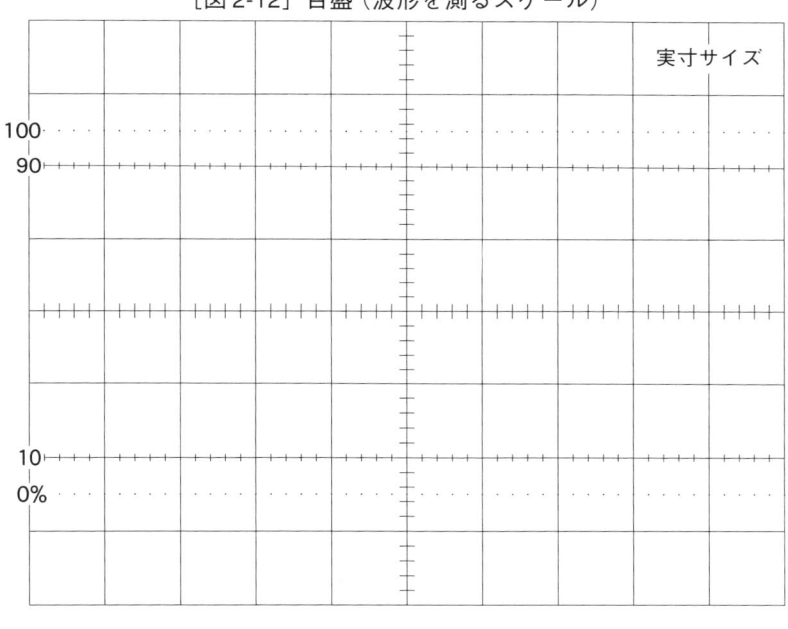

[図2-12] 目盛(波形を測るスケール)

図2-12のように、波形の位置関係や波形のサイズなどを測るため、内側から縦を8等分、横を10等分した目盛が格子状に付けられています。

外側からは描かれる波形と重なるようにしてこの目盛が見えるようになっています。また、目盛照明を明るくするとこの目盛がはっきりと見えるようになり、暗い所での作業や波形撮影の時に便利です。

> **Hint** X軸、Y軸、Z軸とは?
>
> 垂直軸、水平軸と表現するのが一般的ですが、蛍光面をグラフ用紙に見立てて、垂直軸をY軸、水平軸をX軸と呼ぶ場合も多いようです。
> また、表示波形の一部分の明るさを変える輝度変調関係をZ軸と三次元的な表現も用いられています。

# 第3章 オシロスコープの動作原理

ブラウン管の電子銃から飛び出した電子ビームを、その前方にある2組の偏向板に加える電圧を加減し、垂直方向や水平方向に進路を曲げながら蛍光面に衝突させます。そして、その衝突部分の蛍光物質が発光した輝点の軌跡として波形が描かれ、観測が可能になることは前に説明してきました。

ここではブラウン管に波形がどのように描かれるのかを、もう一度復習の意味も含めて説明していきます。

## 基本的な動作

偏向板に電圧を加えれば、プラスの電位を持った偏向板のほうへ電子ビームは引っ張られ、それまで直進していたビームはその電圧に比例した角度で曲げられます。これは垂直方向も水平方向も同じように作用します。

垂直偏向板に正弦波の交流を加えると、電子ビームは上下を繰り返し蛍光面中央に縦に輝線が1本描かれます。

ここまでは前章にありますが、では垂直偏向板と水平偏向板に同時に交流電圧を加えるとどうなるでしょうか？

図3-1は、周波数も電圧も同じ、位相差が45°ある二つの正弦波によってスクリーンに描かれた図形です。

この図形をリサジュー図形と言ってそれぞれに加えられた交流電圧の波形の形やその繰り返し周期によって幾何学的な図形が蛍光面に描かれます。

[図3-1] リサジュー図形

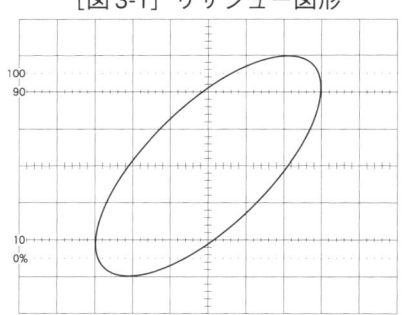

オシロスコープでは、波形を描かせるためにこのリサジューを応用し、水平方向には時間の経過に正比例して変化する電圧を、垂直方向には観測する信号の電圧をそれぞれ同時に加えることにより、信号電圧の時間的な変化を観測することができる仕組みになっています。

> 垂直軸に1 Hzの正弦波を加え、水平軸に1 Hzと0.5 Hzのノコギリ波を加えるとブラウン管にはどのような波形が描かれるでしょうか？

図3-2 (a) のように、水平軸に1 Hzのノコギリ波を加えてみます。一定のスピードで電圧が上がっていきピークに達すると急激にゼロへ戻るノコギリ波では、輝点

## 第3章 オシロスコープの動作原理

はスクリーンの左端0点からスタートし右方へ等速度で移動0→1→2→3→4で右端に到達します。そして、次の瞬間に左端0点へ戻ります（この後も順次この動作を繰り返します）。

垂直軸に1Hzの正弦波が加えると、同時に同じ0点からスタートし0→1で最大（＋のピーク）→2でゼロ、そして→3で最大（－のピーク）→4でゼロ、と1周します。(この後も順次この動作を繰り返します)。図3-2(a)でこの動きを追うと、0→1→2→3→4と輝点は水平方向に等速度で進み、同時に垂直方向には0→1→2→3→4と1周、正弦波の振幅に応じた距離だけ移動することになります。

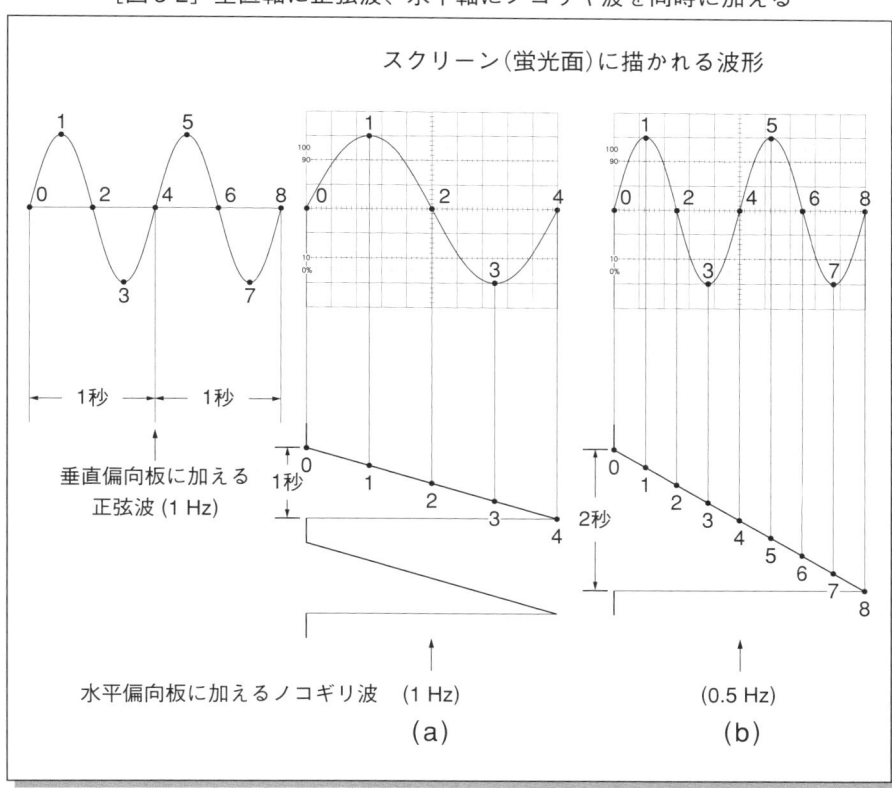

［図3-2］垂直軸に正弦波、水平軸にノコギリ波を同時に加える

次に、水平軸に0.5Hzのノコギリ波を加えてみます（図3-2(b)）。今度の輝点の動きはスクリーンの左端0点からスタートし右方へ等速度で移動0→1→2→3→4で中央を通過し4→5→6→7→8で右端に到達します。そして、次の瞬間に左端0点へ戻ります（この後も順次この動作を繰り返します）。

この時の輝点の垂直方向の動きは、0点からスタートし0→1で最大（＋のピーク）→2でゼロ、そして→3で最大（−のピーク）→4でゼロ、これで1周し、続けて、4→5で最大（＋のピーク）→6でゼロ、そして→7で最大（−のピーク）→8でゼロと更に1周します。

　このように、時間が経過する瞬間瞬間での信号の大きさを刻々とプロットすることで、その変化していく様子を波形として捉えることができます。

　そして、同じ周波数の波形でも掃引周波数（ノコギリ波の周波数）を変えてやれば、スクリーンに表示される波形の周期を変えることができます。

　このようにオシロスコープでは、水平方向にノコギリ波を用いることがたいへん重要なポイントで、時間の流れをブラウン管の中に作り出しているわけです。

[図3-3] 波形が静止して見える

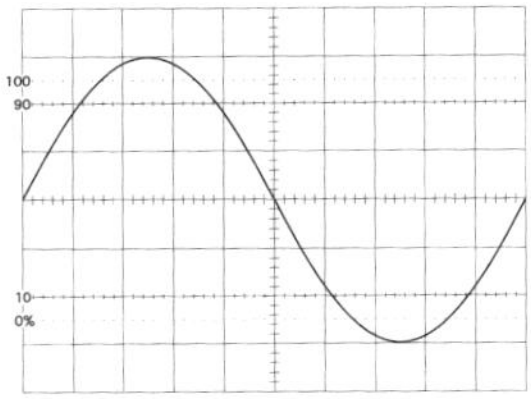

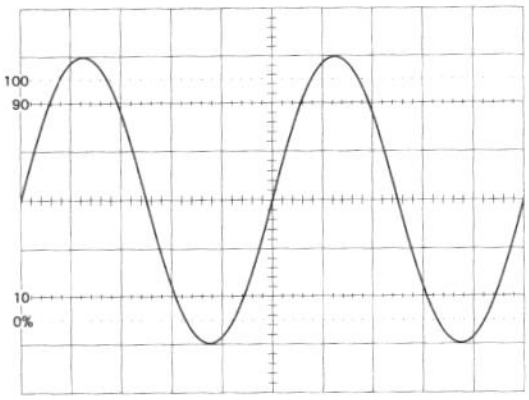

　図3-3の例では正弦波の1周期分と2周期分の波形が見られますが、垂直軸に加える信号電圧の周波数が水平軸に加えるノコギリ波の周波数の整数倍（整数分の1）であればスクリーンの波形は静止しています。

[図3-4] 波形が静止しない

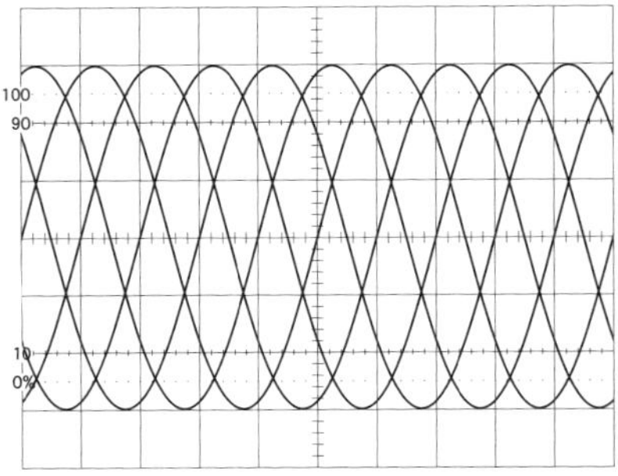

　しかし、整数倍でない場合は、図3-4のように、複数の波形が折り重なるようにして、右のほうへ（あるいは左のほうへ）移動していくように見えます。

　一般的には静止しにくいのですが、信号電圧の繰り返し周期が一定であれば、これにタイミングを合わせてノコギリ波の繰り返し周期を可変することによって、スクリーンの波形は静止して安定な状態で観測できるようになります。この操作をオシロスコープでは「同期をとる」と表現しています。

　これがオシロスコープよる波形測定の原理ですが、実際には、垂直軸に入力される信号電圧を加減する減衰器や、水平軸に加えるノコギリ波の周波数を調整する掃引回路、スクリーンに描かれる波形を静止させる同期回路、その他の付属回路を併せて波形測定器として構成されています。

# 第3章 オシロスコープの動作原理

## 同期方式

　ただ単に垂直軸と水平軸へ信号を加えただけでは、スクリーンの波形を安定した静止状態で観測することはできません。両方の信号の周期のタイミングを合わす、つまり、同期をとる必要があります。

　電子ビームを掃引（水平方向に振らせること）するにはノコギリ波を用いますが、同期をとるためには、垂直軸へ加える信号電圧のどの部分で（あるいは、どの時点で）ノコギリ波をスタートさせるかを決めることと、それを正確に繰り返すことが必要です。なお、この同期には、同期掃引方式とトリガ掃引方式の2種類があります。

## 同期掃引方式

　この方式は、掃引用のノコギリ波を発生させ、スクリーンの波形を見ながらその周波数を手動で調節し、波形が静止して見えるように同期をとる方式です。図3-5にそのブロック・ダイアグラムを示します。

　静止して見えるためには観測する信号の周波数と掃引用のノコギリ波の周波数が整数比の関係を保っていることが必要です。

　それには観測信号の周波数成分を取り出し、それを同期信号としてノコギリ波の発生周波数が整数比になるように手動で制御するわけです。

　このため、観測信号が無くなると、ノコギリ波の発生回路固有の周波数でノコギリ波が発生し、ブラウン管上では水平に輝線が1本描かれます。

　この方式は電子回路の構成が簡単で、オシロスコープとしてシンプルな構造のため、以前はたくさん採用されていましたが、安定度や高精度のニーズに応えられず、現在では低周波測定用として少数が使われているようです。

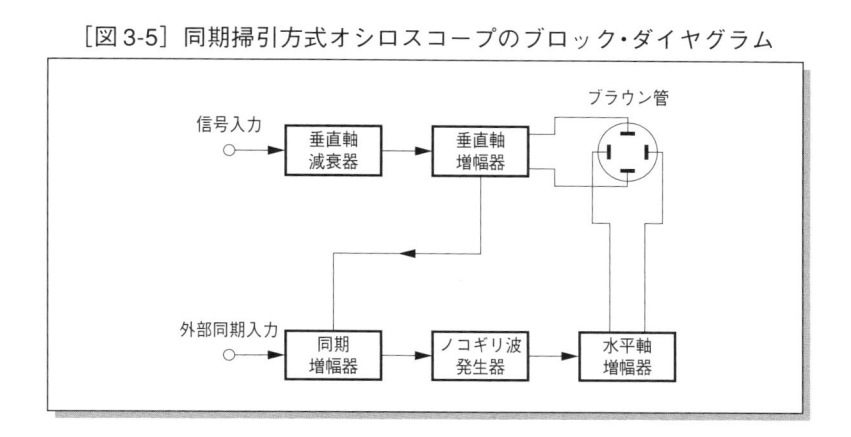

［図3-5］同期掃引方式オシロスコープのブロック・ダイヤグラム

## トリガ掃引方式

同期掃引方式のノコギリ波発生回路が観測信号の有無に関わらず動作しているのに対し、この方式の特徴は、観測信号が無い時にはノコギリ波は発生しません。

観測信号が入ってくると、その信号の一部を同期信号として取り込み、それからトリガ・パルスを作り、ゲート回路を通してノコギリ波の発生回路が初めて動作しノコギリ波が1個発生する仕組みになっています（図3-6）。

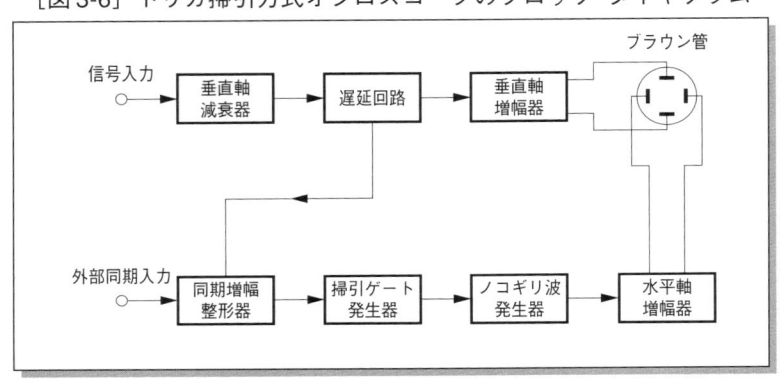

[図3-6] トリガ掃引方式オシロスコープのブロック・ダイヤグラム

連続的に信号が入ってくると、その度にこの動作を繰り返し波形が次々と描かれることになります。

つまり、観測信号が入ってくるとノコギリ波が自動的に発生しスクリーンに波形を描くわけで、同期掃引方式のように手動で波形を静止させる必要がありません。

このトリガ掃引方式では、発生するノコギリ波の周波数を観測する信号の周波数とは無関係に決められるので、波形の一部分だけをスクリーンに描くことも簡単にできます。

例えば、同期掃引方式の場合、図3-7(a)のようにしか波形を描けませんが、トリガ掃引方式では、ノコギリ波の周期を変える（この場合は時間を短くする）ことで、図3-7(b)のように波形の一部分を描くことができます。

トリガ掃引方式は、垂直軸の電圧目盛や水平軸の(掃引)時間目盛の精度が同期掃引方式に比べて格段に優れています。

しかも、波形の任意の部分を描くことができるし、1回しか発生しないような現象や、非常に高速で変化する現象も簡単に観測できる優れものです。

現在ではオシロスコープと言えばこのトリガ掃引方式を指し、本書でも以降はこのトリガ掃引方式による説明をしていきます。

# 第3章 オシロスコープの動作原理

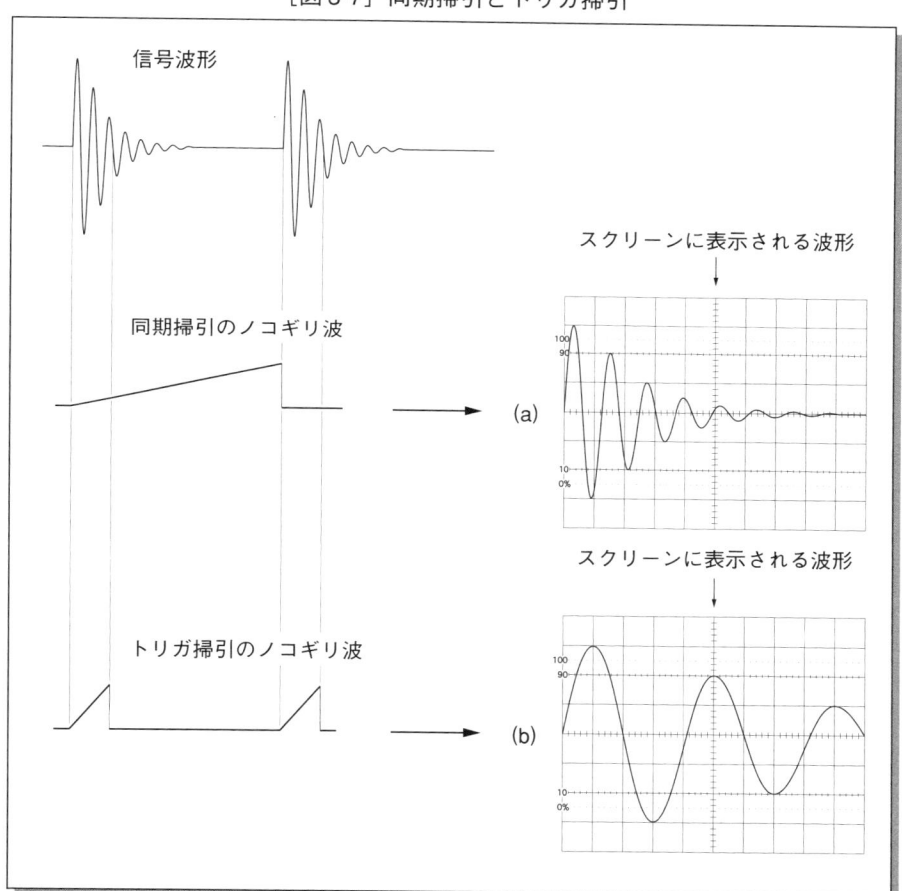

[図3-7] 同期掃引とトリガ掃引

## トリガ掃引方式オシロスコープの回路構成

ブロック・ダイヤグラムを図3-8に示し、ブロック毎の動作を簡単に説明します。

### 「入力減衰器」

オシロスコープへ入力される観測信号は、一般的に0.1 mV位から500 V位までと、かなり幅があります。この範囲の信号電圧が入力された場合、時としてスクリーンに描かれる波形が拡大され過ぎて一部分しか見えなかったり、また反対に小さ過ぎて波形の形を認識できないようなこともあります。

このような時には、この減衰器で減衰量を増やしたり、減らしたりしてスクリーンに描かれる波形をちょうどよい大きさにします。

## 「垂直プリアンプ」

　減衰器で適当なレベルに調節された信号電圧を、歪みなく増幅する広帯域増幅器です。

## 「遅延回路」（ディレー・ライン）

　遅延回路と言っても物理的には遅延ケーブルを指しています。これは同軸ケーブルの一種で、電気信号がこれを通過する時に0.2μs（0.2マイクロ秒）位遅れます。

　これは入力信号によってトリガ・パルスが発生してからノコギリ波がスタートするまでにはある程度の時間がかかるため、垂直軸を通過する信号をその時間分だけ遅らせないと、スクリーンに表示される波形の立ち上がり部分（最初の部分）が表示されないからです。

## 「垂直メイン・アンプ」

　遅延回路を通過した広帯域の信号を歪みなくブラウン管の垂直偏向板を駆動するに必要な電圧まで増幅します。

## 「トリガ発生器」

　スクリーンに描かれる波形がちらつかず安定に見えるためには、常に波形の同じ点から掃引を始める必要があり、これを同期をとると言います。

［図3-8］一般的なオシロスコープのブロック・ダイヤグラム

# 第3章 オシロスコープの動作原理

　同期をとるためには、垂直プリアンプから観測信号の一部を取り出し、その信号のある点で負のパルスを作ります。このトリガ・パルスにより掃引ゲート回路を働かせノコギリ波を発生させます。

## 「掃引ゲート回路」
　ノコギリ波の発生をON/OFFさせるための回路です。トリガ発生器からトリガ・パルスが入力されると、この回路の出力が負となって、その状態が続いている時間だけ掃引発振器からノコギリ波が発生します。

## 「掃引発生器」
　掃引ゲート回路からの負のゲート信号でノコギリ波を発生させます。また、ノコギリ波の掃引速度もここで増減します。

## 「ホールドオフ回路」
　掃引の終了後、少し時間をおいて回路全体が安定状態なるのを待って次のトリガ信号を受け入れ、再び掃引をスタートさせることで掃引動作を安定させます。

## 「水平軸増幅器」
　掃引発生器からの信号(ノコギリ波)を、歪みなくブラウン管の水平偏向板を駆動するに必要な電圧まで増幅します。

## 「アンブランキング回路」
　掃引がスタートすると同時にブラウン管の第1グリッドの電圧を正にして電子ビームを通過させてスクリーンに輝線を出し、掃引が終了した時点で負の電圧に戻し輝線を消します(これはノコギリ波がピークからゼロに戻る間は輝線を見えなくするためです)。

## 「電源/高圧回路」
　回路に供給する低電圧電源と、ブラウン管の各電極に供給する高圧電源です。回路の電圧が低電圧(数Vから数十V)なのに比べ、高電圧は数千Vと高く、輝度や焦点など外部から調整できる回路にも供給されています。

## 「校正電圧回路」
　1 kHzの方形波信号を出力します。出力電圧と周波数は高精度に保たれ、VOLTS/DIVやSWEEP TIME/DIVおよびプローブの校正に用いられます。

## 「ブラウン管」
　静電偏向形が用いられています。

## 2現象オシロスコープの回路構成

二つの信号を同時に表示できれば便利です。例えばステレオアンプの入力信号と出力信号を同時に表示して増幅度や歪みを測定したり、Lチャンネル出力とRチャンネル出力を比較するなど簡単にできてしまいます。

前の説明では、オシロスコープは一つの入力信号の波形を見ることしかできませんでしたが、現在のオシロスコープは二つの波形をスクリーンに並べて同時に見ることが普通になっています。しかも、二つに限定されず三つ、四つ、それ以上と多現象の表示ができるオシロスコープも少なくありません。

なかでもポピュラーなのが2現象表示のオシロスコープです。2現象表示用のブラウン管には電子銃が二つある2ビーム式のものもあるようですが、一般的には電子銃一つ、つまり1ビームのブラウン管をベースに、電子回路で2信号を交互に切り替えてスクリーンにそれぞれの波形を同時に表示できるようにしたものが主流になっています（図3-9）。

## 2信号の切替方式

1ビームのオシロスコープで2信号を電子回路で切り替える方式には、

　　ALT（オルタ）方式
　　CHOP（チョップ）方式

の二つがあり、どちらの方式を使うかは観測する信号の周波数により選択しますが、可聴帯域の上限位（約20 kHz）まではCHOP方式で、それ以上の周波数の場合はALT方式が使われています。

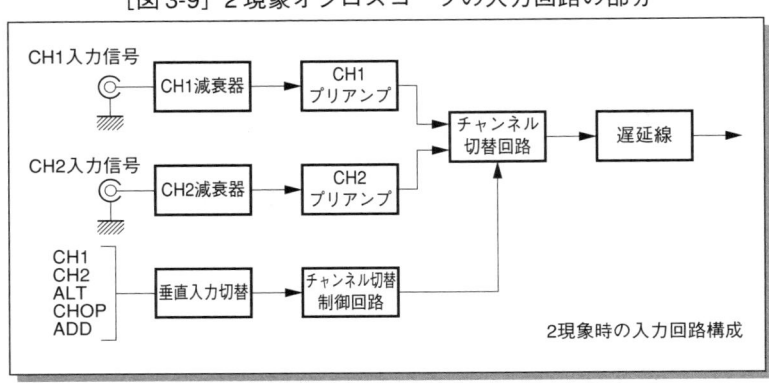

[図3-9] 2現象オシロスコープの入力回路の部分

# 第3章 オシロスコープの動作原理

## ALT（オルタ）方式とは

　ALTとは英語でalternateの意味「交互の、かわるがわる‥‥」で、1回掃引する毎に信号Aと信号Bを交互にブラウン管に表示します（図3-10）。

　最初の掃引で信号Aをスクリーンに表示し、次の掃引で信号Bを表示、次に信号Aを‥‥これを順次繰り返します。切り替える時間が速いためスクリーンでは二つの波形が同時に表示されているように見えます。しかし、交互に掃引する方式のため、掃引時間を遅くしていくと表示される波形がちらついてしまい、見にくくなります。

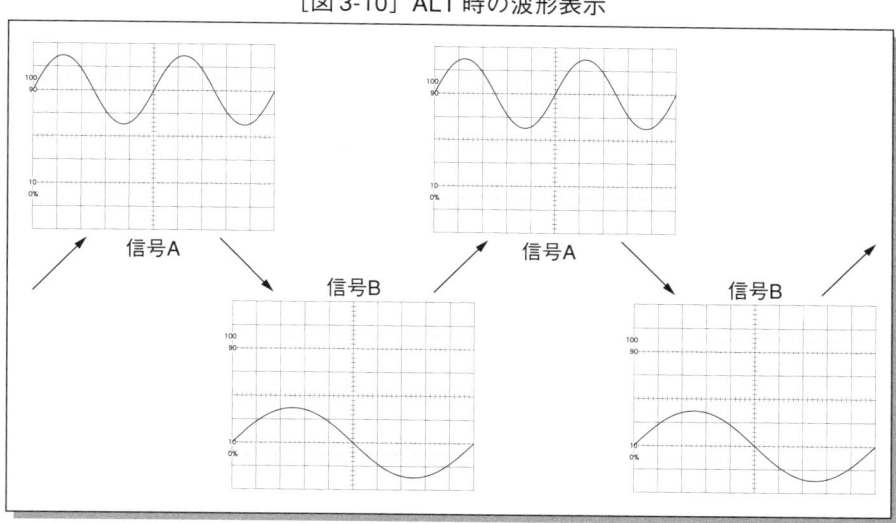

[図3-10] ALT時の波形表示

## CHOP（チョップ）方式とは

　まず、CHOPとは文字どおり空手チョップのchopの意味「切る、切り刻む‥‥」で、二つの信号を150 kHz位の高周波信号で切り刻み、ある瞬間は信号Aを次の瞬間は信号Bをというように両方の信号を細切れ状態にしてスクリーンに同時に表示します（図3-11）。

　ですからスクリーンには輝点の連続のように描かれるのですが、高速で切り替えられるため、私たちの目には連続した2本の輝線のように見えます。

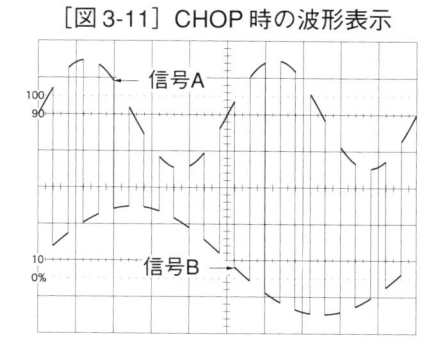

[図3-11] CHOP時の波形表示

# 第4章 ノブ（つまみ）やスイッチの説明

　　　　　オシロスコープにはたくさんのノブや切替スイッチが付いていて、最初はどこから手をつけてよいか迷ってしまいます。しかし、パネルを見ていくとスクリーンを中心に垂直軸、時間軸、同期回路、高圧回路など回路別にそれらのノブやスイッチなどが配置されているのがわかってくると思います。では、これから順を追って個々にその機能と操作を説明していきます。
（それぞれの名称の右に呼称を併記しましたが、職場、学校で独自の呼び方もあるようですから参考程度とご理解ください）

## SCREEN （スクリーンまたはケイコウメン）

**（蛍光面）**

　ブラウン管の顔（スクリーン）で、言うまでもなく波形が表示される所です。縦8分割、横10分割した格子状の目盛が内側から付けられています。

　図4-1のように、格子で区切られたマス目は正方形でスクリーンのサイズにより多少異なりますが、1辺を1cmとしているのが一般的です。この1辺を1 div（div: divisionの略）と呼び、電圧や時間を測る時のスケールになっています。

[図4-1] ブラウン管の蛍光面に付けられた目盛

　垂直および水平偏向感度は、輝点を1 div 移動させるのに要する入力信号の電圧（ボルト）で、VOLTS/DIV（ボルト/div）で表します。

　同様に、掃引時間は、輝点を1 div 掃引させるのに要する時間（秒）で、TIME/DIV（秒/div）で表します。なお、中央にある垂直目盛と水平目盛には1 div を更に5等分した補助目盛（0.2 div）が付いています。

# 第4章 ノブ（つまみ）やスイッチの説明

## POWER (パワーまたはパワースイッチ)
### （電源スイッチ）

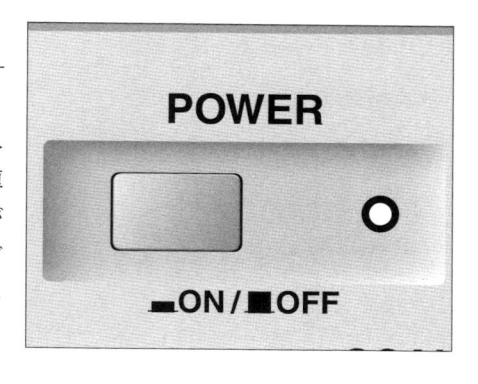

　電源スイッチを［ON］すると電源が入りパイロット・ランプが点灯します（機種によって、スイッチ付きのボリュームが使われ、SCALE ILLUMINATIONノブ（目盛照明調整）と兼用している場合もあります）。

## SCALE ILLUM (スケールイルミまたはイルミ)
### （目盛照明調整）

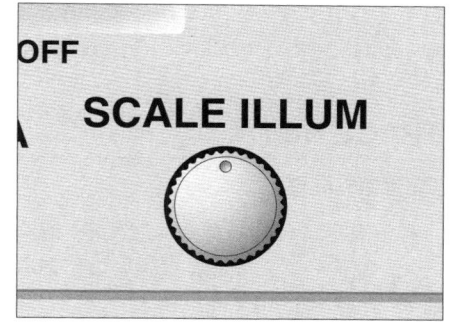

　スクリーンの目盛を照明するランプの明るさを調節するノブです。

　右に回すと明るく、左に回すと暗くなり、表示されている波形の輝度に合わせてこのノブで調節します。

　また、スクリーンの波形を写真に撮る時に、目盛も同時に写す場合には波形との明るさのバランスを考慮しながら調節します（なお、SCALE ILLUMINATIONのない機種もあります）。

## INTENSITY (インテンまたはインテンシティー)
### （輝度調整）

　輝線（波形）の明るさを調節するノブです。右に回すと明るくなり、回し過ぎるとハレーションを起こすので、波形が最も見やすい明るさに調節します。逆に左へ回すと暗くなり、ついには消えてしまいます。

　一般的にブラウン管は同じ波形を長時間にわたって表示し続けると蛍光面のその部分が劣化すると言われていますので、使用しない時には左に回し切り輝度をゼロにしておくとよいでしょう。

オシロスコープ入門　**39**

## FOCUS （フォーカス）

### （焦点調整）

　シャープな波形を表示するための調節ノブです。電子銃から出た電子が蛍光面に衝突する時に輝点となって見えますが、このノブを調節して輝点が最も小さく丸くなるようにします。

　オート・フォーカス機能により INTENSITY ノブを回しても自動的に焦点のズレは補正されますが、わずかにズレることもあり、その時はこのノブで再度調節します（なお、オート・フォーカス機能のない機種もあります）。

## TRACE ROTA （トレースローテーション）

### （輝線傾き調整）

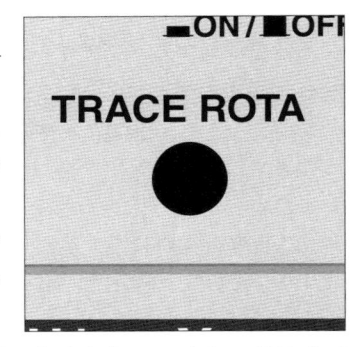

　輝線を水平に修正する機能です。前で説明したように、電子ビームは電界や磁界の影響を受けてその進行方向が変わります。

　オシロスコープは電界の変化で波形を表示しますが、現実には地磁気の影響も受け、設置する場所や置く方角によって輝線が傾きます。

　図4-2のように、輝線が目盛中央の水平目盛と平行になるようにマイナスドライバで調節します。

［図4-2］TRACE ROTATION の回転方向と輝線の傾き

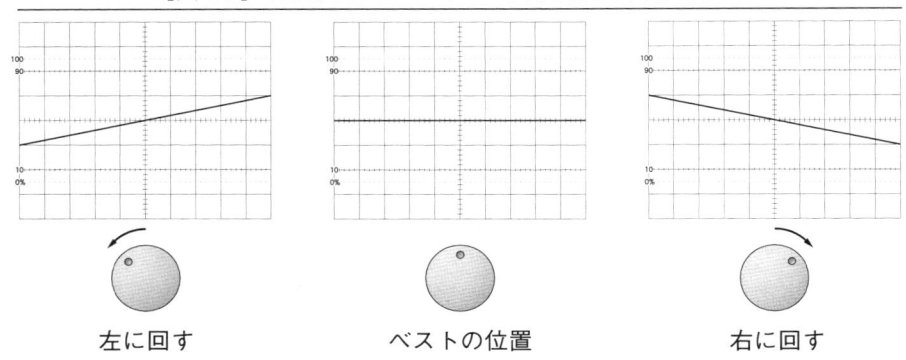

左に回す　　　　ベストの位置　　　　右に回す

# 第4章 ノブ（つまみ）やスイッチの説明

## VERTICAL POSITION （ブイポジ）
（垂直位置調整）

スクリーンに表示された波形を上下に移動させるためのノブです。

図4-3のように、ノブが可変範囲の中央付近にある時は、波形もスクリーンの中央にあります。このノブを右に回すと上の方向へ移動し、逆に左へ回すと下の方向へ移動します。

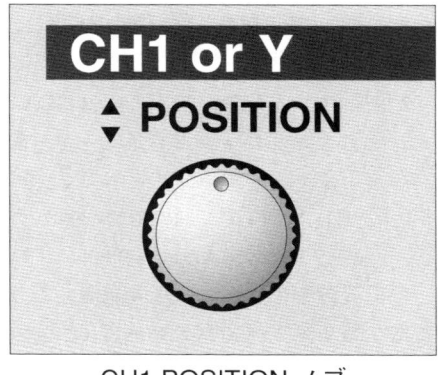

CH1 POSITIONノブ

[図4-3] VERTICAL POSITIONノブの回転方向と波形の移動方向

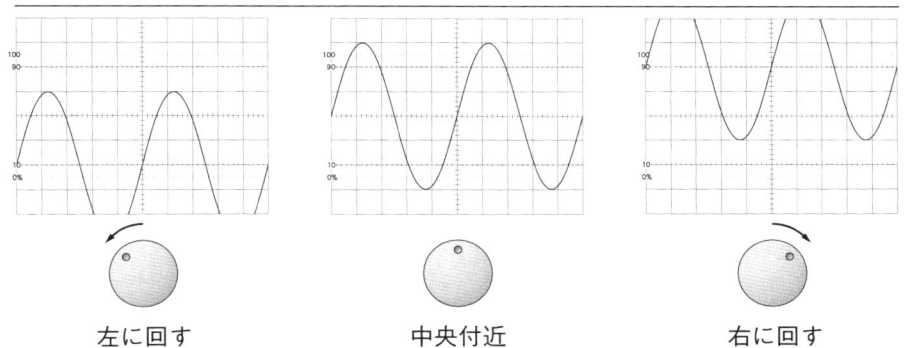

左に回す　　　中央付近　　　右に回す

　VERTICAL POSITIONノブは、ブラウン管のスクリーンから波形が飛び出してしまうまで移動できますが、過大な直流電圧が入力されたり、VOLTS/DIVスイッチ（垂直感度調整）の感度を上げ過ぎると位置調整ができない場合があります。

　そのような時には、波形が現れるまでVOLTS/DIVスイッチを左へ回し続け（入力感度を下げる）、波形が適当な振幅になってから移動させます。

　過大な直流電圧が加わっている場合には、AC-GND-DCスイッチを[GND]にして輝線を適当な位置に移動し、次に[DC]へ戻し、VOLTS/DIVスイッチを一番左に

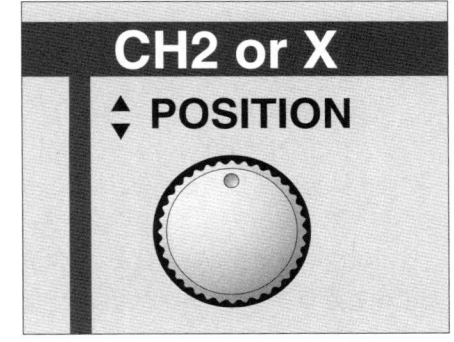

CH2 POSITIONノブ

オシロスコープ入門　**41**

回し切った位置から徐々に右へ回し続ける（入力感度を上げる）ことで信号（直流）が確認できます。

2現象オシロスコープではVERTICAL POSITIONノブはCH1用とCH2用と二つあり、それぞれが全く同じ機能をします。

なお、X-Yモード測定の時には、
　　　CH1 VERTICAL POSITIONノブ ..... Y軸（垂直方向）
　　　CH2 VERTICAL POSITIONノブ ..... X軸（水平方向）
の位置調整に、それぞれ機能が変わります（なお、機種によってはHORIZONTAL POSITIONノブがX軸のPOSITIONノブになる場合もあります）。

## CH1 INPUT ／ CH2 INPUT （チャンワンインプット／チャンツーインプット）

（信号入力端子）

文字どおり信号を入力する端子です。入力許容電圧がピーク値で表示されていますから、それを超えない範囲で使用します。このINPUT端子はCH1用とCH2用と二つあり、それぞれが全く同じ機能をします。

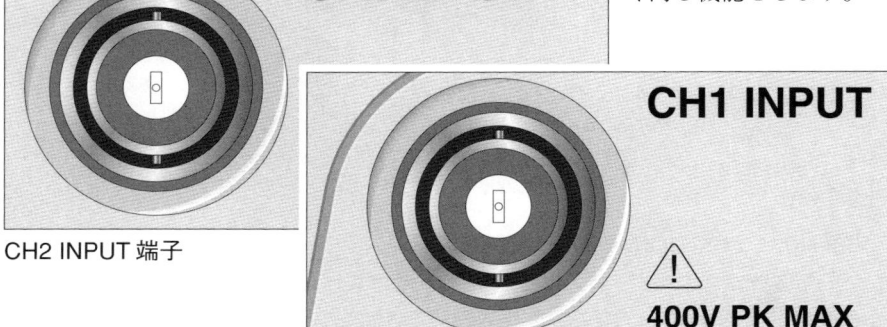

CH2 INPUT 端子

CH1 INPUT 端子

400V PK MAX

なお、X-Yモード測定の時には、
　　　CH1 INPUT端子 ..... Y軸（垂直方向）
　　　CH2 INPUT端子 ..... X軸（水平方向）
の信号入力端子に、それぞれ機能が変わります。

直流電圧や低周波の信号はケーブルで直接INPUT端子へ入力できますが、高周波の信号は右の写真のような付属のプローブをこの端子に接続して、その先端を信号源へ接続するようにします。

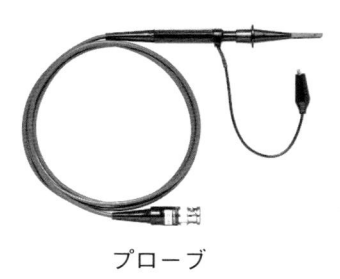

プローブ

42　オシロスコープ入門

# 第4章 ノブ（つまみ）やスイッチの説明

## AC - GND - DC （カップリングまたはインプット・カップリング）
（入力結合切替）

　回路的にはINPUT端子とVOLTS/DIV（垂直感度調整）スイッチの間にあり、通過させる信号を交流だけにするか、直流も含めた全てにするか切り替えます。

　　［DC］……（直流結合）
　　［GND］…（接地）
　　［AC］……（交流結合）

と結合方式を選択するスイッチで、［GND］だけ別のスイッチでON/OFFする機種もあります（なお、INPUT COUPLING SELECTORとネーミングされている場合もあります）。

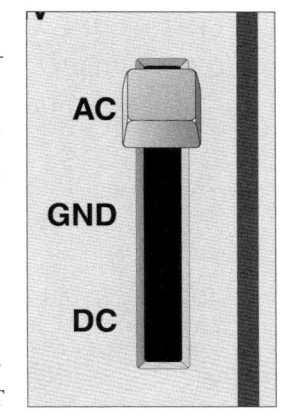

- ［DC］…直流から高周波信号まですべてを通過させます。
- ［AC］…直流をカットして交流成分だけを通過させます。
過大な直流成分に微少な交流成分を含んでいる時などにも使用します。なお、コンデンサを介して減衰器と結ばれるため、ごく低い低周波では実際のレベルより減衰してしまい誤差を生じるので可聴帯域以下の超低周波は［DC］に切り替えて測定します。
- ［GND］…直流の基準レベル（例えばゼロボルト）の目盛位置を設定したり、確認できます。また、被測定回路とオシロスコープの信号伝送経路を切り離す時にも使用します。

## VERTICAL MODE （バーティカル・モードまたはブイモード）
（垂直入力切替）

　図4-4のように、スクリーンに表示する信号を選択するスイッチです。2現象オシロスコープの場合は、CH1 INPUTへ加える信号と、CH2 INPUTへ加える信号とを、どのような組み合わせでスクリーンに表示するか選択します。

　必要に応じて、［CH1］、［CH2］、［ALT］2現象、［CHOP］2現象、［ADD］加算、のいずれかを選択します（なお、機種によっては［CH1］、［CH2］、［DUAL］2現象、［ADD］となっていて、［ALT］と［CHOP］は別のスイッチで選択したり、SWEEP TIME/DIVと連動して［ALT］と［CHOP］を自動切替にしている場合もあります）。

［CH1］…. CH1の入力信号だけスクリーンに表示します。
［CH2］…. CH2の入力信号だけスクリーンに表示します。
［ALT］…. CH1とCH2の入力信号を掃引する毎に切り替え同時にスクリーンに表示します（掃引時間が高速度の時に適します）。
［CHOP］… CH1とCH2の入力信号を掃引時間に関係なく一定の周波数でスイッチングして同時にスクリーンに表示します（掃引時間が低速度の時に適します）。
［ADD］… CH1とCH2の入力信号を加算してスクリーンに表示します。

［図4-4］ スクリーンに表示される波形の例

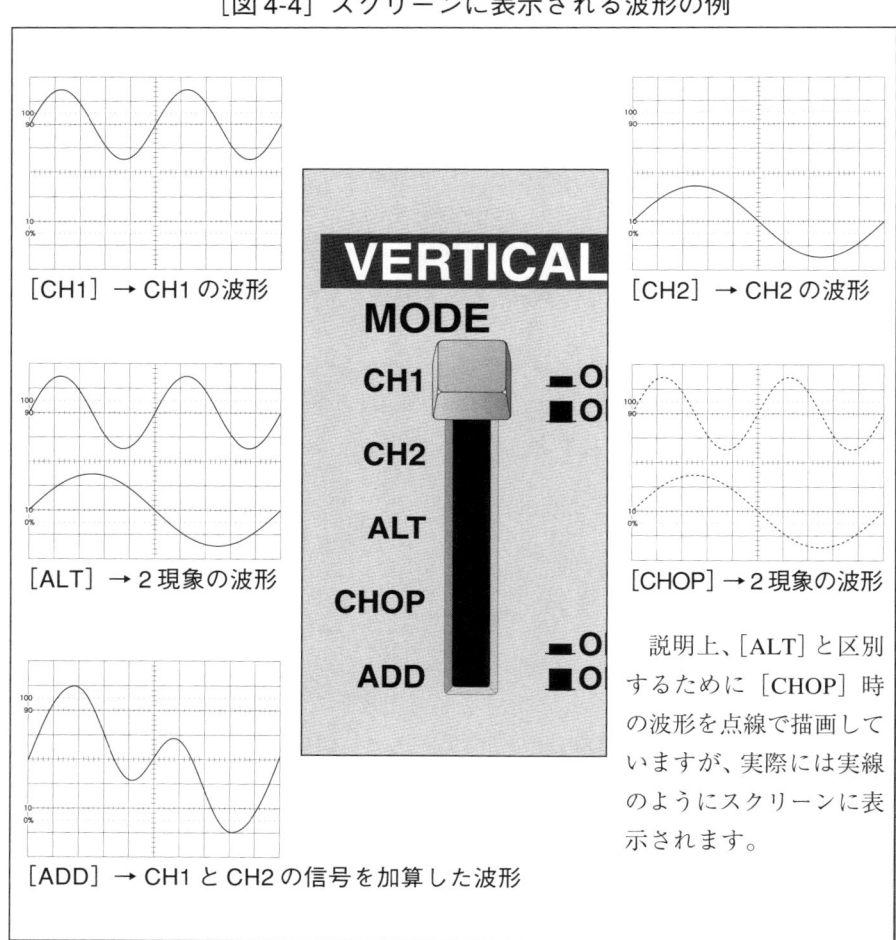

［CH1］→ CH1の波形

［CH2］→ CH2の波形

［ALT］→ 2現象の波形

［CHOP］→ 2現象の波形

［ADD］→ CH1とCH2の信号を加算した波形

　説明上、［ALT］と区別するために［CHOP］時の波形を点線で描画していますが、実際には実線のようにスクリーンに表示されます。

# 第4章 ノブ（つまみ）やスイッチの説明

## CH2 INV （チャンツーインバート）

### （CH2 反転）

　CH2 INPUTへ入力された信号の位相を反転（180°）するスイッチです（INVはinvertの略で、反転するの意味です）。

　スクリーンに表示されている波形を見ながらこのスイッチをON/OFFすると、図4-5のように、反転していることが確認できます（機種により TRIGGERING SLOP が優先し、位相が反転しても、スクリーンには、反転前と同じ波形表示をする場合もあります。なお、CH2 POLARITYと表示している機種もあります）。

[図4-5] CH2信号の極性反転

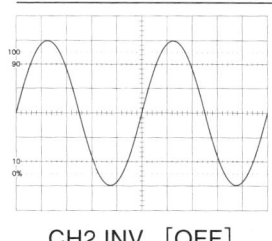

CH2 INV ［OFF］　　　CH2 INV ［ON］

## X-Y （エックスワイ）

### （X-Yモード切替）

　X-Y測定モードでは、CH1 INPUTへ入力された信号をY軸（垂直方向）信号、CH2 INPUTへ入力された信号をX軸（水平方向）としてリサジュー図形による測定状態になります。

　図4-6はCH1とCH2に同じ周波数、同じ電圧で、相互の位相が90°ズレている正弦波のリサジュー図形です（この場合、リサジュー図形は真円になります）。

[図4-6] X-Yモード（リサジュー）測定

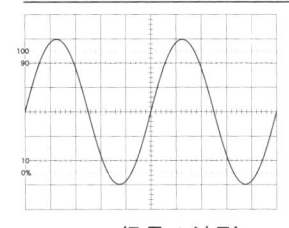

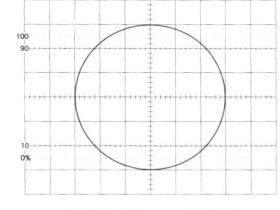

CH1信号の波形　　　リサジュー波形　　　CH2信号の波形

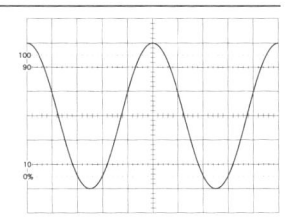

オシロスコープ入門

## VOLTS/DIV （アッテまたはアッテネータ、バーティカル・アッテネータ）

### （垂直感度調整）

　INPUT端子に加えられた電圧を加減し、スクリーンに適当な大きさの波形を表示させるためのスイッチです。本来ならば、このスイッチをVERTICAL ATTENUATOR（垂直減衰器）と表示するほうが機能的には良いと思うのですが、単位目盛あたりの電圧値を直読する必要から、単にVOLTS/DIVと表示するのが通例になっています。

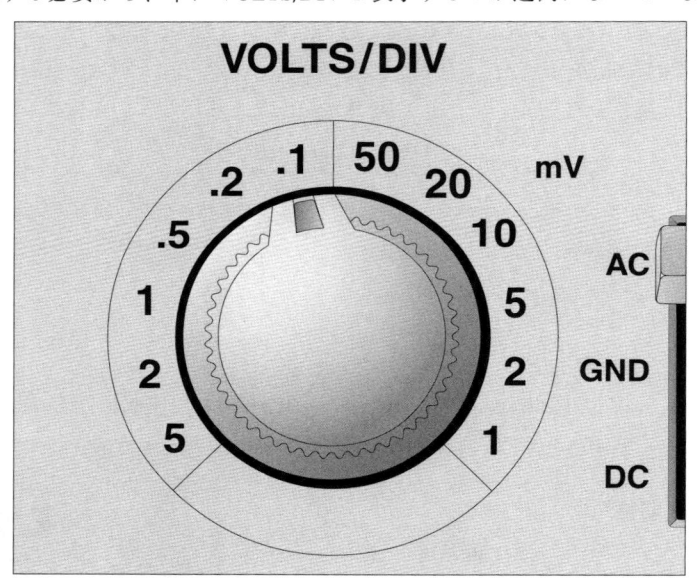

　オシロスコープの入力信号は、1 mV以下の微少な電圧から数100 Vの高い電圧まで広範囲にわたっています。図4-7のように、信号のレベルが低く過ぎればスクリーンに表示される波形の振幅が小さ過ぎたり、あるいは直線に近くなってしまいます。また、反対に大き過ぎると波形はブラウン管のスクリーンから上下に飛び出してしまい波形全体を見ることができなくなります。

［図4-7］ VOLTS/DIVスイッチで適当な振幅にする

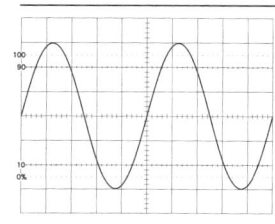

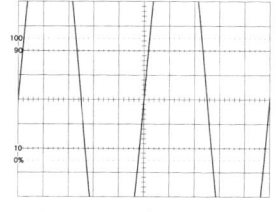

　適当な振幅の波形　　　　上下に飛び出した波形　　　　直線に近い波形

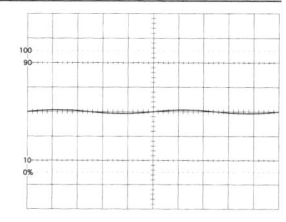

# 第4章 ノブ（つまみ）やスイッチの説明

そこで、VOLTS/DIVスイッチで入力電圧の減衰量を加減して、スクリーンに表示される波形の振幅を、図4-8のように、見やすい振幅（通常は4 div（目盛）から8 div（目盛））になるように調節します。

[図4-8] VOLTS/DIVスイッチで4〜8 divにする

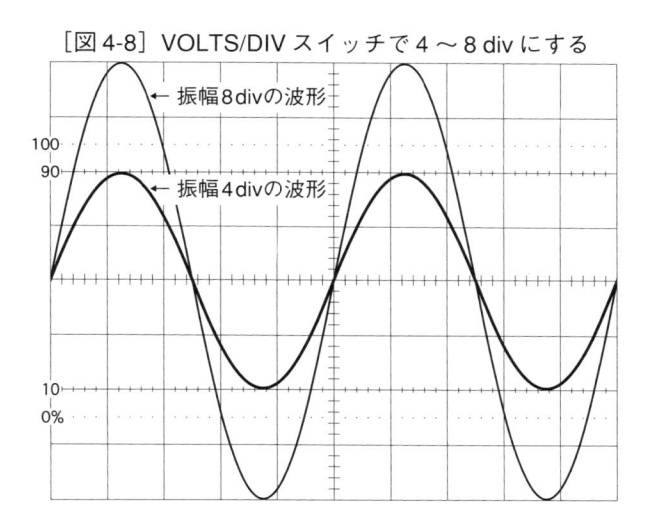

VOLTS/DIVスイッチは、図4-9のように、右に回すと減衰量が減少しスクリーンに表示される波形の振幅は大きくなります。逆に、左へ回すと減衰量が増加しスクリーンに表示される波形の振幅は小さくなります。

[図4-9] VOLTS/DIVスイッチの回転方向と波形の振幅

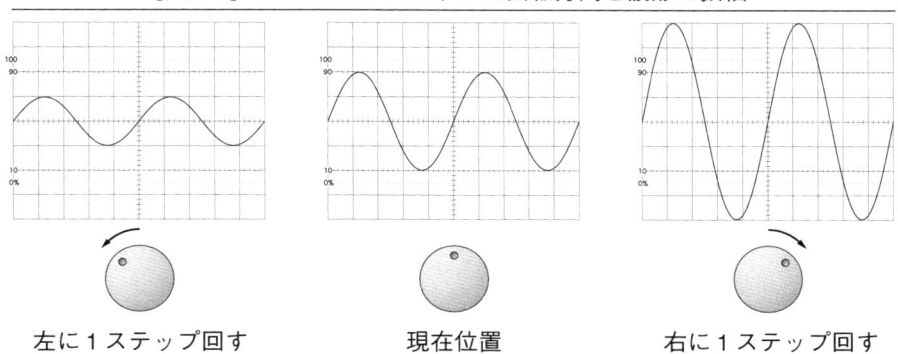

左に1ステップ回す　　　現在位置　　　右に1ステップ回す

VOLTS/DIVのVOLTSの意味は、電圧の単位のボルト（VOLT）で、最後のSは複数形のSです。また、DIVはdivision（目盛）の省略形で、スクリーン上の目盛の1目盛の意味です。

つまり、VOLTS/DIV とはスクリーンで1目盛（垂直方向）あたりの電圧のことです。例えば、［10 V/DIV］は1目盛あたり10 Vの電圧であると言うことです。
　このVOLTS/DIVスイッチは1 - 2 - 5ステップ、つまり、［1 mV/DIV］→［2 mV/DIV］→［5 mV/DIV］→［10 mV/DIV］→［20 mV/DIV］→［50 mV/DIV］‥‥→［5 V/DIV］と切り替わります。

　VOLTS/DIVスイッチはCH1用とCH2用と二つあり、それぞれが全く同じ機能をします。
　なお、X-Yモード測定の時には、
　　　CH1 VOLTS/DIVスイッチ ..... Y軸（垂直方向）
　　　CH2 VOLTS/DIVスイッチ ..... X軸（水平方向）
の入力感度調整に、それぞれ機能が変わります。

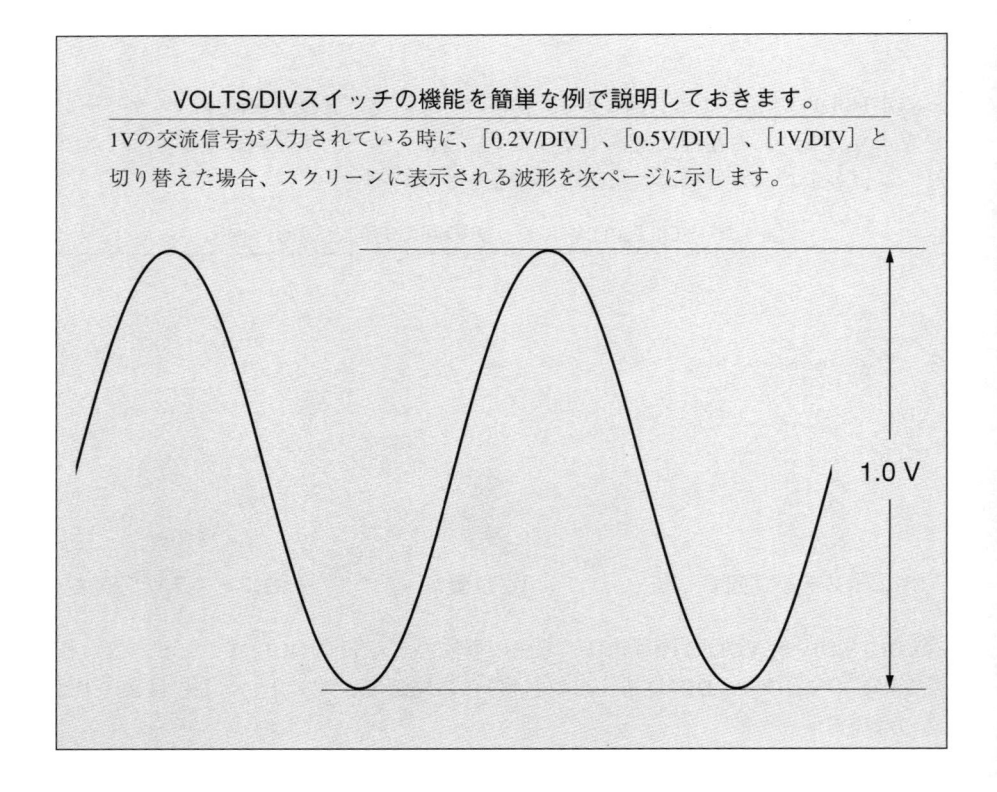

**VOLTS/DIVスイッチの機能を簡単な例で説明しておきます。**
1Vの交流信号が入力されている時に、［0.2V/DIV］、［0.5V/DIV］、［1V/DIV］と切り替えた場合、スクリーンに表示される波形を次ページに示します。

## 第4章 ノブ（つまみ）やスイッチの説明

VOLTS/DIV スイッチが［0.2 V/DIV］の時

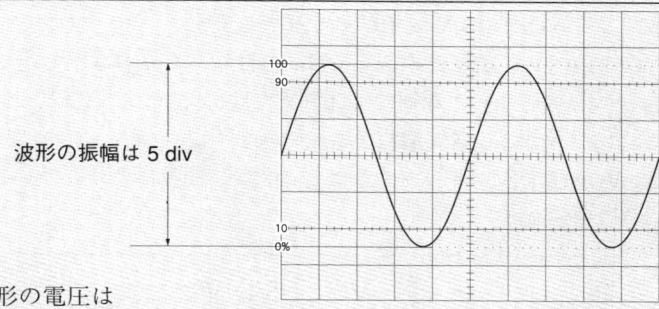

波形の振幅は 5 div

この波形の電圧は
電圧(V) = 振幅(div) × 偏向感度(V/div) = 5 div × 0.2 V/div = 1 V

VOLTS/DIV スイッチが［0.5 V/DIV］の時

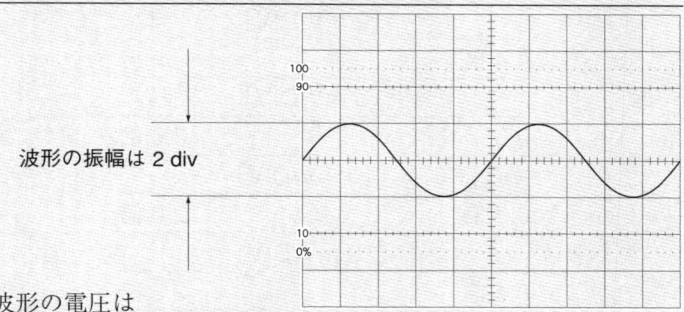

波形の振幅は 2 div

この波形の電圧は
電圧(V) = 振幅(div) × 偏向感度(V/div) = 2 div × 0.5 V/div = 1 V

VOLTS/DIV スイッチが［1 V/DIV］の時

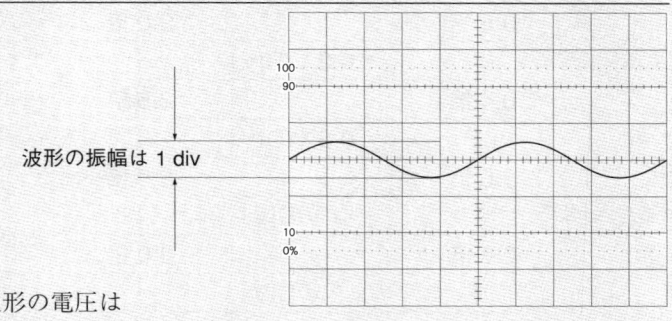

波形の振幅は 1 div

この波形の電圧は
電圧(V) = 振幅(div) × 偏向感度(V/div) = 1 div × 1 V/div = 1 V
答えはすべて同じ 1 V です。

前のページの例は、同じ入力電圧を測定レンジを替えて測定した例です。実際の測定においては、スクリーンに表示される波形の振幅が8 div以内で一番大きく表示できるレンジをVOLTS/DIVスイッチで選択します。

　このVOLTS/DIVスイッチの減衰量は、1目盛あたりの電圧で定められ、このスイッチを一つ右へ切り替える毎に0.5倍（または0.4倍）に、一つ左へ切り替える毎に2倍（または2.5倍）に「減衰量」を増減できます。

　下図は、VOLTS/DIVスイッチのレンジの例で、機種によりこのレンジのカバーする範囲は異なります。

| 右へ回す | VOLTS/DIV スイッチ | 左へ回す |
|---|---|---|
| ↑ | [1 mV/DIV] | ↓ |
| 0.5 倍 | | 2.0 倍 |
| ↑ | [2 mV/DIV] | ↓ |
| 0.4 倍 | | 2.5 倍 |
| ↑ | [5 mV/DIV] | ↓ |
| 0.5 倍 | | 2.0 倍 |
| ↑ | [10 mV/DIV] | ↓ |
| 0.5 倍 | | 2.0 倍 |
| ↑ | [20 mV/DIV] | ↓ |
| 0.4 倍 | | 2.5 倍 |
| ↑ | [50 mV/DIV] | ↓ |
| 0.5 倍 | | 2.0 倍 |
| ↑ | [0.1 V/DIV] | ↓ |
| 0.5 倍 | | 2.0 倍 |
| ↑ | [0.2 V/DIV] | ↓ |
| 0.4 倍 | | 2.5 倍 |
| ↑ | [0.5 V/DIV] | ↓ |
| 0.5 倍 | | 2.0 倍 |
| ↑ | [1 V/DIV] | ↓ |
| 0.5 倍 | | 2.0 倍 |
| ↑ | [2 V/DIV] | ↓ |
| 0.4 倍 | | 2.5 倍 |
| ↑ | [5 V/DIV] | ↓ |

# 第4章 ノブ（つまみ）やスイッチの説明

## VARIABLE （バリアブルまたはブイバリアブル）

（垂直感度微調整）

　スクリーンに表示されている波形の振幅を連続的に加減するノブです。

　VOLTS/DIVスイッチでは段階的にしか表示波形の振幅を調節できませんが、このノブを回すことによりVOLTS/DIVスイッチの隣り合ったレンジ間の電圧をカバーします。

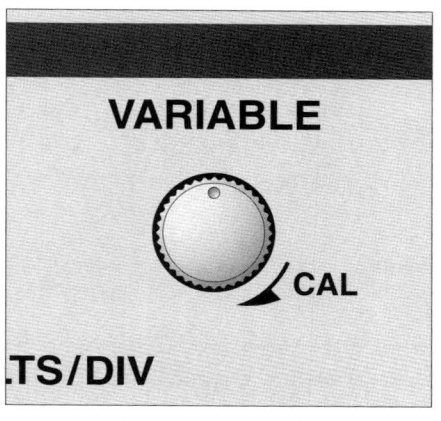

　VOLTS/DIVスイッチを回して波形の振幅を大きめ（6 div～8 div）になるレンジにセットし、次に、その横にあるこのノブを回して波形の振幅を任意の大きさ（1 div～8 div）に調節します（なお、VARIABLEノブがVOLTS/DIVスイッチと同軸（2軸）になっている機種もあります）。

　図4-10のように、このノブを右に回すと表示波形の振幅は大きくなり、左に回すと小さくなります。右に回しきった状態を「CAL」と言い、[CAL]の位置にある時にVOLTS/DIVスイッチの値は校正された値（パネル表示と同じ）になります。

［図4-10］VARIABLEノブの回転方向と波形の振幅

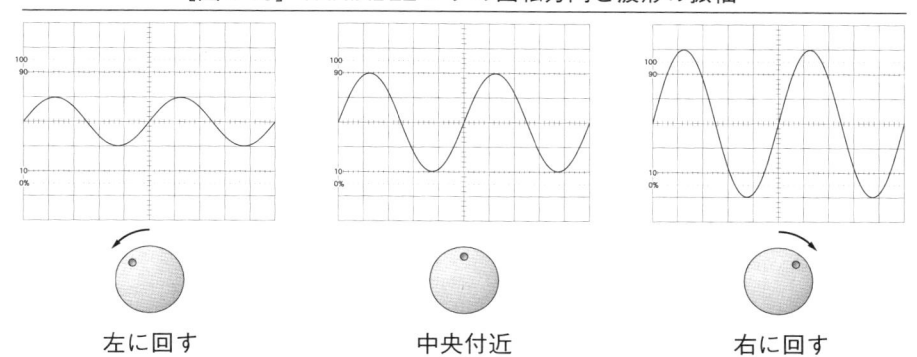

　　左に回す　　　　　中央付近　　　　　右に回す

　「CAL」はcalibration（目盛を定める）の意味で、オシロスコープではキャリ（校正）と呼び、パネルにも"CAL"の文字が必ず表示されています。

　通常、波形を観測するだけなら[CAL]を無視しても構いませんが、波形の電圧値を求める場合には、必ず[CAL]の位置にVARIABLEノブをセット（固定）し、VOLTS/DIVスイッチだけで波形の振幅が最大になるレンジに切り替えなければ正しい値は求められません。

VARIABLEノブはCH1用とCH2用と二つあり、それぞれが全く同じ機能をします。なお、X-Yモード測定の時には、

　　CH1 VARIABLEノブ .... Y軸（垂直方向）
　　CH2 VARIABLEノブ .... X軸（水平方向）

の入力感度微調整に、それぞれ機能が変わります。

## リアパネルにある機能

### CH1 OUT （チャンワンアウト）

**（CH1信号出力）**

CH1 INPUTに入力された信号が増幅され、約 50 mV/div の割合でこのCH1 OUTに出力されます。周波数カウンタをここに接続すれば微少信号の波形を観測しながらその周波数を測定できます。

### Z AXIS INPUT （キドヘンチョウニュウリョクまたはゼットジクニュウリョク）

**（輝度変調入力）**

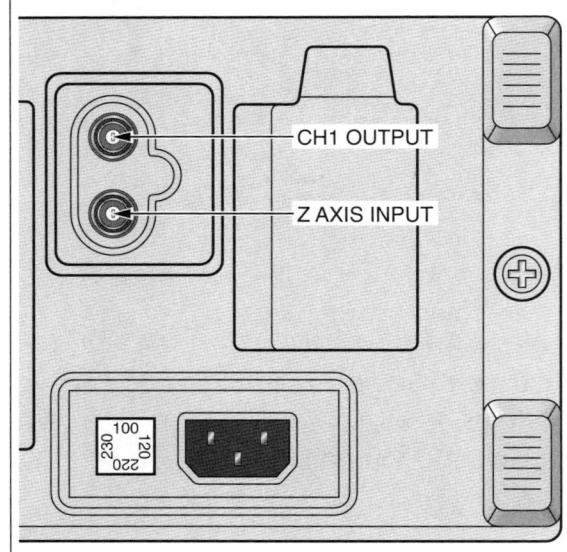

この端子にTTLレベルの信号を入力することにより、スクリーンに表示されている波形に輝度変調（正の電圧で輝度が減少します）をかけて観測できます。

← リアパネル右側部分

# 第4章 ノブ（つまみ）やスイッチの説明

## SWEEP TIME/DIV （スイープ・タイムまたはタイムベース）

**（掃引時間切替器）**

　掃引時間を低速度から高速度まで段階的に可変するスイッチです（なお、"SWEEP TIME/DIV"ではなく単に"TIME/DIV"と表示している機種もあります）。

　オシロスコープの入力周波数は、超低周波から超短波放送用の周波数まで広範囲にわたっています。信号を波形として見るためには、それに対応した掃引時間で輝点を水平方向に繰り返し移動（掃引）させる必要があります。

　図4-11のように、波形の時間的な要素を測定する時には、適当な掃引時間を選択していないと精度の高い測定ができません。

［図4-11］SWEEP TIME/DIV スイッチで適当な掃引時間に設定する

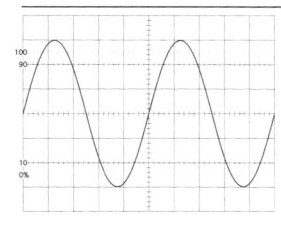

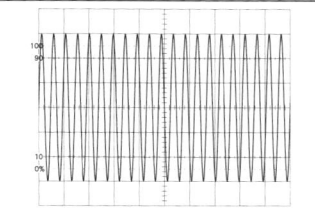

適当な掃引時間　　　掃引時間が遅過ぎる　　　掃引時間が速過ぎる

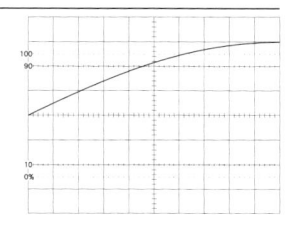

オシロスコープ入門　**53**

そこで、SWEEP TIME/DIV スイッチで掃引時間を加減して、図4-12のように、スクリーンに表示される波形が1周期分から多くても10周期分（普通は1周期分か2周期分が適当）が見えるように調節します。

SWEEP TIME/DIV スイッチは図4-13のように、右に回すと掃引時間は速くなり見える波形の周期は少なくなります。逆に、左へ回すと掃引時間は遅くなり見える波形の周期は多くなります。

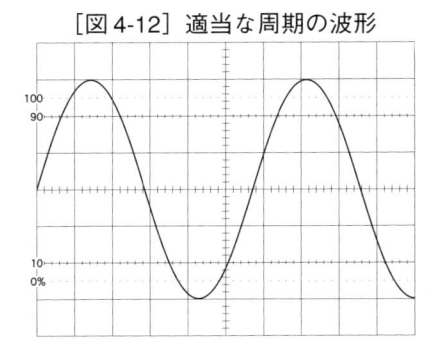

[図4-12] 適当な周期の波形

[図4-13] SWEEP TIME/DIV スイッチの回転方向と表示波形の見え方

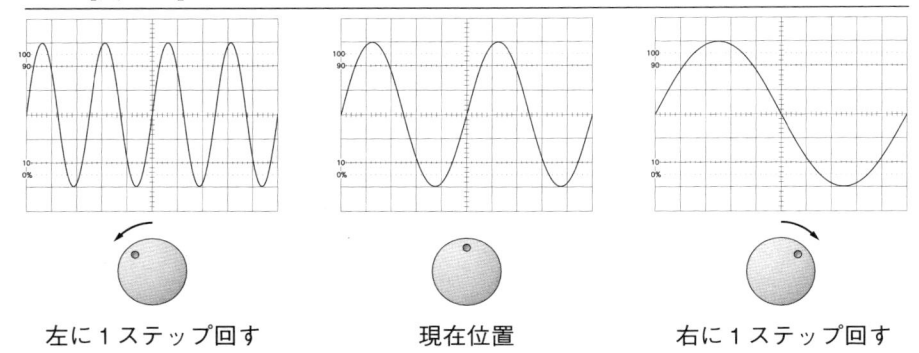

左に1ステップ回す　　　現在位置　　　右に1ステップ回す

SWEEP TIME の意味は、文字どおり掃引時間（秒）で、DIV は division（目盛）の省略形で1目盛の意味です。つまり、SWEEP TIME/DIV とはスクリーン上で1目盛（水平方向）あたりの時間のことです。例えば、［10 ms/DIV］は1目盛あたり10 ms（ミリ秒）の時間であると言うことです。

このSWEEP TIME/DIVスイッチの掃引時間は、単位目盛あたりの時間で定められ、このスイッチを一つ右へ切り替える毎に0.5倍（または0.4倍）に、一つ左へ切り替える毎に2倍（または2.5倍）に掃引時間を変えられます。

具体的に言えばこのスイッチは、→ ［0.1 ms/DIV］→ ［0.2 ms/DIV］→ ［0.5 ms/DIV］→ ［1 ms/DIV］→ ［2 ms/DIV］→ ［5 ms/DIV］‥‥→ ［0.5 s/DIV］と続く1 - 2 - 5 ステップで切り替わります。

次ページの図4-14は、SWEEP TIME/DIVスイッチのレンジの例で、機種によりこのレンジのカバーする範囲は異なります。

[図4-14]

## SWEEP TIME/DIV

| 右へ回す | スイッチ | 左へ回す |
|---|---|---|
| ↑ | [1 μs/DIV] | ↓ |
| 0.5倍 | | 2.0倍 |
| ↑ | [2 μs/DIV] | ↓ |
| 0.4倍 | | 2.5倍 |
| ↑ | [5 μs/DIV] | ↓ |
| 0.5倍 | | 2.0倍 |
| ↑ | [10 μs/DIV] | ↓ |
| 0.5倍 | | 2.0倍 |
| ↑ | [20 μs/DIV] | ↓ |
| 0.4倍 | | 2.5倍 |
| ↑ | [50 μs/DIV] | ↓ |
| 0.5倍 | | 2.0倍 |
| ↑ | [0.1 ms/DIV] | ↓ |
| 0.5倍 | | 2.0倍 |
| ↑ | [0.2 ms/DIV] | ↓ |
| 0.4倍 | | 2.5倍 |
| ↑ | [0.5 ms/DIV] | ↓ |
| 0.5倍 | | 2.0倍 |
| ↑ | [1 ms/DIV] | ↓ |
| 0.5倍 | | 2.0倍 |
| ↑ | [2 ms/DIV] | ↓ |
| 0.4倍 | | 2.5倍 |
| ↑ | [5 ms/DIV] | ↓ |
| 0.5倍 | | 2.0倍 |
| ↑ | [10 ms/DIV] | ↓ |
| 0.5倍 | | 2.0倍 |
| ↑ | [20 ms/DIV] | ↓ |
| 0.4倍 | | 2.5倍 |
| ↑ | [50 ms/DIV] | ↓ |
| 0.5倍 | | 2.0倍 |
| ↑ | [0.1 s/DIV] | ↓ |
| 0.5倍 | | 2.0倍 |
| ↑ | [0.2 s/DIV] | ↓ |
| 0.4倍 | | 2.5倍 |
| ↑ | [0.5 s/DIV] | ↓ |

## VARIABLE（スィープバリまたはスィープ・バリアブル）

（掃引時間微調整）

　SWEEP TIME/DIV スイッチだけでは掃引時間を段階的にしか加減できませんが、その横にあるVARIABLEノブを回すことにより掃引時間を連続的に加減できるようになります。

　図4-15のように、このノブを右に回すと掃引時間は速くなり、左に回すと遅くなります（なお、VARIABLEノブはSWEEP TIME/DIVスイッチと同軸（2軸）になっている機種もあります）。

　このノブを右に回すと表示波形の周期は少なくなり、左に回すと多くなります。右に回し切った状態を「CAL」と言い、[CAL]の位置にある時にSWEEP TIME/DIVスイッチの値は校正された値（パネル表示と同じ）になります。

[図4-15] VARIABLEノブの回転方向と表示波形の見え方

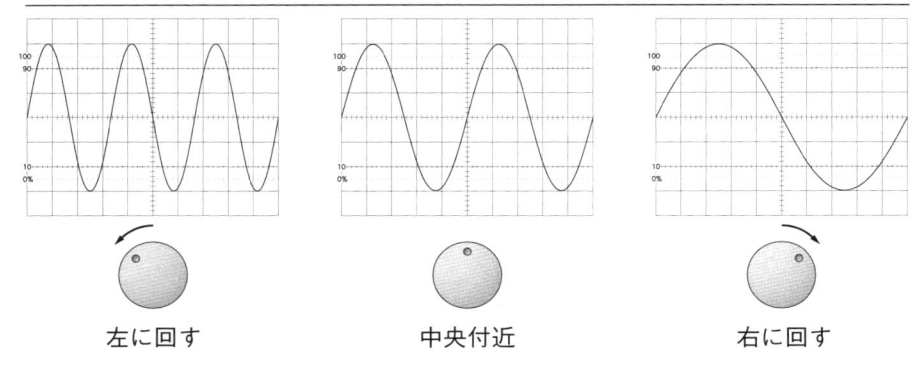

　　　　左に回す　　　　　　　中央付近　　　　　　　右に回す

　「CAL」はcalibration（目盛を定める）の意味で、オシロスコープではキャリ（校正）と呼び、パネルにも"CAL"の文字が必ず表示されています。

　通常、波形を観測するだけなら[CAL]を無視しても構いませんが、波形の時間値を求める場合には、必ず[CAL]の位置にVARIABLEノブをセット（固定）し、SWEEP TIME/DIVスイッチだけで波形の周期が適当な数になるレンジに切り替えなければ正しい値は求められません。

## 第4章 ノブ（つまみ）やスイッチの説明

### HORIZONTAL POSITION（エッチポジ）
（水平位置調整）

スクリーンに表示された波形を左右に移動させるためのノブです。

図4-16のように、HORIZONTAL POSITIONノブが可変範囲の中央付近にある時は、波形もスクリーンの中央にあります。このノブを右に回すと右の方向へ移動し、逆に、左へ回すと左の方向へ移動します。

[図4-16] HORIZONTAL POSITION ノブの回転方向と波形の移動方向

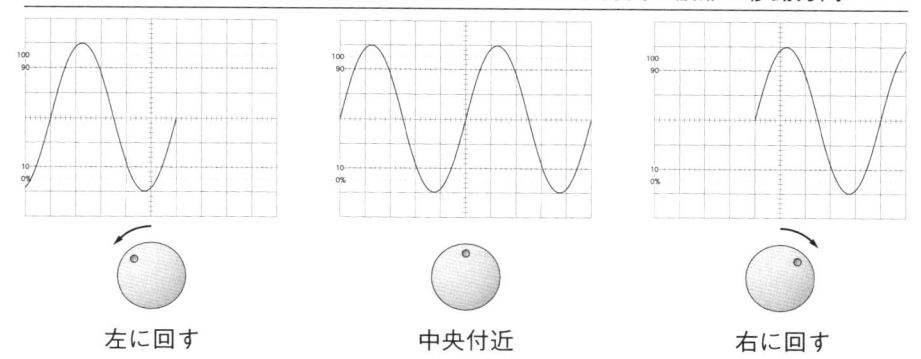

左に回す　　　　　中央付近　　　　　右に回す

---

**Hint　HORIZONTAL POSITION ノブによる波形の移動範囲**

スクリーンの左右いっぱいに移動できるが、VERTICAL POSITIONノブのように波形全体がブラウン管のスクリーンから飛び出してしまうことはなく、波形の一部がスクリーン内に留まります。

VERTICAL POSITIONノブが大きな移動範囲を持っているのは非常に大きな交流信号や直流信号が入力される可能性があるからです。

## ×10MAG （カケジュウまたはカケジュウマグ）
### （10倍掃引拡大）

×10MAGスイッチを押すと、図4-17のように、波形が水平方向に10倍拡大されます。

通常、水平方向への波形の拡大は掃引時間を速くすることで行っていますが、×10 MAGは掃引拡大と呼ばれ、水平増幅器の増幅度をワンタッチで10倍にすることで簡単に実現しています。

この時、掃引時間はSWEEP TIME/DIVスイッチの設定値の0.1倍と掃引時間が一桁速くなります。したがって、この機能を［ON］するとスクリーンの波形は中央部を基点に左右方向へ10倍拡大されることになります。

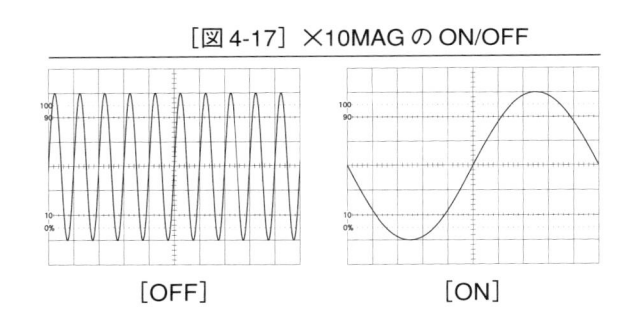

[図4-17] ×10MAGのON/OFF

[OFF]　　　　　　　　　[ON]

ただし、この×10MAGはノコギリ波の周期を速くしているわけではなく、水平増幅器の増幅度を一時的に10倍しているため、波形の両端に近い部分（スクリーンから飛び出しHORIZONTAL POSITIONを回さないと見えません）は水平増幅器の直線性がよくないと歪みを生じやすく、さらに波形の輝度が暗くなる欠点があります。

波形の立ち上がり部分（開始部分）を拡大して見るのであれば、SWEEP TIME/DIVスイッチを右に回し掃引時間を速くして見るほうがベターです。

なお、「×10MAG」については、「第11章スキルアップ・テクニック」の「×10MAGの測定」で「SWEEP TIME/DIV」との違いも含めて説明しているので参照してください。

# 第4章 ノブ（つまみ）やスイッチの説明

## CAL（キャリ）

### （校正用電圧端子）

オシロスコープでは、付属のプローブ（右下の写真）をINPUT端子へ接続して測定を行うため、このプローブを含めた校正が必要です。

CALから出力される信号は一般的に、

　　出力波形 ....... 方形波（正極性）
　　出力電圧 ....... 1 Vp-p ± 3 %
　　出力周波数 ... 約1 kHz

ですが、機種によって出力電圧や出力周波数が異なる場合もあります。

「CAL波形の確認」

プローブをINPUT端子へ接続し、先端をこのCAL端子へクリップします。

VOLTS/DIV スイッチを［20 mV/DIV］、SWEEP TIME/DIV スイッチを［0.2 ms/DIV］に設定すると、校正用信号の波形がスクリーンに表示されます。

校正されているオシロスコープであれば、図4-18のように、振幅が5 divで2周期前後の方形波が表示されます。

プローブの校正に関しては「第9章プローブ（Probe）」を参照してください。

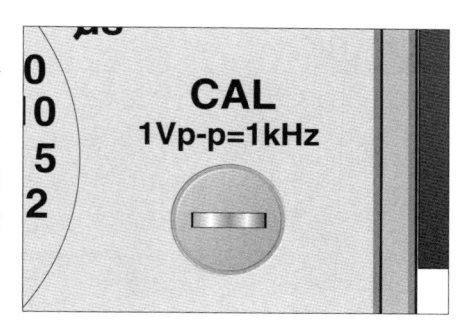

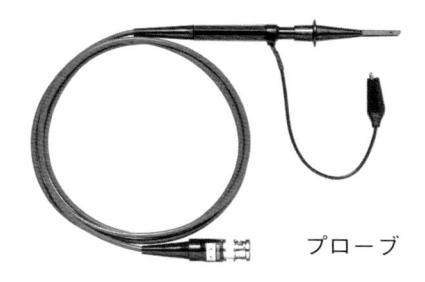

［図4-18］CAL波形

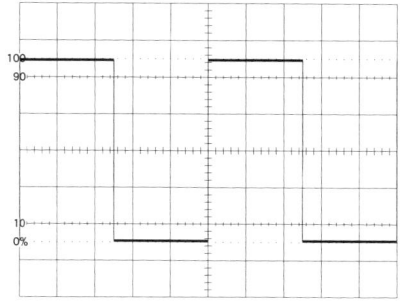

### Hint 「CAL」の値は正確ではない？

CAL端子の出力電圧は、誤差が一般的には±3%から±1%ですが、出力周波数の誤差は、機種によって、約1 kHzあるいは±20%などと定められ、時間軸のチェックには適さない場合もあります。このクラスの機種ではプローブの校正用として使用するのが正解です。

また、CALによるチェックは自己診断にしか過ぎません、精度（電圧軸、時間軸）を求めての校正は別の校正器で行う必要があります。

## EXT. TRIG （イクスト・トリガー）

### （外部トリガ入力端子）... 下図右側

外部からトリガ信号を入力するための端子です。入力許容電圧がピーク値で表示され、それを超えない範囲で使用します（TRIGGERING SOURCEスイッチが［EXT］に切り替わっている時に有効です）。

## GND （グランドまたはアース）

### （接地端子）... 上図左側

他の機器との間で共通アースをとったり、オシロスコープ自体を接地（アース）するための端子です（GND は ground の略です）。

## TRIGGERING MODE （トリガ・モード）

### （トリガ・モード選択）

どのようにトリガ掃引をさせるのか選択するスイッチです。

[AUTO] ............ オート
[NORM] ........... ノーマル
[FIX] ................ 固定
[TV FRAME] ... TV フレーム信号
[TV LINE] ........ TV ライン信号

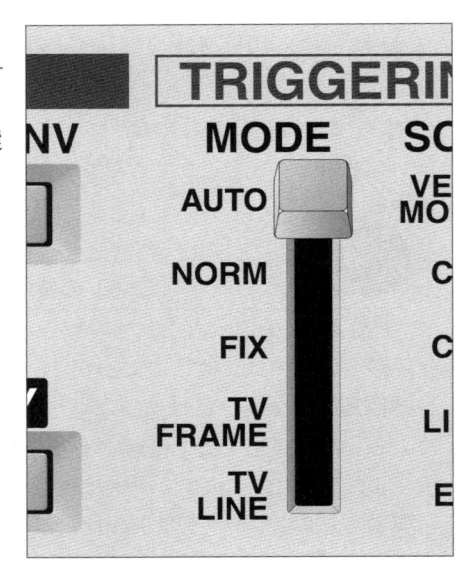

# 第4章 ノブ（つまみ）やスイッチの説明

[AUTO] .... 通常はここにセットしておけばOKです。無信号の時でも輝線が見え、信号が入力されるとその波形を表示します。

なお、回路構成から低い周波数（おおよそ50 Hz以下）ではトリガがかかりにくく、その時は［NORM］に切り替えます（トリガ掃引は無信号時には掃引しないのが原則ですが、輝線が出ていないと動作しているのかちょっと不安になることもあって、このモードでは常に輝線が見えます）。

[NORM] ... 無信号の時には輝線は見えませんが、信号が入力されると直ちに波形を表示します（トリガ掃引の本来のモードです）。

[FIX] ........ 入力信号があるとトリガレベルを自動的に設定して波形を表示します（［AUTO］と同様に低い周波数ではトリガがかかりにくくなります）。

[TV FRAME] ... テレビジョンの映像信号のフレーム同期信号にだけトリガが安定にかかります（それ以外の信号にはトリガがかかりません）。

[TV LINE] ... テレビジョンの映像信号のライン同期信号にだけトリガが安定にかかります（それ以外の信号にはトリガがかかりません）。

## TRIGGERING SOURCE （トリガ・ソース）

（トリガ信号選択）

トリガ信号を選択するスイッチです。

[VERT MODE] ... 自動
[CH1] .................. CH1
[CH2] .................. CH2
[LINE] ................. 電源周波数
[EXT] .................. 外部入力

オシロスコープ入門　**61**

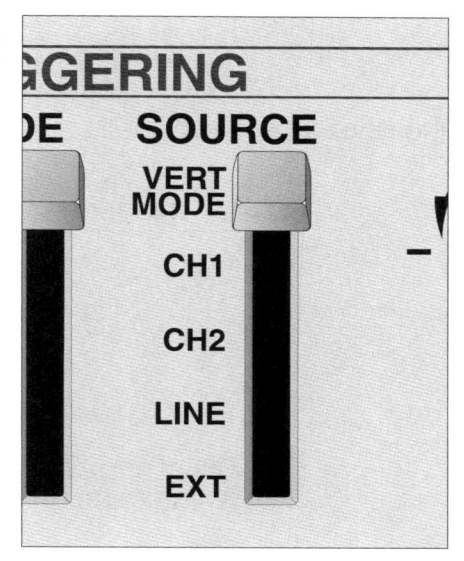

[VERT MODE] ... 通常はここにセットしておけばOKです。VERTICAL MODE スイッチがどの位置にセットしてあるかを判別して自動的にトリガ信号を選択します。

  VERTICAL MODE スイッチが
   [CH1] の時 ....... CH1 の入力信号をトリガ信号にします。
   [CH2] の時 ....... CH2 の入力信号をトリガ信号にします。
   [ALT] の時 ....... CH1 と CH2 の入力信号を交互にトリガ信号にします。
   [CHOP] の時 ... CH1 の入力信号をトリガ信号にします。
   [ADD] の時 ...... CH1 と CH2 の合成信号をトリガ信号にします。
[CH1] .................. CH1 の入力信号をトリガ信号にします。
[CH2] .................. CH2 の入力信号をトリガ信号にします。
[LINE] ................. 電源周波数 (50 Hz or 60 Hz) をトリガ信号にします。
[EXT] .................. EXT. TRIG 端子の入力信号をトリガ信号にします。

## TRIGGERING SLOPE (トリガ・スロープ)
(トリガ・スロープ設定)

図4-19のように、入力信号の電圧が上昇する部分、下降する部分のどちらにトリガをかけるかを決めるスイッチで、通常は [＋] にセットしておけばOKです。[＋] と [－] を必要に応じて切り替えます。

なお、このノブは次ページのTRIGGER-ING LEVEL ノブと関連して使用します。

図4-19 TRIGGERING SLOPEによるスロープの設定

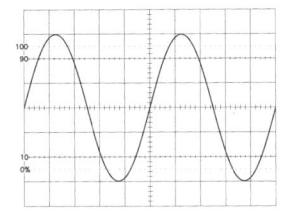

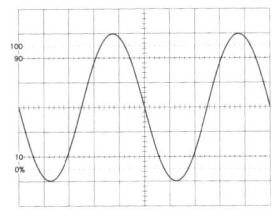

  SLOPE が [＋] の時  SLOPE が [－] の時
  （TRIGGERING LEVEL ノブが中央付近の時）

# 第4章 ノブ（つまみ）やスイッチの説明

## TRIGGERING LEVEL （トリガ・レベル）

**（トリガ・レベル調整）**

　入力信号のどの部分にトリガをかけるかを決めるノブで、通常は中央付近にセットすればOKです。

　図4-20のように、必要に応じ表示された波形を見ながらこのノブを回し波形の一番左端の掃引開始部分を調節します。

　TRIGGERINGING MODEが［AUTO］の時に、このノブを右または左に回し切るようにすると表示波形は静止せず（トリガがかからなくなる）入力信号に関係なく掃引を繰り返します。なお、このノブは前ページのTRIGGERING SLOPEスイッチと関連して使用します。

［図4-20］TRIGGERING LEVELノブの回転方向と波形の見え方

SLOPEスイッチが［＋］の時

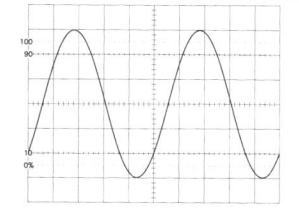

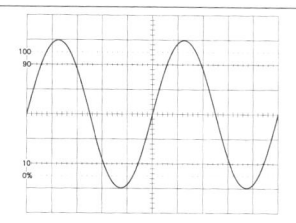

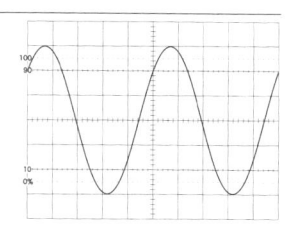

SLOPEスイッチが［－］の時

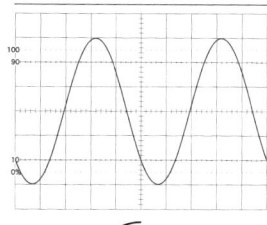

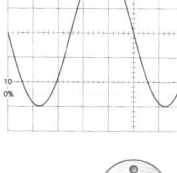

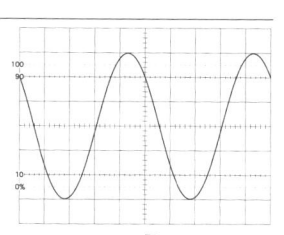

左に回す　　　　　　　　　中央付近　　　　　　　　　右に回す

# 第5章 オシロスコープの操作方法

　この章では、測定する信号がCH1に入力された場合のベーシックな操作方法を説明します。オシロスコープは、入力信号が許容電圧を超えない範囲であれば、ノブやスイッチが適当な位置にセットされていなくてもすぐ故障する心配はまずありません。スクリーンに表示される波形を見ながらあちこち操作して、それぞれのノブやスイッチのファンクションを早く覚えてください。

## 電源をONする前にあらかじめ基本ポジションにセット

　電源スイッチを[ON]する前に、あらかじめノブやスイッチをセットしておきます。

　機種によって異なりますが、ノブは12時方向、ロータリー・スイッチも12時方向、レバー式スイッチは一番上(一番左)、プッシュ・スイッチが並んでいたら一番上(一番左)、単独のプッシュ・スイッチは押さない状態などが一般的です。

- CH1 POSITION → UP
- CH1 VARIABLE → CAL
- CH2 POSITION → UP
- CH1 VOLTS/DIV → 0.1 V
- CH1 AC-GND-DC → AC

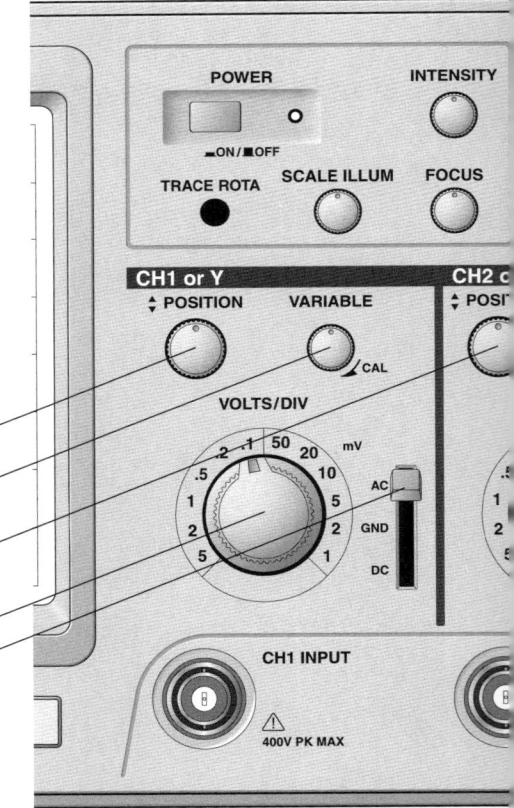

（注）→ UPは真上、時計の指針で12時の方向です。

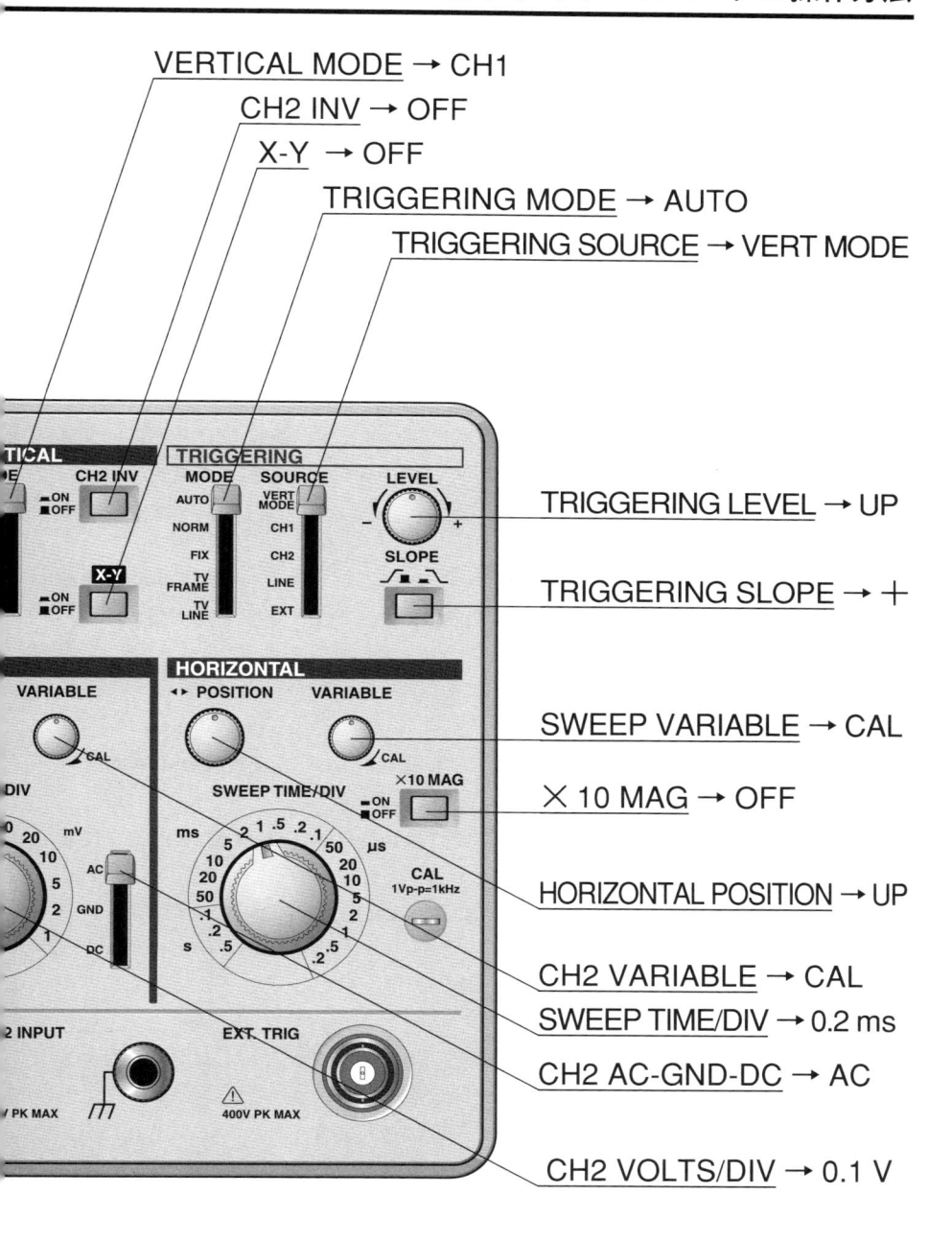

# 第5章 オシロスコープの操作方法

VERTICAL MODE → CH1
CH2 INV → OFF
X-Y → OFF
TRIGGERING MODE → AUTO
TRIGGERING SOURCE → VERT MODE
TRIGGERING LEVEL → UP
TRIGGERING SLOPE → ＋
SWEEP VARIABLE → CAL
×10 MAG → OFF
HORIZONTAL POSITION → UP
CH2 VARIABLE → CAL
SWEEP TIME/DIV → 0.2 ms
CH2 AC-GND-DC → AC
CH2 VOLTS/DIV → 0.1 V

オシロスコープ入門 65

## 基本ポジションにセットしたら電源ON

①電源を入れる

　　　POWERスイッチを押す［ON］、パイロット・ランプが点灯します。

　　　　　⇩

②輝度を上げる

　　　INTENSITYノブを右に回すと10〜15秒で輝線が現れ、回すにつれて輝度が明るくなりますが、時計の指針でいう1〜3時位の所で止めます。

　　　　　⇩

③輝点を出す

　　　X-Yスイッチを押す［ON］、輝線が輝点に変わります。次にCH1 POSITIONノブとCH2 POSITIONノブを回し、スクリーンの中央付近へ移動します。

　　　　　⇩

④焦点を合わせる

　　　FOCUSノブを左または右にゆっくり回すと、輝点が大きくなったり小さくなったりしますが、丸く小さくなるように調節します。また、輝度を変えた時には再度調節します。

　　　　　⇩

⑤輝線を水平に修正する

　　　X-Yスイッチを再び押す［OFF］、輝点は輝線に戻ります。CH1 POSITIONを回してスクリーンの中央に輝線をセットします。

　　　輝線が左右どちらかに飛び出している時にはHORIZONTAL POSITIONノブで輝線の左端を目盛の左端に合わせます。

　　　なお、輝線が右か左に傾いている時にはTRACE ROTATIONをマイナス・ドライバーで水平になるように調節します。

　　　　　⇩

⑥目盛照明を明るくする

　　　SCALE ILLUMノブを右に回すと、目盛照明用のランプがだんだん明るくなりますから、少し暗めの位置で止めておきます。

　　　後で波形が出た時に見やすい明るさに再度調節します（なお、SCALE ILLUMINATIONがない機種もあります）。

# 第5章 オシロスコープの操作方法

①POWER
⑤TRACE ROTATION
⑥SCALE ILLUMINATION
②INTENSITY
④FOCUS
③⑤X-Y

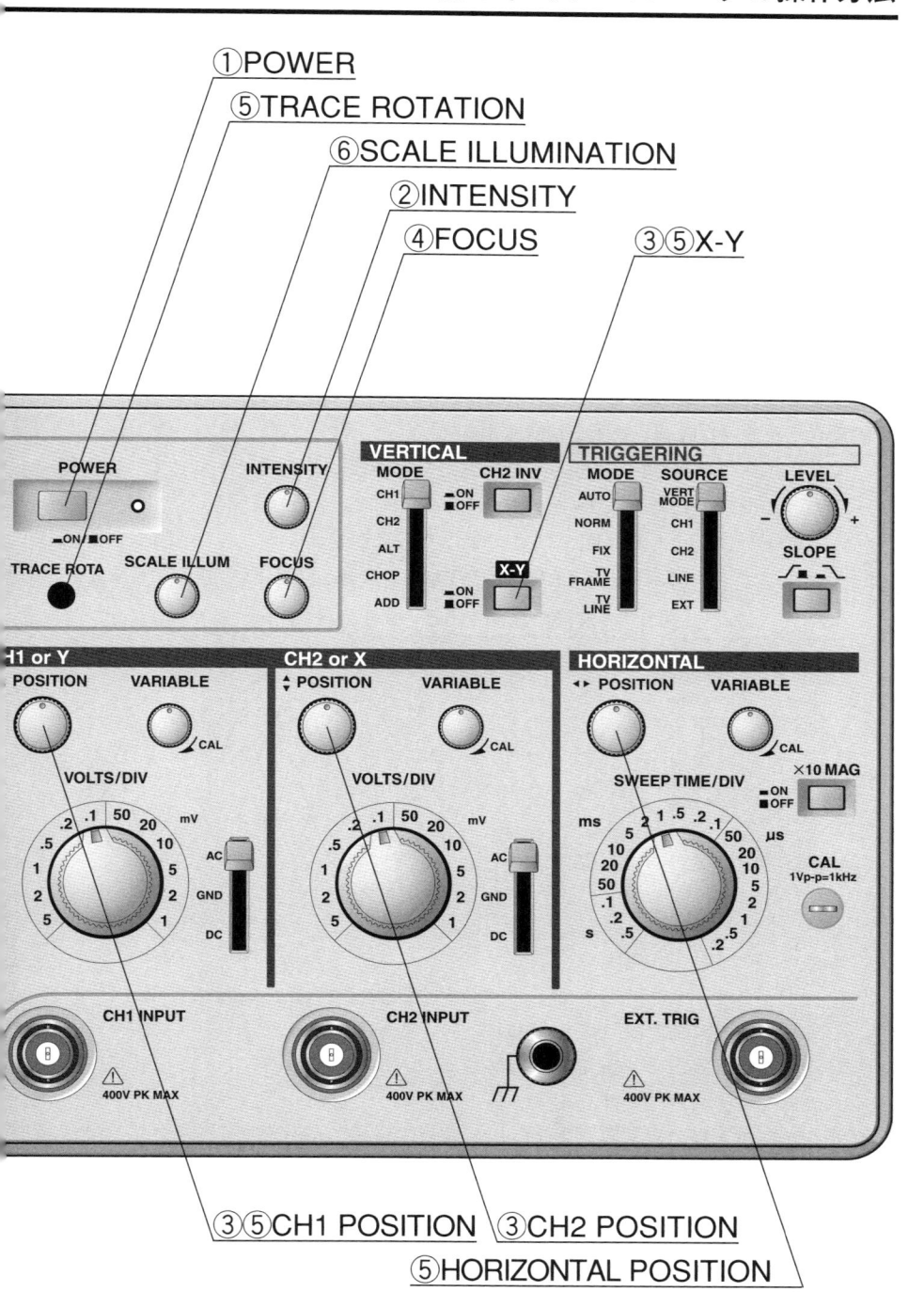

③⑤CH1 POSITION　③CH2 POSITION
⑤HORIZONTAL POSITION

オシロスコープ入門　**67**

## ノブやスイッチのセットが完了したら信号を入力

①信号発生器を準備する

　まず、出力波形は正弦波、出力周波数は「1 kHz」にセットし、次に、出力減衰器の出力電圧を一番絞った状態します。

⇩

②オシロスコープに信号を入力

　CH1 VARIABLE ノブと SWEEP VARIABLE ノブを［CAL］にセットします。次に、CH1 VOLTS/DIV スイッチの［0.1 V/DIV］と SWEEP TIME/DIV の［0.2 ms/DIV］を確認し、信号発生器の出力を CH1 INPUT へ入力します。

⇩

③表示された波形を観測しやすい状態にする

　スクリーンの輝線を見ながら、出力減衰器を一番絞った状態から少しずつ出力電圧を上げ、波形の振幅が 5 div ～ 6 div になった所で止めます。

　入力電圧が適当であれば図5-1(a)のような波形が見えるが、万一、図5-1(b)のような状態であれば、TRIGGERING LEVEL ノブで調節し波形を静止させます。

［図5-1］波形の振幅を 5 div ～ 6 div にする

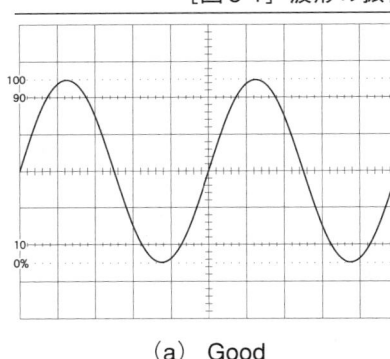

(a) Good　　　　　　　　　　(b) NG

図5-2のように、振幅が小さい時は、入力感度を上げるため VOLTS/DIV スイッチを右に一つか二つ回します。それでも駄目なら更に右へ回します。

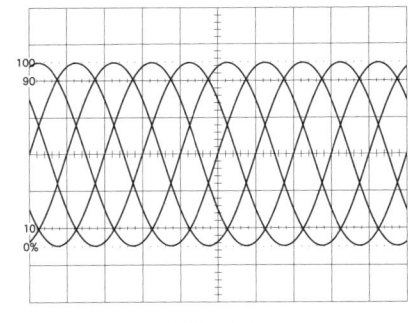

［図5-2］振幅が 4 div より小さい

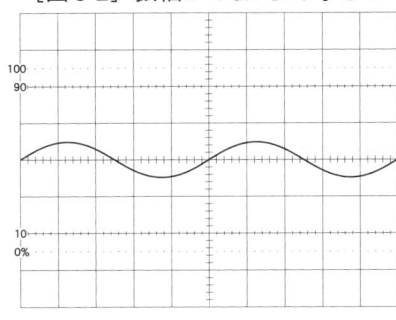

⇩

68　オシロスコープ入門

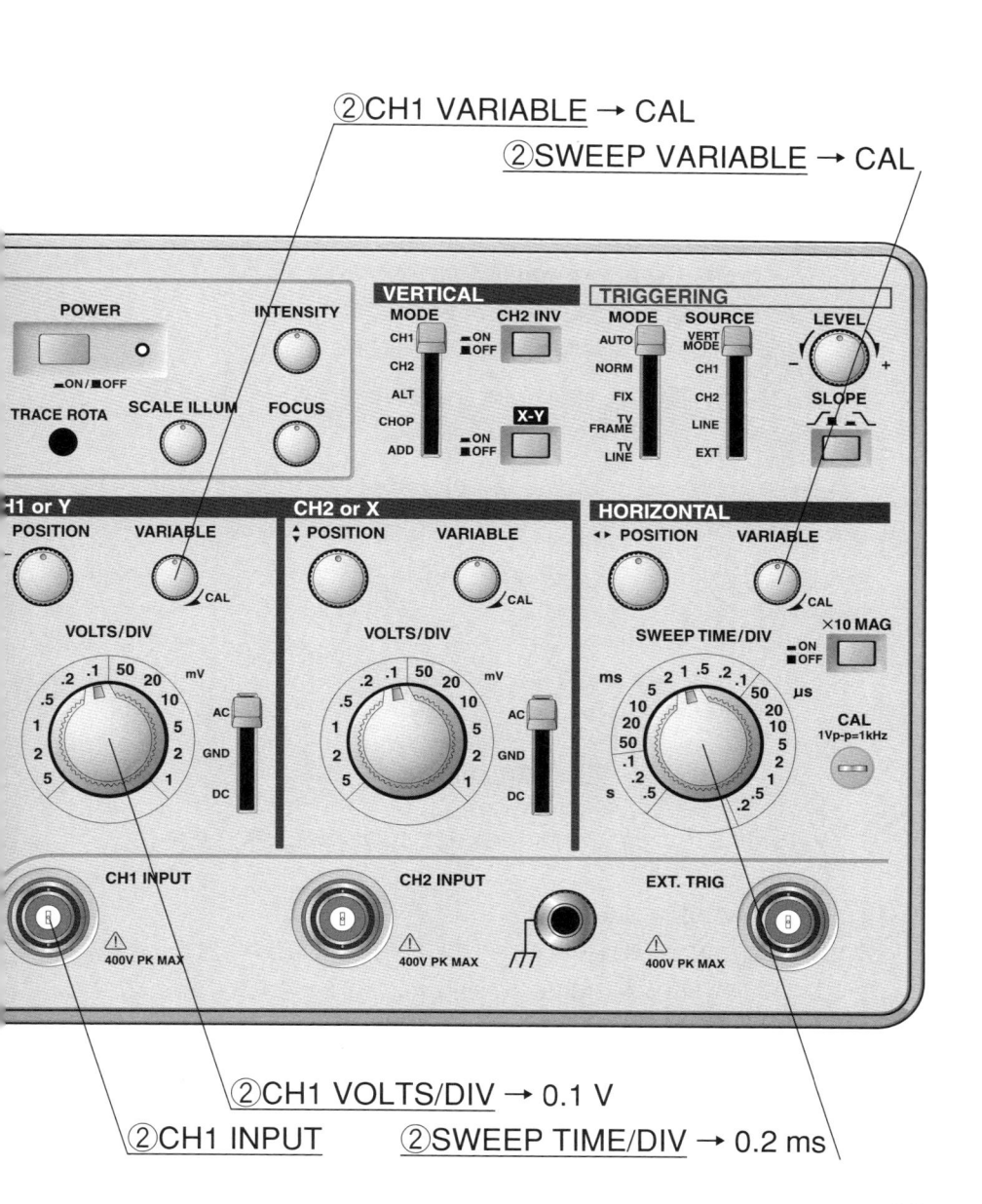

# 第5章 オシロスコープの操作方法

②CH1 VARIABLE → CAL

②SWEEP VARIABLE → CAL

②CH1 VOLTS/DIV → 0.1 V

②CH1 INPUT　②SWEEP TIME/DIV → 0.2 ms

オシロスコープ入門　**69**

⇩

図5-3のように、波形がスクリーンから飛び出している時は、入力感度を下げるため VOLTS/DIV スイッチを左に一つか二つ回します。それでも駄目なら更に左へ回します。

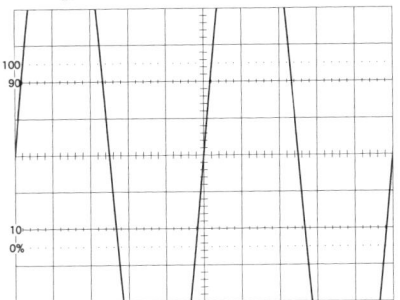

⇩

[図5-3] 振幅が大き過ぎる

④波形の振幅を変えてみる

波形がほど良い大きさ（振幅が5 div 〜 6 div）で見えるようになったら、図5-4のように、波形の振幅を CH1 VARIABLE ノブで変えてみます。

このノブを左に回す → 波形の振幅が小さくなる。
このノブを右に回す → 波形の振幅が大きくなる。

[図5-4] 波形の振幅を連続的に変える

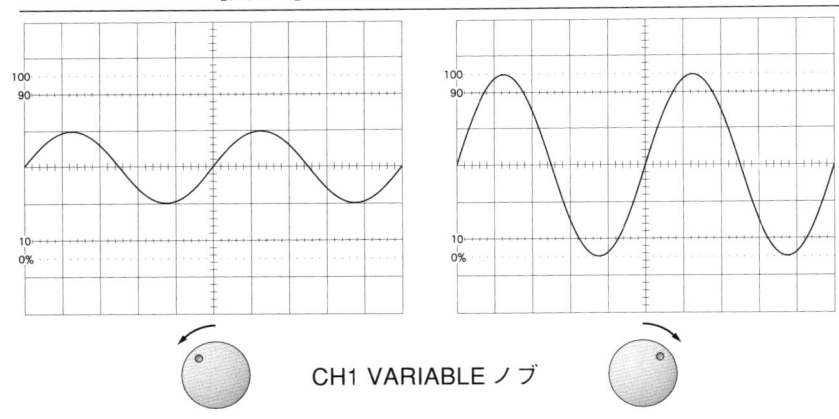

CH1 VARIABLE ノブ

VARIABLE ノブで波形の振幅を連続的に変えることができます。

⇩

⑤見えている波形の周期を変えてみる

SWEEP TIME/DIV が［0.2 ms/DIV］で、1 kHz の信号であれば2周期分が見えているはずです。SWEEP VARIABLE ノブを回すと、図5-5のように変化します。

このノブを左に回す → 波形の周期が多くなる。
このノブを右に回す → 波形の周期が少なくなる。

⇩

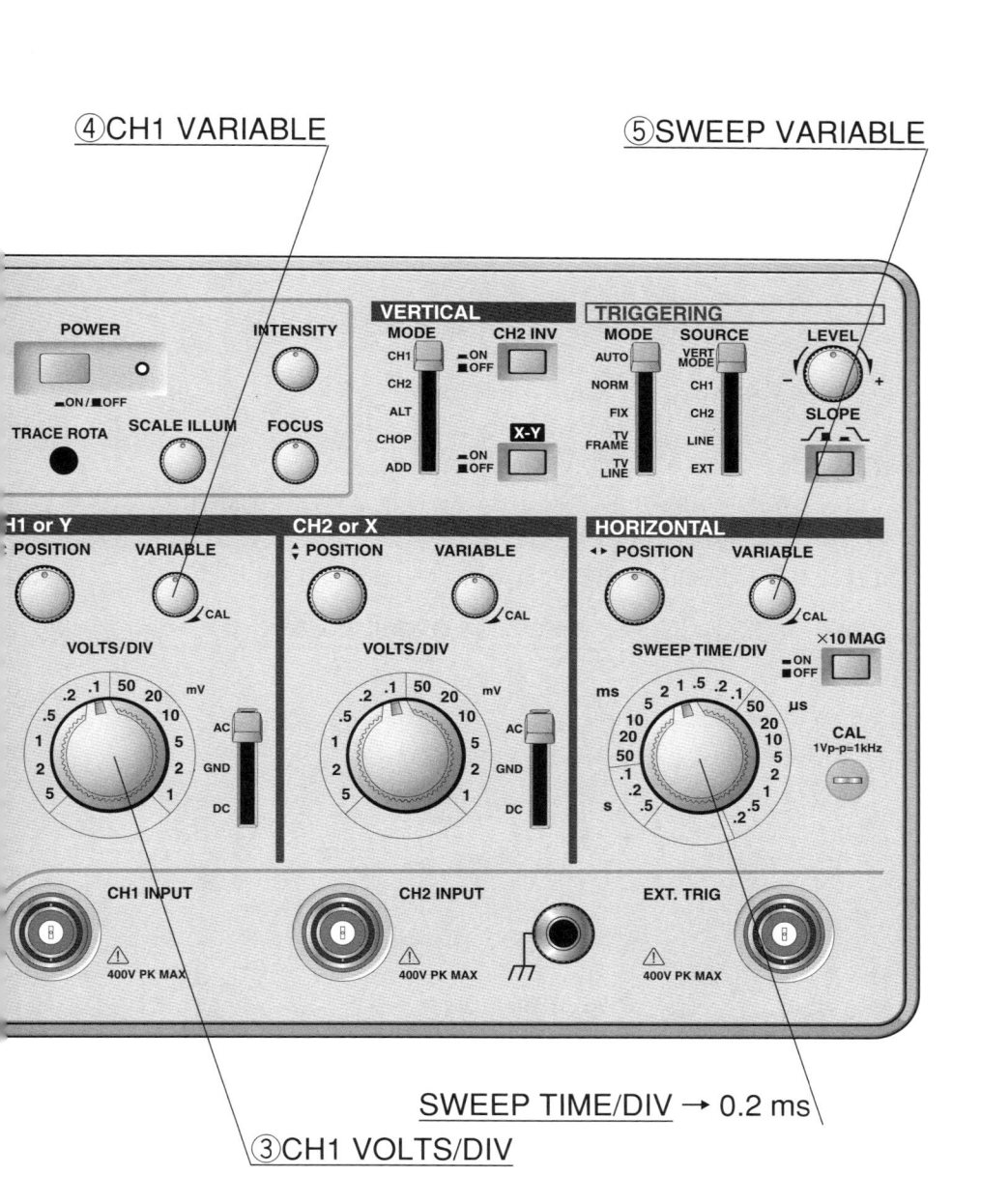

# 第5章 オシロスコープの操作方法

④CH1 VARIABLE

⑤SWEEP VARIABLE

SWEEP TIME/DIV → 0.2 ms

③CH1 VOLTS/DIV

オシロスコープ入門 **71**

⇩

[図 5-5] 波形の周期を連続的に変える

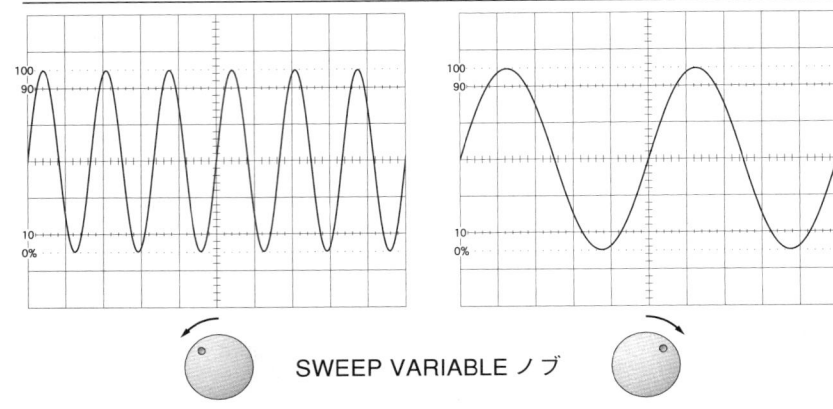

SWEEP VARIABLE ノブ

SWEEP VARIABLE ノブで波形の周期を連続的に変えることができます。

⇩

⑥波形の周期を SWEEP TIME/DIV スイッチで変えてみる

　次に、SWEEP VARIABLE ノブを［CAL］に戻し、SWEEP TIME/DIV スイッチを左に一つ回す［0.5 ms/DIV］と5周期分になります。逆に、右に一つ回す［0.1 ms/DIV］と見える波形の周期は半分の1周期になります（図5-6）。

[図 5-6] 波形の周期を段階的に変える

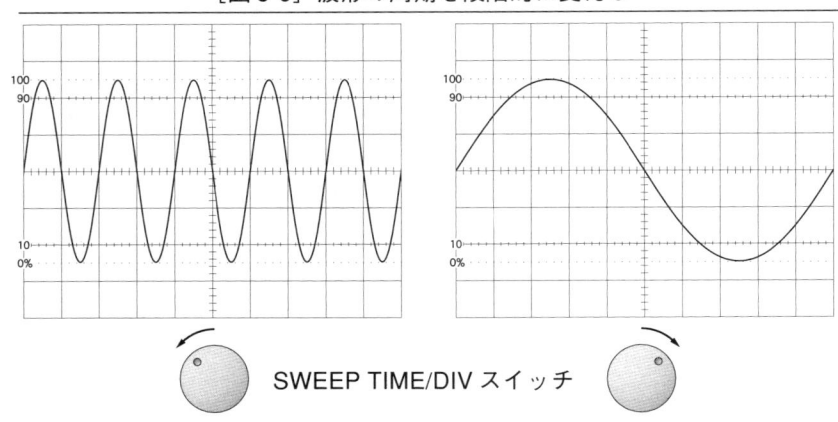

SWEEP TIME/DIV スイッチ

⇩

## 第5章 オシロスコープの操作方法

⑥SWEEP VARIABLE → CAL

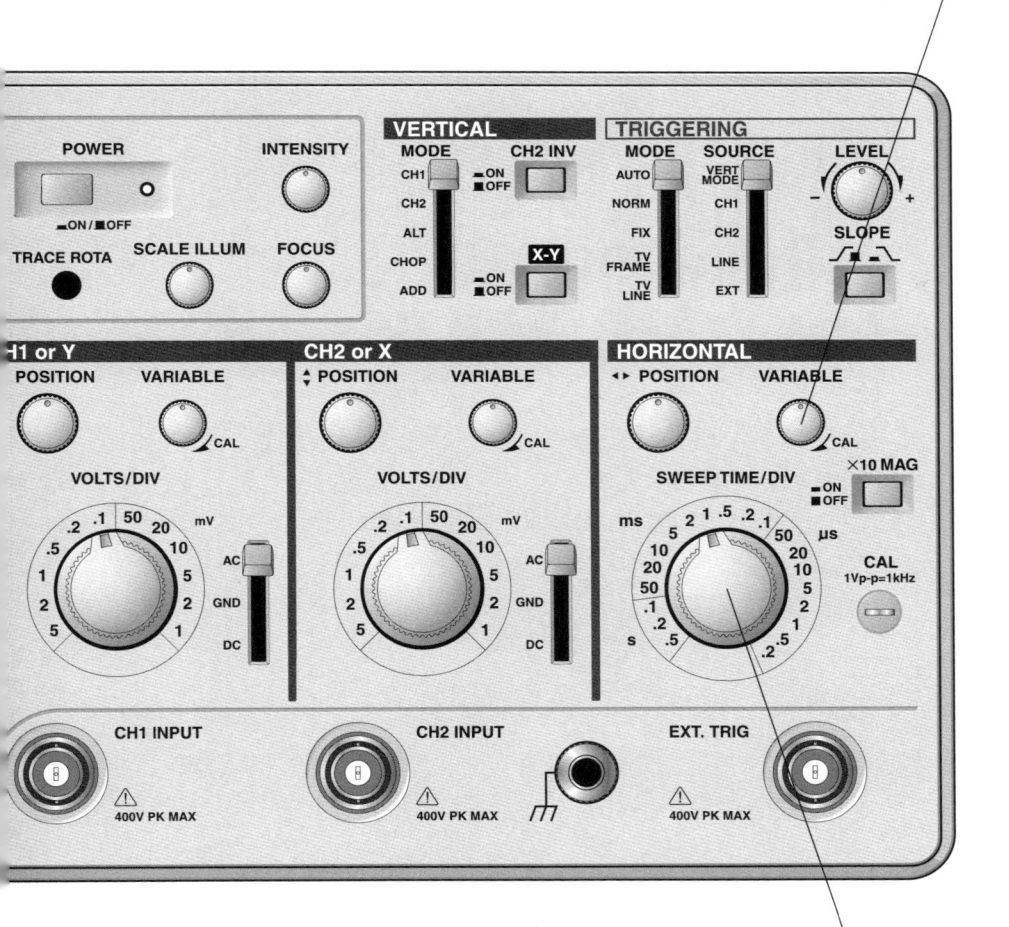

⑥SWEEP TIME/DIV → 0.1 ms or 0.5 ms

オシロスコープ入門　73

⇩
### ⑦左右方向に10倍拡大する

　SWEEP TIME/DIVスイッチを［1 ms/DIV］にセット、SWEEP VARIABLEノブを右に回し切り［CAL］にセットすると、図5-7 (a) のように、波形が10周期分見えるようになります。

　そこで、×10MAGスイッチを押す［ON］と、図5-7 (b) のように、今まで見ていた波形が中央から左右方向に10倍拡大されます。

　これはワンタッチで波形が拡大できる便利な機能です。もう一度、×10MAGスイッチを押す［OFF］と元の状態に戻ります。

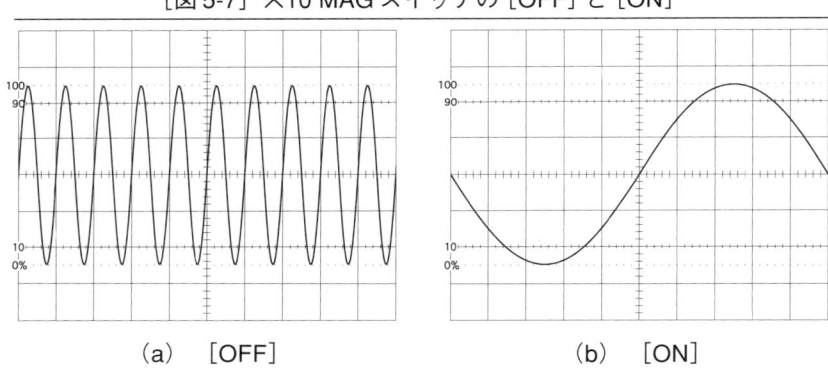

［図5-7］×10 MAGスイッチの［OFF］と［ON］

　　　(a)　［OFF］　　　　　　　　(b)　［ON］

　なお、このスイッチは用済みになったら必ず［OFF］に戻しておきます。

　以上がオシロスコープによる波形観測のファースト・ステップです。この後のページでは、既に操作の手順の中で説明した機能のうち、重要なポイントをもう一度整理して説明しておきます。

# 第5章 オシロスコープの操作方法

⑦SWEEP VARIABLE → CAL

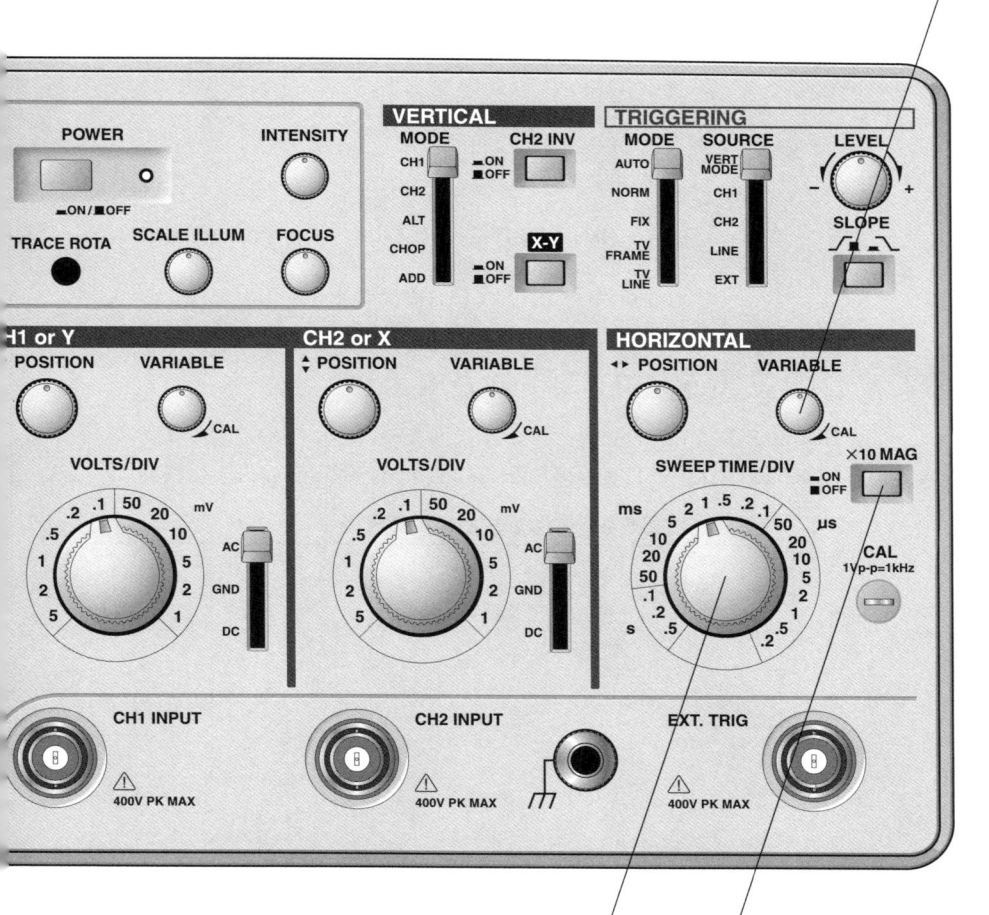

⑦SWEEP TIME/DIV → 1 ms

⑦×10 MAG → ON

オシロスコープ入門 **75**

## ①波形の位置を上下に移動させる

CH1 POSITION ノブを左に回す→波形は下の方向へ移動。
CH1 POSITION ノブを右に回す→波形は上の方向へ移動。

[図 5-8] 波形を上下に移動する

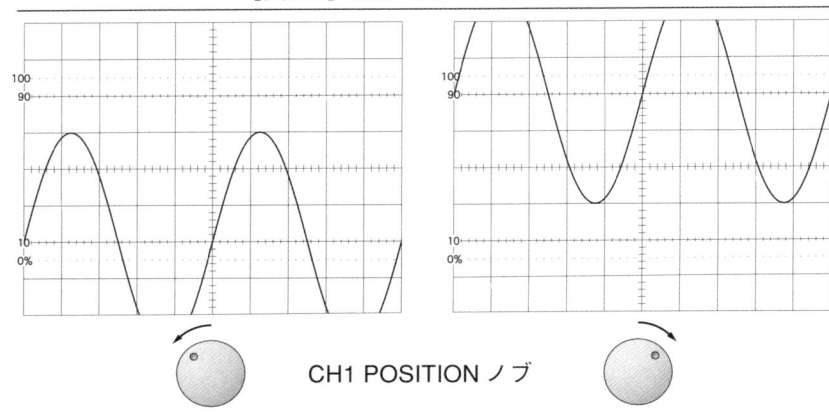

CH1 POSITION ノブ

CH2 POSITION ノブも同様に機能します。

## ②波形の位置を左右に移動させる

HORIZONTAL POSITION ノブを左に回す→波形は左の方向へ移動。
HORIZONTAL POSITION ノブを右に回す→波形は右の方向へ移動。

[図 5-9] 波形を左右に移動する

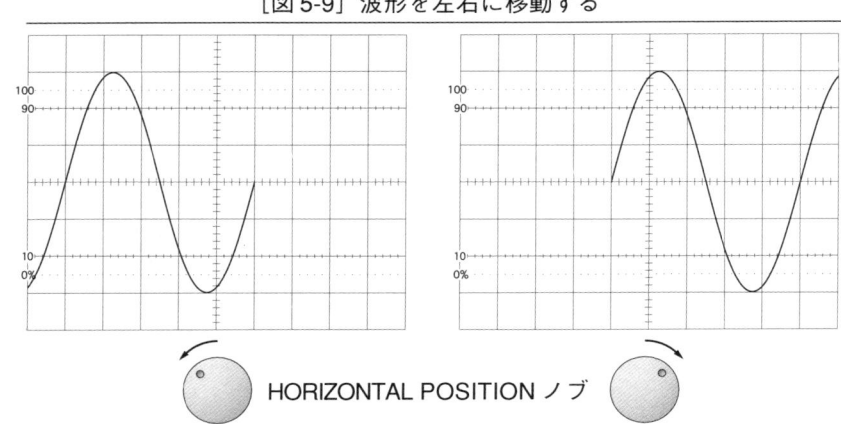

HORIZONTAL POSITION ノブ

# 第5章 オシロスコープの操作方法

> **Hint**
> HORIZONTAL POSITION ノブは CH1、CH2 共用
> 2現象表示の時には、HORIZONTAL POSITION ノブで CH1 の波形と CH2 の波形が同時に移動し、別々に移動させることはできません。

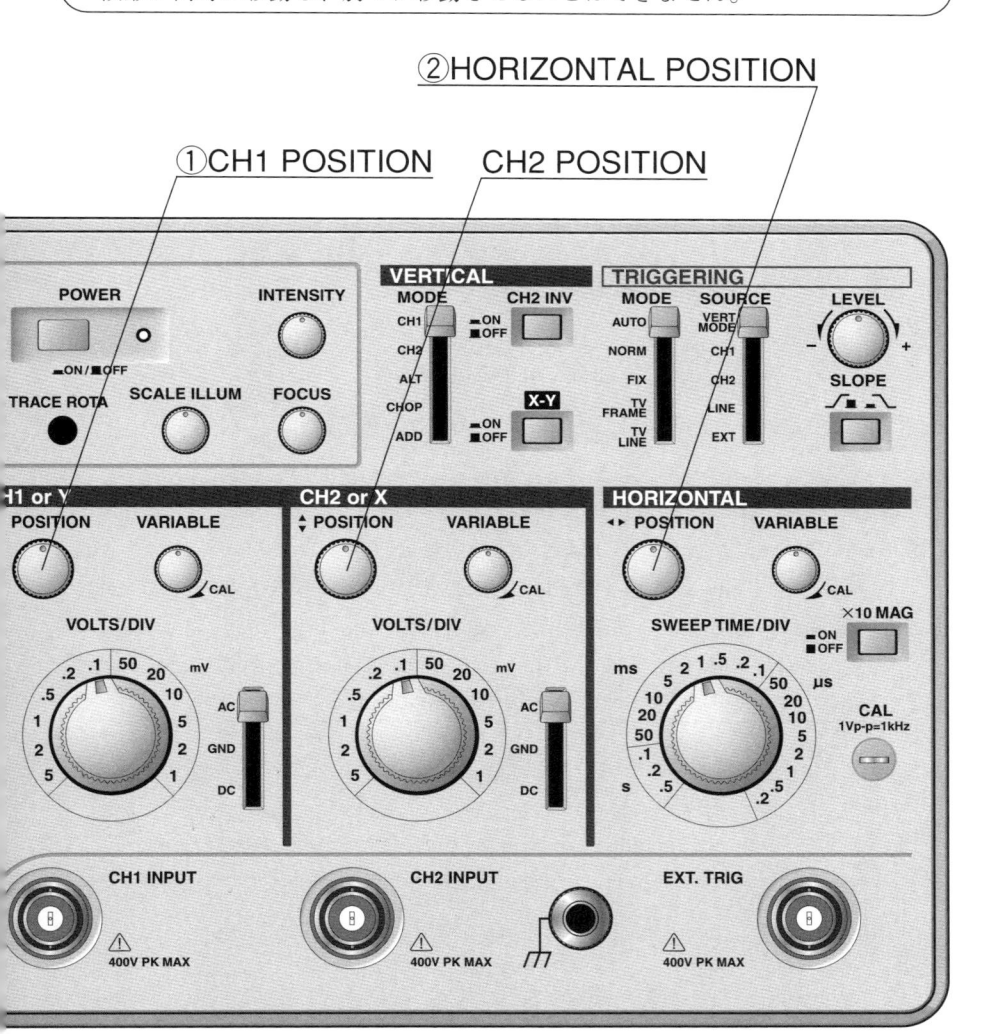

②HORIZONTAL POSITION

①CH1 POSITION　　CH2 POSITION

オシロスコープ入門　77

## ③波形の振幅を連続的に変える

CH1 VARIABLE ノブを左に回す→波形の振幅は小さくなる。
CH1 VARIABLE ノブを右に回す→波形の振幅は大きくなる。

［図 5-10］振幅を連続的に変える

CH1 VARIABLE ノブ

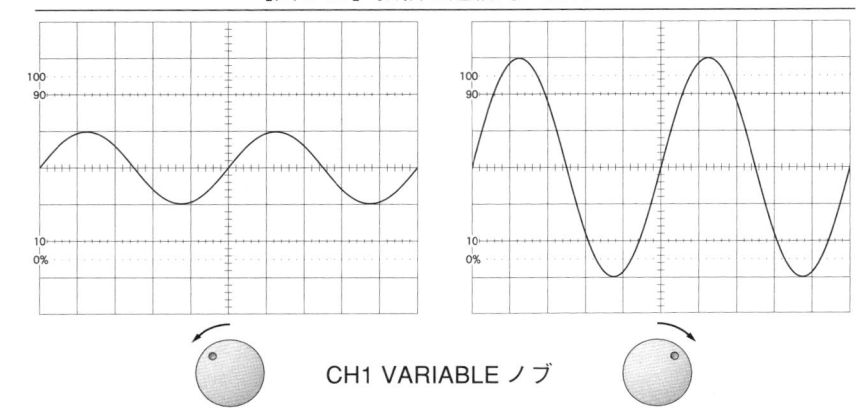

CH2 VARIABLE ノブも同様に機能します。

## ④大信号や微少信号を適当な大きさ（振幅）にする

波形がスクリーンから飛び出すほどの信号の場合（図 5-11 (a)）→
　振幅が 4 ～ 8div になるまで CH1 VOLTS/DIV スイッチを左に一つずつ回す。
波形の振幅が非常に小さいか直線に近い場合（図 5-11 (b)）→
　振幅が 4 ～ 8div になるまで CH1 VOLTS/DIV スイッチを右に一つずつ回す。

［図 5-11］振幅を段階的に変える

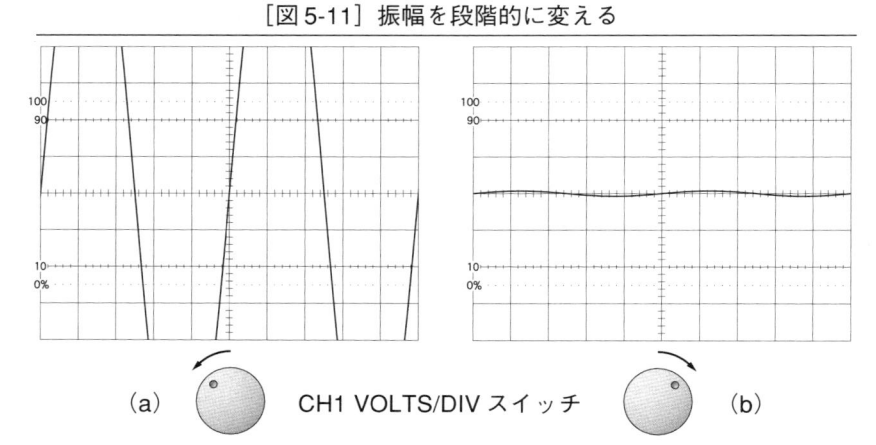

(a)　　CH1 VOLTS/DIV スイッチ　　(b)

CH2 VOLTS/DIV スイッチも同様に機能します。

78　オシロスコープ入門

# 第5章 オシロスコープの操作方法

③CH1 VARIABLE　　CH2 VARIABLE

④CH1 VOLTS/DIV　CH2 VOLTS/DIV

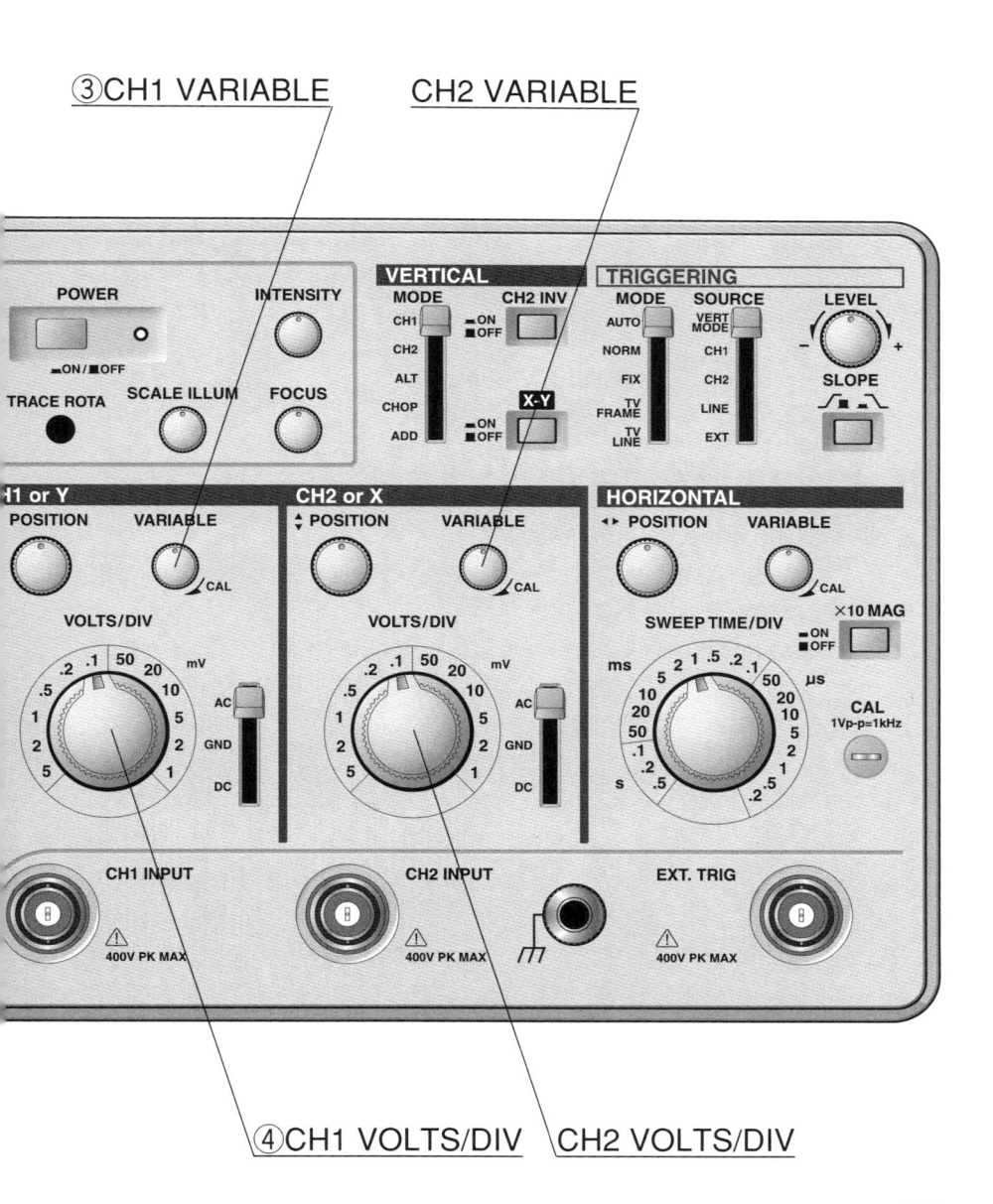

## ⑤波形の周期を連続的に変える

SWEEP VARIABLE ノブを左に回す→波形の周期が増える。
SWEEP VARIABLE ノブを右に回す→波形の周期が減る。

[図 5-12] 周期を連続的に変える

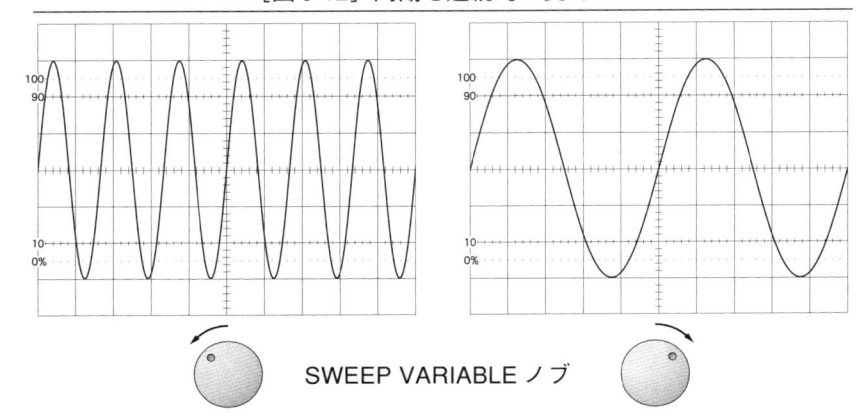

SWEEP VARIABLE ノブ

## ⑥波形の周期を適当な数にする

波形の一部分しか見えない（図 5-13（a））→
　　SWEEP TIME/DIV スイッチを左に一つずつ回し続け 1 〜 2 周期にする。
見える周期が多過ぎる（図 5-13（b））→
　　SWEEP TIME/DIV スイッチを右に一つずつ回し続け 1 〜 2 周期にする。

[図 5-13] 周期を段階的に変える

SWEEP TIME/DIV スイッチ

(a)　　　　　　　　　　　　　　　　(b)

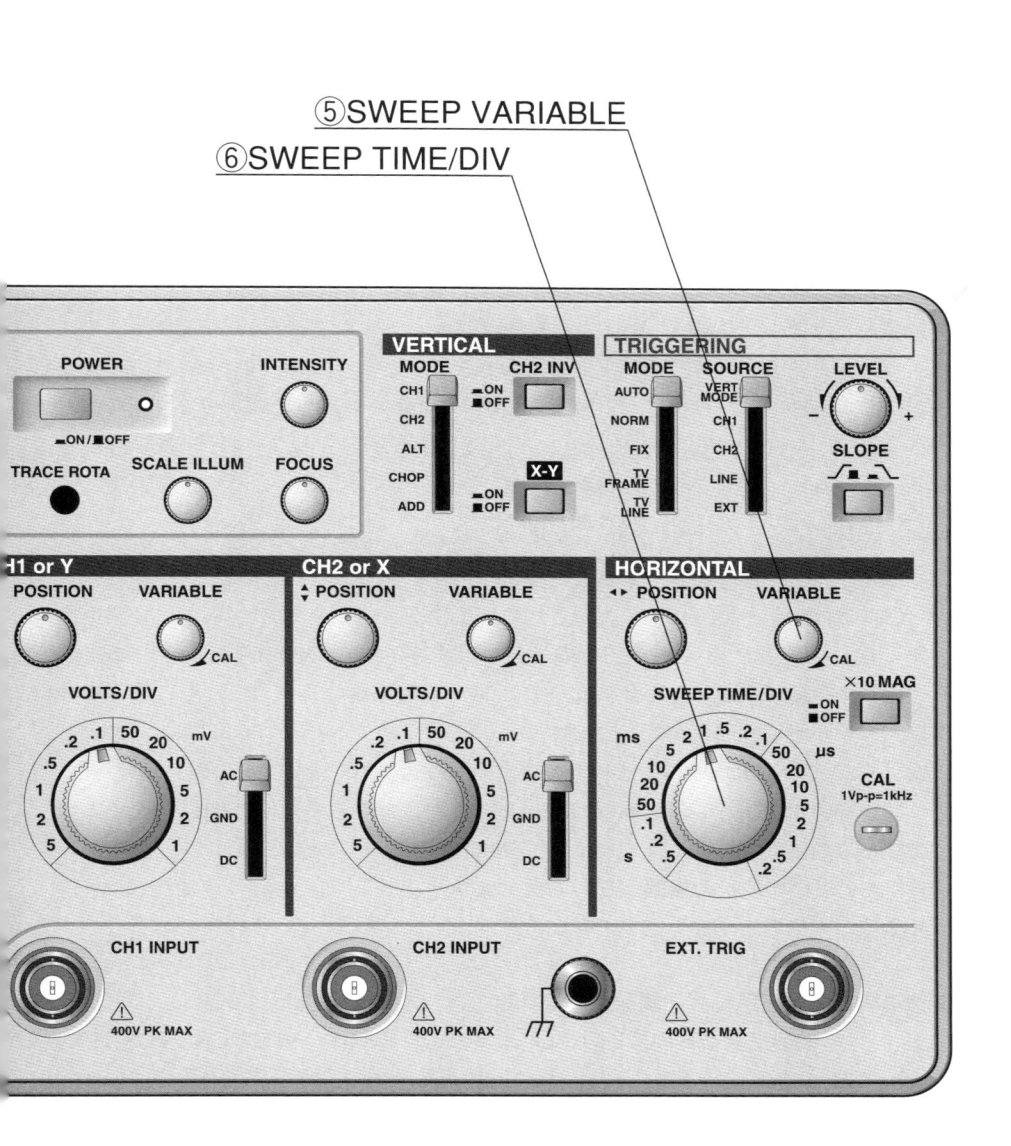

# 第5章 オシロスコープの操作方法

⑤SWEEP VARIABLE
⑥SWEEP TIME/DIV

# 第6章 2現象オシロスコープの操作方法

　ここでは2現象オシロスコープとしての操作方法を説明しますが、2現象と言っても基本的な操作は前の章と変わりありません。

　オシロスコープのノブやスイッチなどについては、既に「第4章ノブ（つまみ）やスイッチの説明」で説明していますので、もう一度読み直してください。

　以下は「第5章オシロスコープの操作方法」をベースにしていますので重複する部分については簡略に説明しています。

## 電源をONする前にあらかじめ基本ポジションにセット

　電源スイッチを［ON］する前に、あらかじめノブやスイッチを「第5章オシロスコープの操作方法」と同じにセットしておきます。

　ただし、2現象になった時に一つだけ必ず切り替えるスイッチがあります。右ページのように、VERTICAL MODEスイッチを2現象表示の［ALT］にします。

## 二つの信号を同時に観測する

### ① CH1とCH2に信号を入力する

　CH1は既に信号「1 kHz」が入力されていますが、CH2 INPUTへ別の信号発生器からCH1と同程度の電圧でCH1の半分の周波数の信号「500 Hz」を入力します。

　信号発生器が2台ない場合にはCH1と同じ信号を用います。ただし、この場合は二つの波形が同じ形のため区別がつきにくくなるが、CH1 POSITIONノブ（またはCH2 POSITIONノブ）を回してみればわかります。

　CH2 VOLTS/DIVスイッチ、CH2 VARIABLEノブなどの操作はCH1と同じようにすればOKです。

　なお、CH2の波形の振幅がCH1に比べて大き過ぎる（小さ過ぎる）場合には、信号発生器の出力を加減して同じ位にします。

⇩

### ② 波形の振幅と表示位置を調節する

　二つの波形が重なるので、図6-1のように、それぞれのVERTICAL POSITIONやVARIABLEノブを調節して、二つの波形が見やすいように位置を上下（例えば、CH1の波形を上側、CH2の波形を下側にしておくと後で区別がつきやすい）に移動したり、振幅を加減します。

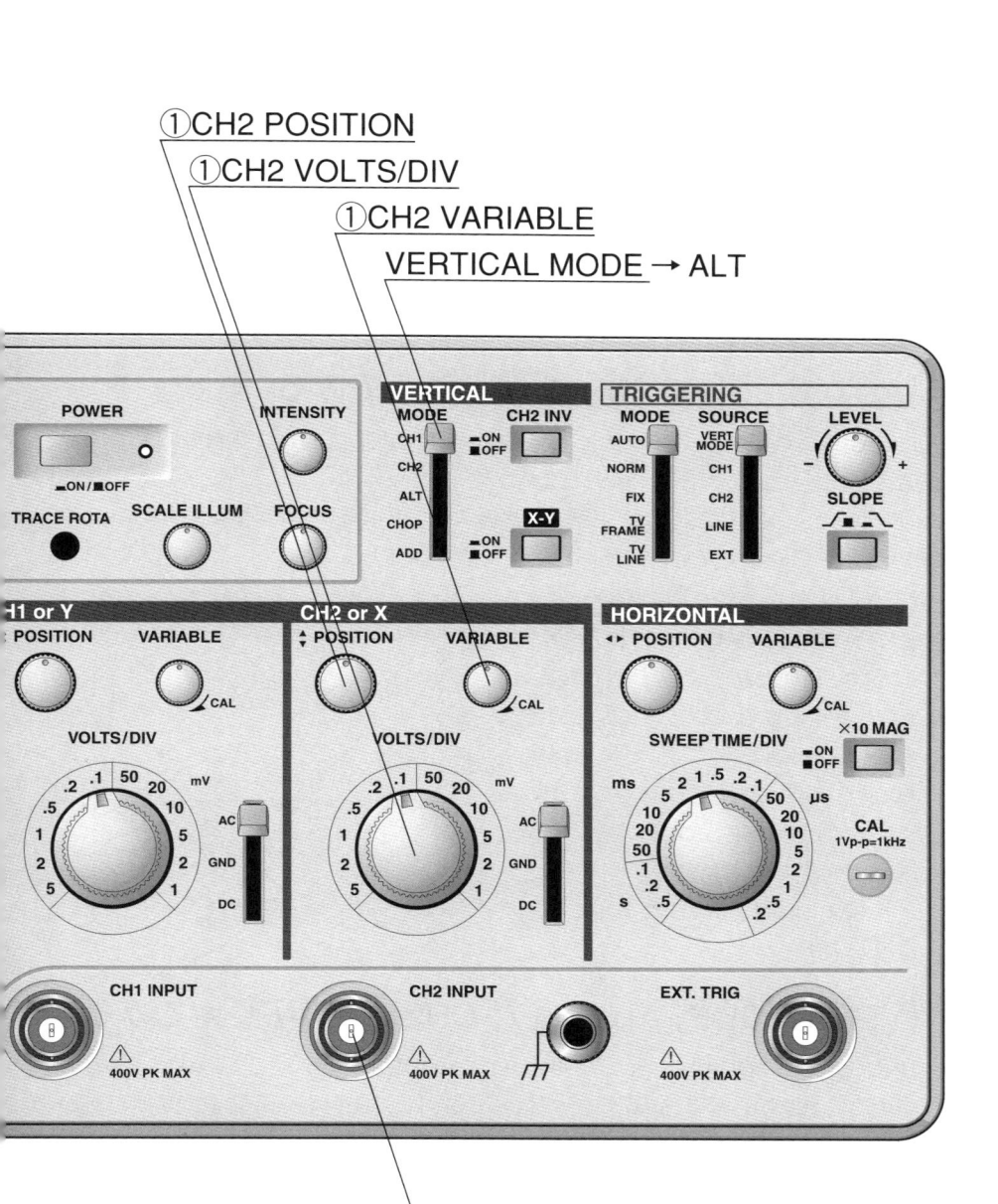

## 第6章 2現象オシロスコープの操作方法

①CH2 POSITION
①CH2 VOLTS/DIV
①CH2 VARIABLE
VERTICAL MODE → ALT

①CH2 INPUT

オシロスコープ入門 **83**

[図6-1] 2現象時の波形の見え方

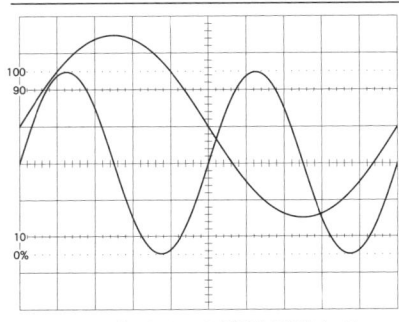

CH1 と CH2 の波形が重なる 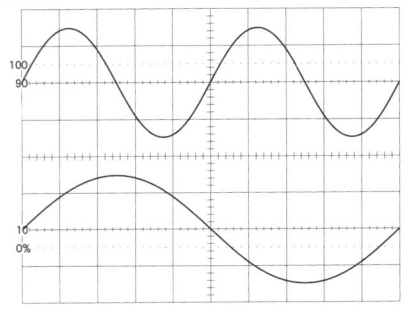　　　　CH1 と CH2 の波形を分離する

## [AUTO] と [NORM] を切り替えてみる

　TRIGGERING MODEスイッチは [AUTO] にセットしてあれば無信号時でも輝線が見え、信号が入るとトリガ掃引します。
　同期がとりにくい（特に、低い周波数）場合には [NORM] に切り替えTRIGGERING LEVELノブを回して安定に波形が見えるように調節します。
　なお、[AUTO] の時に同期がはずれてしまうと（TRIGGERING LEVELノブを右または左に回し切ってみます）図6-2のように、多くの波形が右または左のほうへ動いているように見えますが、[NORM] の時は輝線ごと消えてしまいます。TRIGGERING MODEスイッチが [FIX] の位置では、入力信号があると、トリガ・レベルを自動的に設定して波形を表示します。

[図6-2] 同期がはずれた時の波形

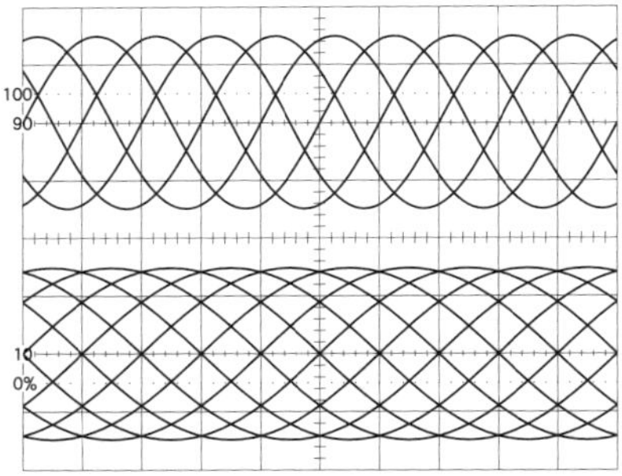

## [VERT MODE] / [CH1] / [CH2] を切り替えてみる

　TRIGGERING SOURCEスイッチが [VERT MODE] にセットしてあれば、それぞれのチャンネルから取り込んだトリガ信号で掃引して、2信号とも安定に同期がかかるので、トリガ信号を選択するわずらわしさがありません。
　ただし、2信号のタイミングを測る時には、基準にするチャンネルとして、[CH1] または [CH2] を選択する必要があります（なお、関連した説明が「第11章スキルアップ・テクニック」の「トリガ・ソースの選択方法」にあります）。

# 第6章 2現象オシロスコープの操作方法

TRIGGERING SOURCE → VERT MODE, CH1 or CH2

TRIGGERING MODE → AUTO or NORM

②CH2 POSITION

②CH2 VARIABLE

②CH1 VARIABLE

②CH1 POSITION

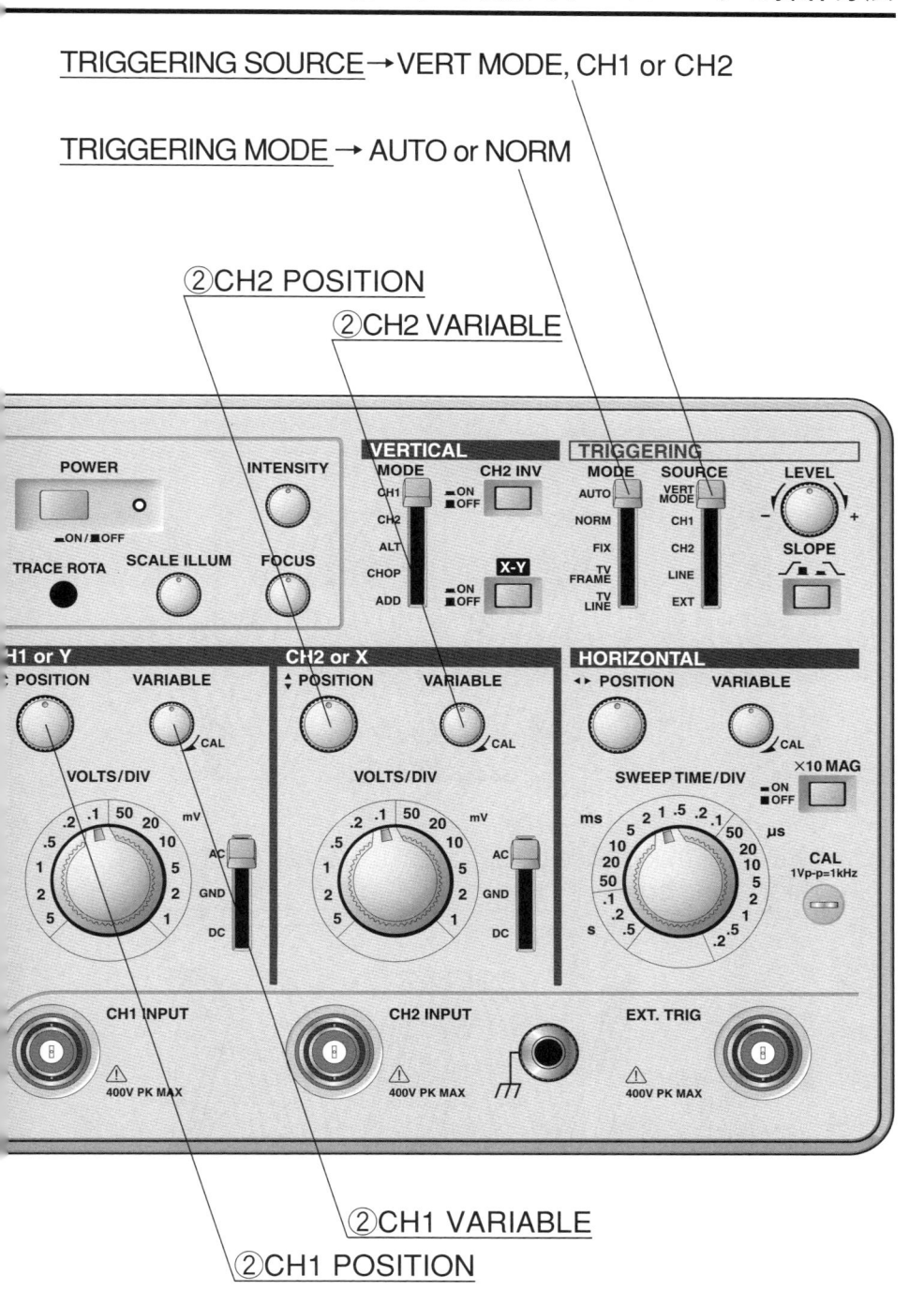

オシロスコープ入門 85

## スロープの＋と－を切り替えてみる

　TRIGGERING SLOPEスイッチの動作が確認しやすいようにVERTICAL MODEスイッチを［CH1］に戻します（2現象表示のままでも構いませんが、ここでは説明の図が複雑になるため1現象表示で説明しています）。

　TRIGGERING SLOPEスイッチは、図6-3 (a) のように、通常［＋］にしてあるので、波形の始まり部分が立ち上がりの所では同期がとれるが、立ち下がりの所では同期がとれません。そこで、立ち下がりの所で同期をとるために、図6-3 (b) のように、TRIGGERING SLOPEスイッチを押して［－］に切り替えます。

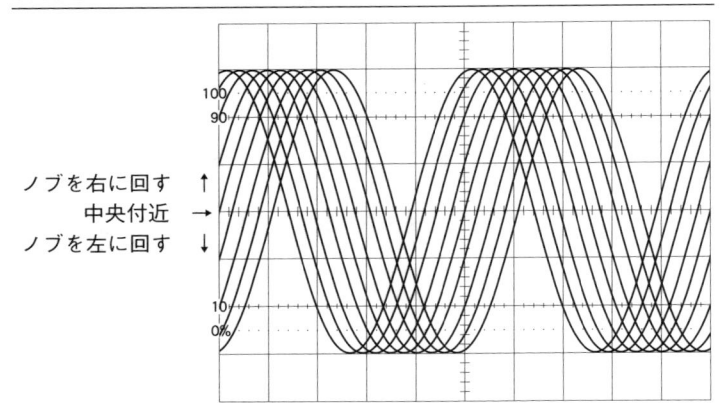

［図6-3 (a)］TRIGGERING LEVELノブを回した時の波形の見え方
TRIGGERING SLOPE → ［＋］

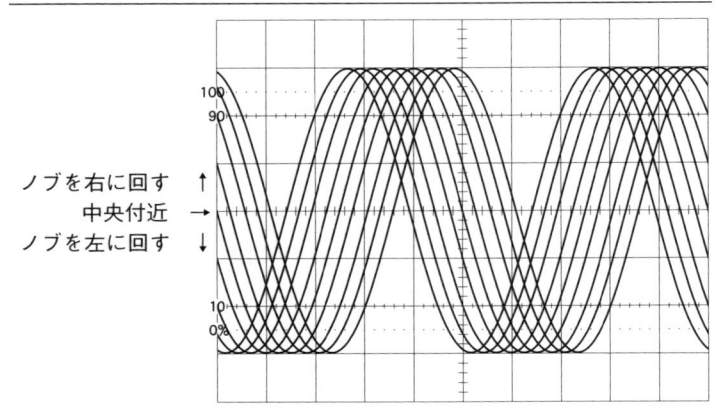

［図6-3 (b)］TRIGGERING LEVELノブを回した時の波形の見え方
TRIGGERING SLOPE → ［－］

## 第6章 2現象オシロスコープの操作方法

TRIGGERING LEVEL → 左または右に回す
VERTICAL MODE → CH1

TRIGGERING SLOP → ＋ or −

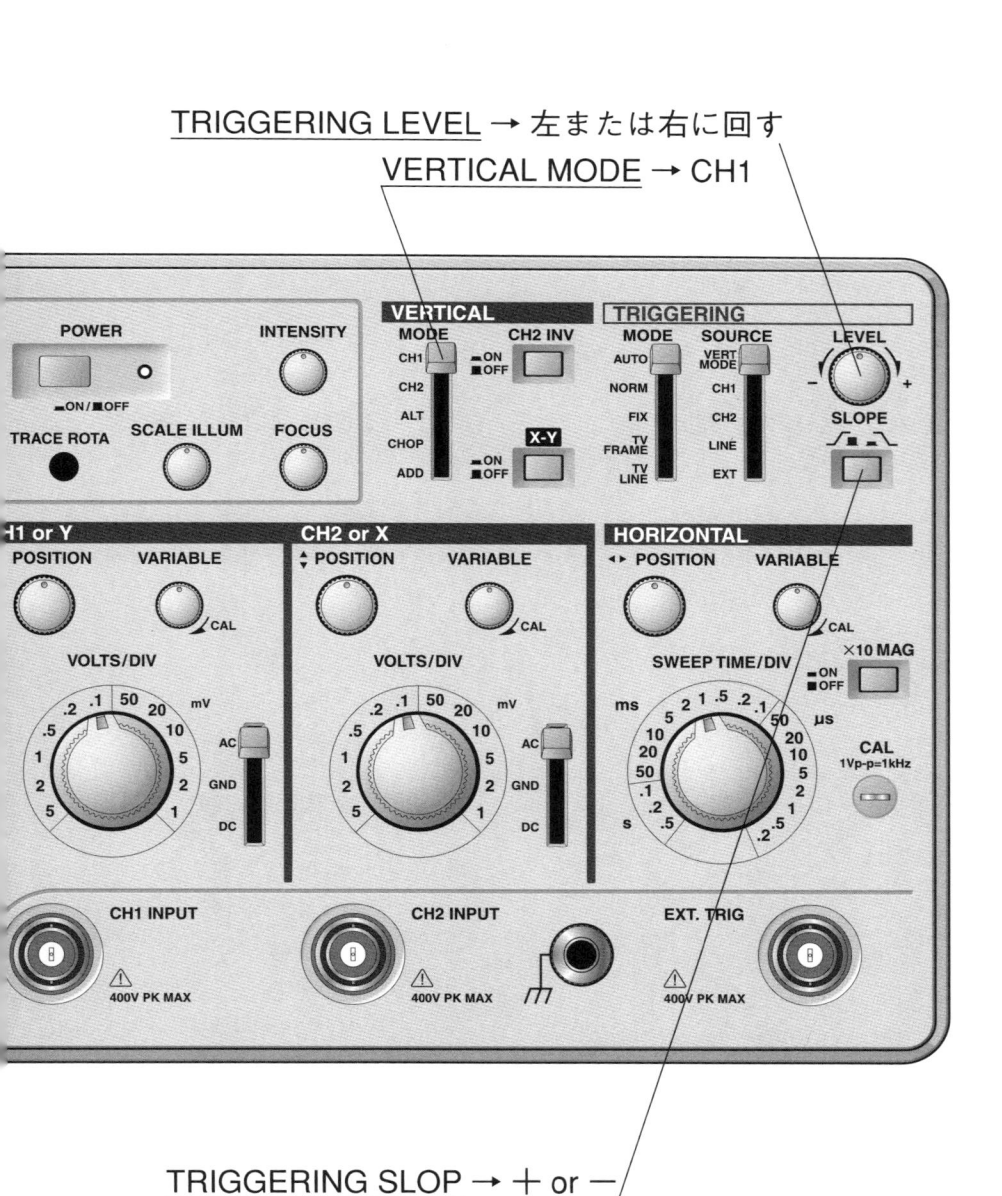

## 入力信号を切り替えて表示波形を確かめてみる

VERTICAL MODEスイッチを［CH1］→［CH2］→［ALT］→［CHOP］→［ADD］と切り替えると、図6-4のように、スクリーンに表示されるCH1とCH2の波形の組み合わせが変わります。

［図6-4］スクリーンに表示される波形の組合せ

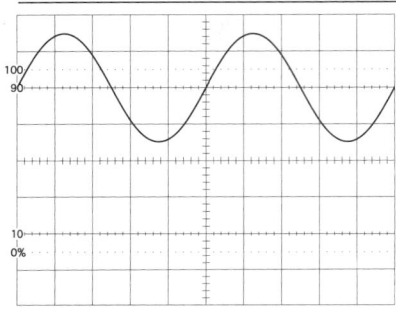

［CH1］→ CH1の波形

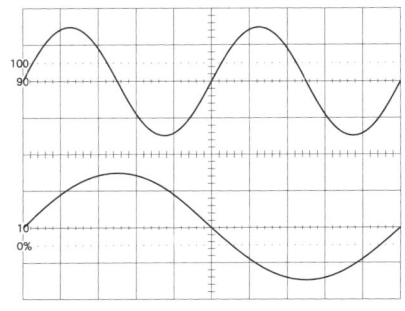

［ALT］→ 2現象（ALT）の波形

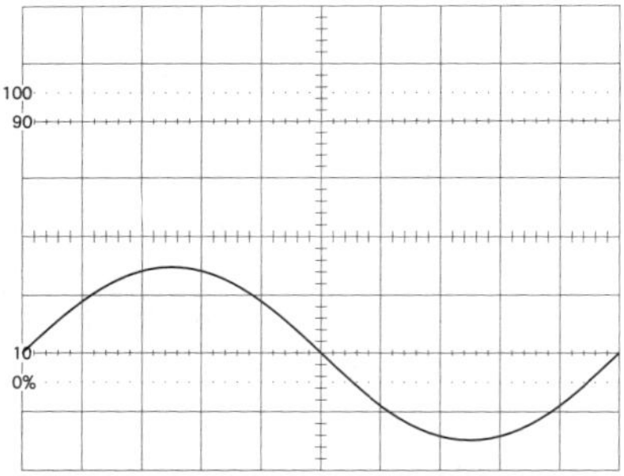

［CH2］→ CH2の波形

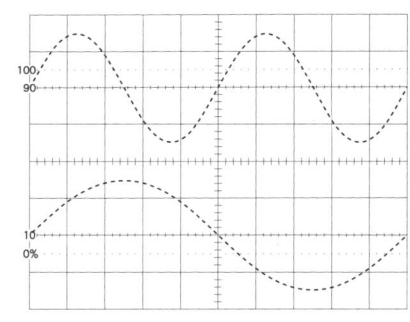

［CHOP］→ 2現象（CHOP）の波形

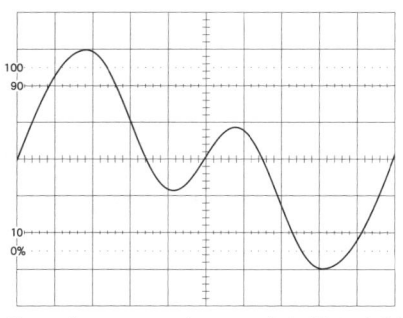

［ADD］→ CH1とCH2を加算した波形

　説明上、「ALT」と区別するために「CHOP」の波形を点線で描画しているが、掃引時間が遅い時には実線のようにスクリーンに表示されます。

　また、CH1とCH2の信号に同期関係がないと［CHOP］と［ADD］の時に、静止した波形は見えません（なお、関連した説明が「第11章スキルアップ・テクニック」の「トリガ・ソースの選択方法」にあります）。

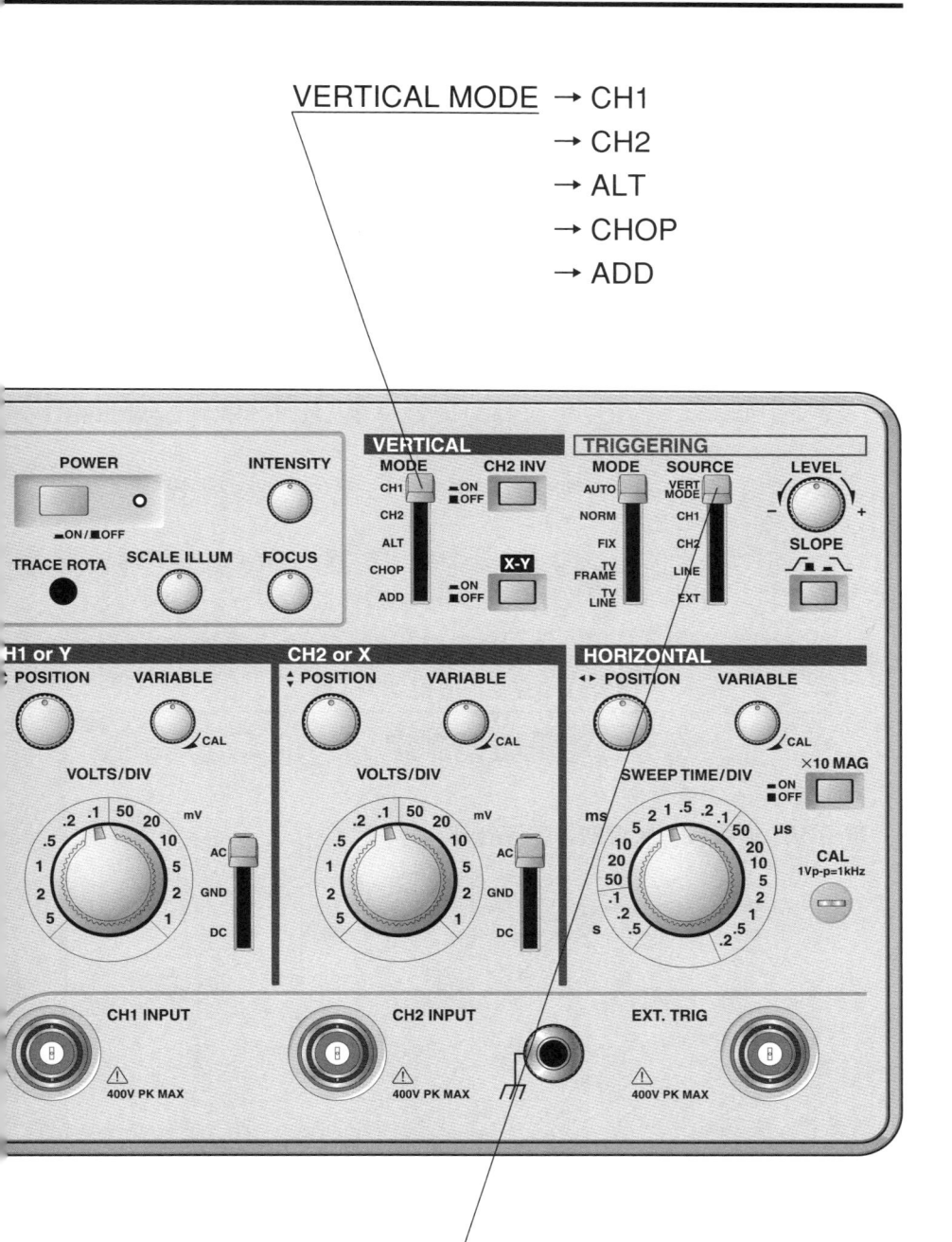

# 第6章 2現象オシロスコープの操作方法

VERTICAL MODE → CH1
→ CH2
→ ALT
→ CHOP
→ ADD

TRIG. SOURCE → VERT MODE

オシロスコープ入門

# 第7章 オシロスコープの基本測定

オシロスコープで何が測定できるのか？前の章までに何回も電圧の測定と説明してきましたので、「電圧の測定」が一番にあげられますが、基本的には次の三つになります。

　　電圧の測定
　　時間の測定（周波数の測定）
　　リサジュー図形による測定

　電圧の測定では、交流電圧、直流電圧、微少交流電圧を含む直流電圧の測定、そして、時間の測定では、周期の測定、周波数の測定などに分かれています。

　リサジュー図形による測定については、2信号の振幅比較、位相差測定、周波数比の測定などがあります。

　これらの測定方法を実践的に理解することで、オシロスコープの基本測定をひととおりマスターしたことになります。

　個々に説明していく前に、どのようにして測定するのか、「図7-1　電圧値（Vp-p）の測定例」、「図7-2　周期の測定例」、「図7-3　振幅比較の例」などで示しておきます。

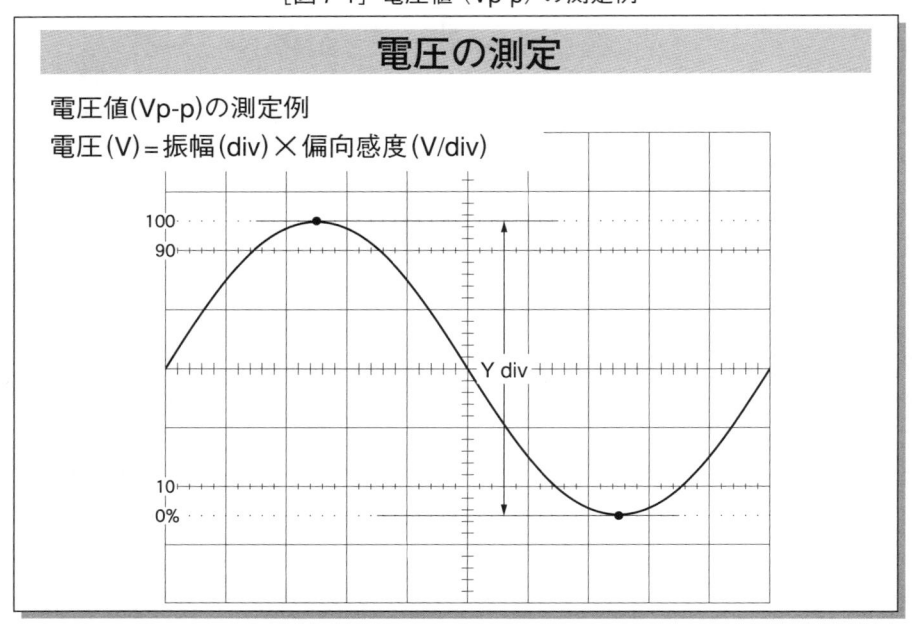

［図7-1］電圧値（Vp-p）の測定例

## 電圧の測定

電圧値(Vp-p)の測定例
電圧(V)＝振幅(div)×偏向感度(V/div)

# 第7章 オシロスコープの基本測定

[図7-2] 周期の測定例

## 時間の測定

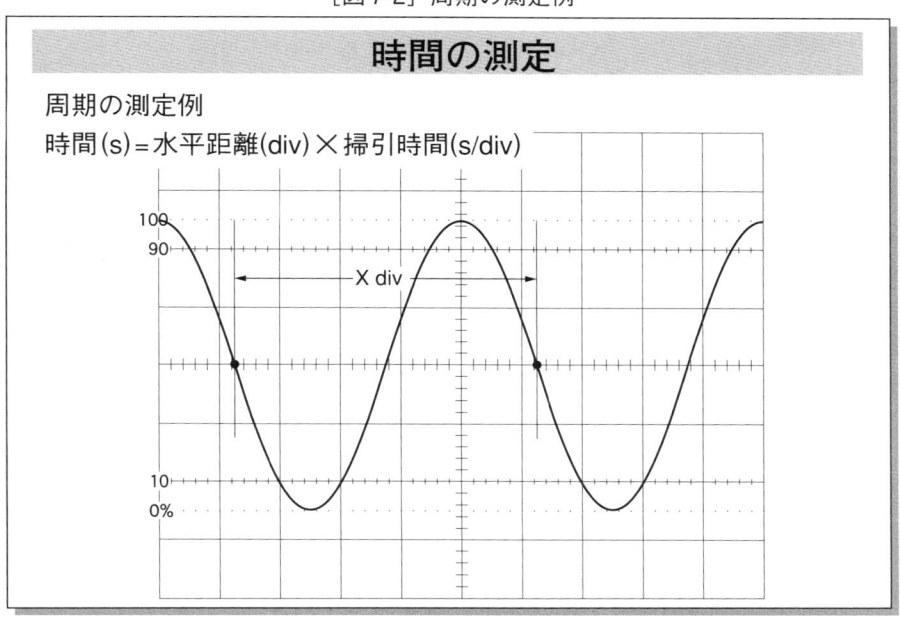

周期の測定例
時間(s) = 水平距離(div) × 掃引時間(s/div)

[図7-3] 振幅比較の例

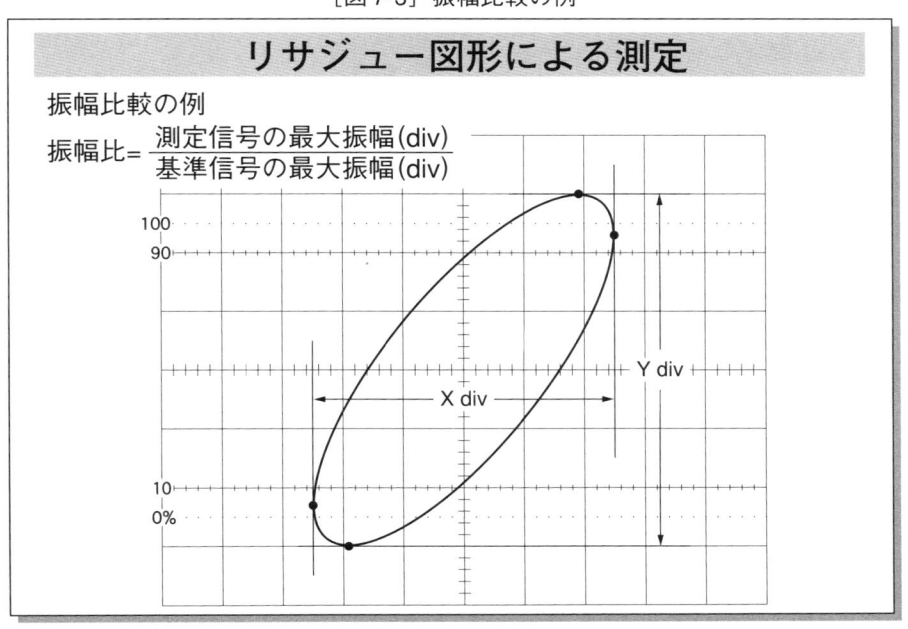

## リサジュー図形による測定

振幅比較の例

$$振幅比 = \frac{測定信号の最大振幅(div)}{基準信号の最大振幅(div)}$$

# 電圧の基本測定

電圧の測定は、オシロスコープで一番多く行われている基本測定の一つで、まず手始めに交流電圧を測定することにします。「第5章オシロスコープの操作方法」の操作手順を思い出して波形を出してください。

## 交流電圧の測定

まず、図7-4のような、交流信号（約0.1 Vの正弦波）がCH1 INPUTへ入力された時に、スクリーンに適当なサイズの波形を表示させ、その電圧を求める手順を説明します。

[図7-4] 入力信号

① CAL にセットする

　電圧測定の時に必ずCH1 VARIABLEノブを［CAL］の位置(右に回し切った位置)にセットします。

　［CAL］になっていないとVOLTS/DIVスイッチの値はUNCAL(非校正)のままになります。

⇩

② 波形の振幅を 4 div ～ 8 div にする

　図7-5のように、VOLTS/DIVスイッチを右または左に回し、波形の振幅が4 divから8 div以内になるようなレンジにセットします。

⇩

③ 左右にレンジを切り替えてみる

[図7-5] 振幅を 4 div ～ 8 div に

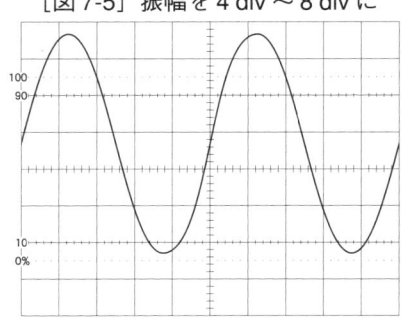

　VOLTS/DIVスイッチを［50 mV/DIV］にセットした時に波形はスクリーンの中にあります。

　それより右の「20 mV/DIV」へ回すと拡大されスクリーンから上下に飛び出してしまいます。

　また、左の［0.1 V/DIV］へ回すと波形は見えますが［50 mV/DIV］の時の半分の振幅になってしまいます。

⇩

## 第7章 オシロスコープの基本測定

> **Hint**
>
> **「プローブ」を使って電圧測定をする場合には**
>
> この章での電圧測定は、信号源から直接オシロスコープのINPUT端子へ入力する前提で説明していますが、減衰比10：1のプローブを使う場合は測定結果を10倍します。「第9章プローブ」に説明があります。

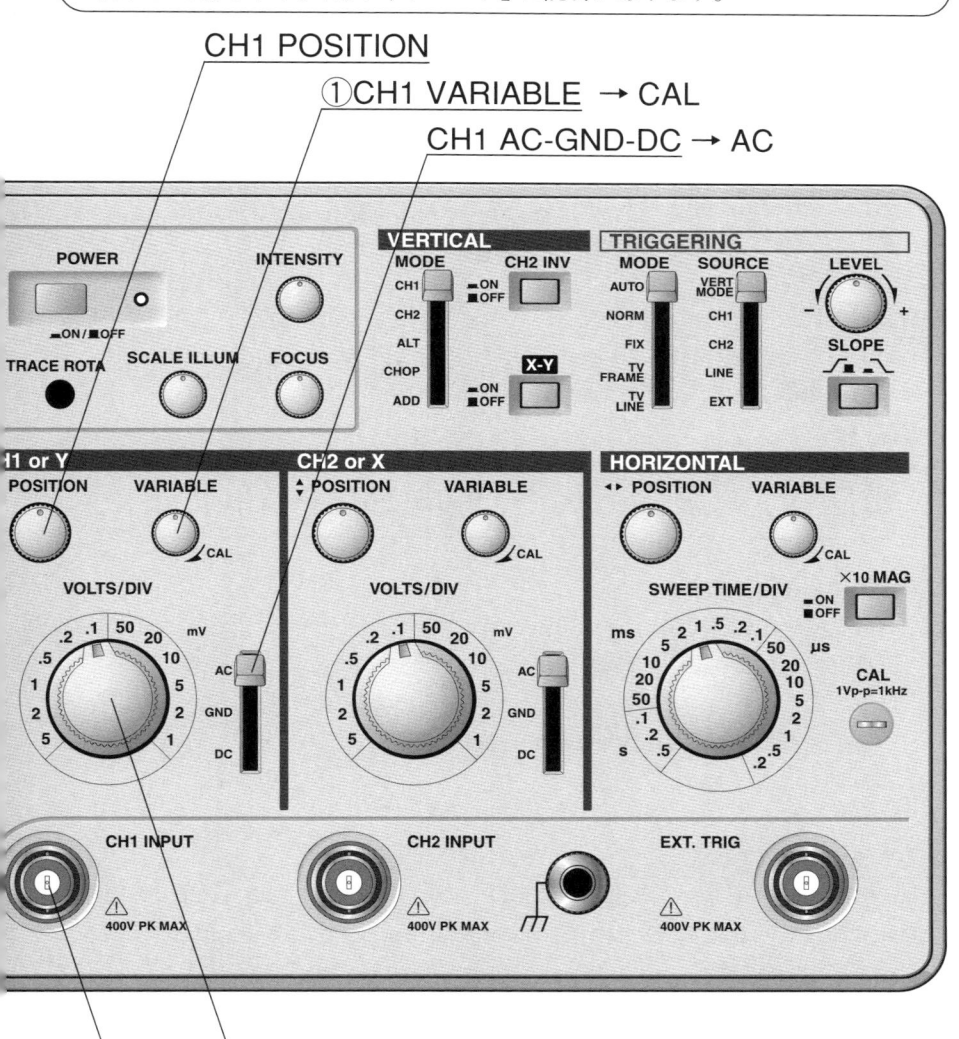

- CH1 POSITION
- ①CH1 VARIABLE → CAL
- CH1 AC-GND-DC → AC
- ②③CH1 VOLTS/DIV → 50 mV/div
- CH1 INPUT

オシロスコープ入門 **93**

⇩

#### ④目盛に波形を合わせる

　　VOLTS/DIV スイッチを［50 mV/DIV］レンジに戻し、CH1 POSITION ノブを回して波形を目盛の中央部分に移動し上のピーク（または、下のピーク）を近くの水平目盛に合わせます。

⇩

#### ⑤波形の振幅を測る

　　反対側のピークまでの距離を目盛から div 単位で測ります。

　　図7-6では、波形の上のピークから下のピークまで距離（Y div）は 6 div と読みとれます。

[図7-6] Y div を測る

⇩

#### ⑥計算式へ代入する

　　いよいよ電圧値の計算です。計算式は前に何回か出てきましたので覚えていると思いますが、

$$\text{電圧(V)} = \text{振幅(div)} \times \text{偏向感度(V/div)}$$

　　式に値を代入します。

　　　偏向感度(VOLTS/DIV) → ［50 mV/DIV］

　　　垂直目盛数 → 6 div（6目盛）

以上のように値は求めてあるので、この波形の電圧は、

　　電圧(V) = 6 div × 50 mV/div = 300 mV

この交流電圧は 300 mV となりました。

⇩

#### ⑦ 300 mV は正解ではない？

　　この値は図7-6でもわかるように波形の上のピークから下のピークまでの距離を測り計算しているので、正しくは 300 mV peak to peak（通常は 300 mVp-p と略される）が正解なのです。

　　しかし、その電圧値をオシロスコープで測っていることが明らかな場合には、peak to peak（p-p）が慣習的に省略されてしまうことも少なくありません。

## 第7章 オシロスコープの基本測定

> **Hint**
>
> **オシロスコープの電圧測定の単位は Vp-p**
>
> 私たちの日常生活では、交流電圧値に関して「実効値」が通用しているが、このオシロスコープの測定では、交流波形のピークからピークまでの電圧を測り、その単位を「Vp-p」としています。

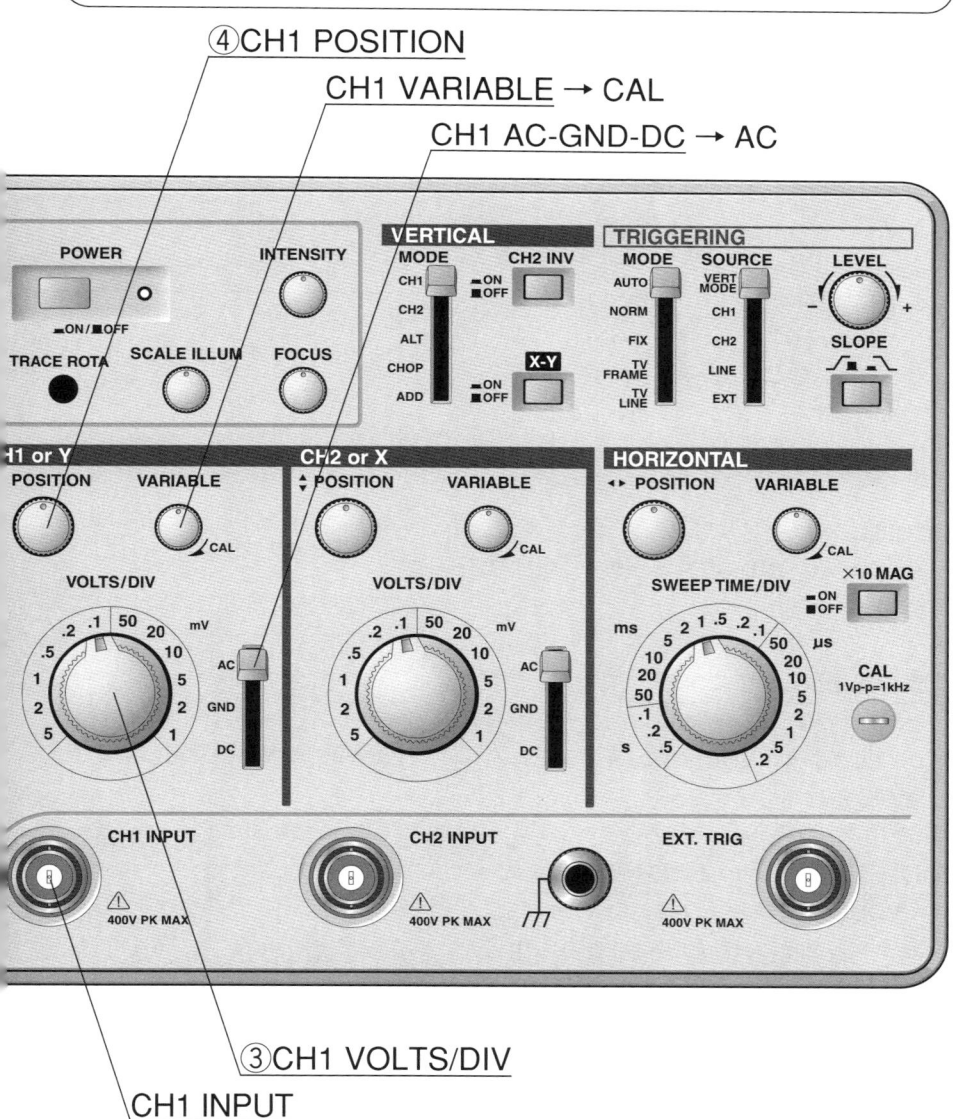

④CH1 POSITION

CH1 VARIABLE → CAL

CH1 AC-GND-DC → AC

③CH1 VOLTS/DIV

CH1 INPUT

オシロスコープ入門

## 直流電圧の測定

図7-7のような直流がCH1 INPUTへ入力された時に、スクリーンに適当なサイズの波形（直流の場合は輝線）を表示させ、その電圧を求める手順を説明します。

① DCにセットする

　直流電圧測定の時には必ずAC-GND-DCスイッチを［DC］にセットします。

　次に、CH1 VARIABLEノブを［CAL］の位置（右に回し切った位置）にセットします。［CAL］になっていないとVOLTS/DIVスイッチの値はUNCAL(非校正)のままになります。

⇩

② 0V（ゼロボルト）の位置をセットする

　AC-GND-DCスイッチを［GND］に切り替えます。次に、図7-8のように、輝線を水平目盛の一番下から1 div上の目盛へCH1 POSITIONノブで移動します。

　そこが0Vのレベル、以後このCH1 POSITIONノブには触れないようします。そして、AC-GND-DCスイッチを［DC］に戻します。

⇩

③ 輝線が見えるようにする

　図7-9のように、輝線がスクリーンのなかに入るようにVOLTS/DIVスイッチを右または左へ回します。

⇩

④ 輝線を8 div以内の最大移動距離にする

　VOLTS/DIVスイッチを[0.2 V/DIV]にセットした時に、目盛（8 div以内）の中に入る最大移動距離になります。

　それより右［0.1 V/DIV］へ回すと上方へ飛び出して見えなくなります。

⇩

［図7-7］乾電池の電圧

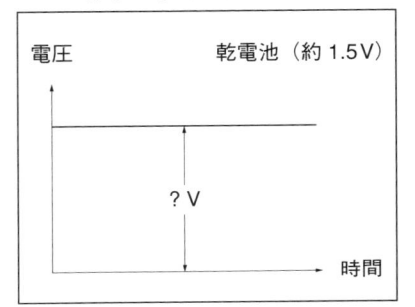

［図7-8］0Vの位置をセット

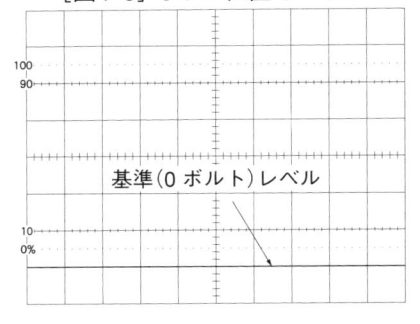

［図7-9］最大移動距離にする

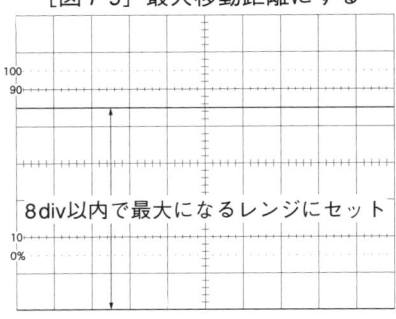

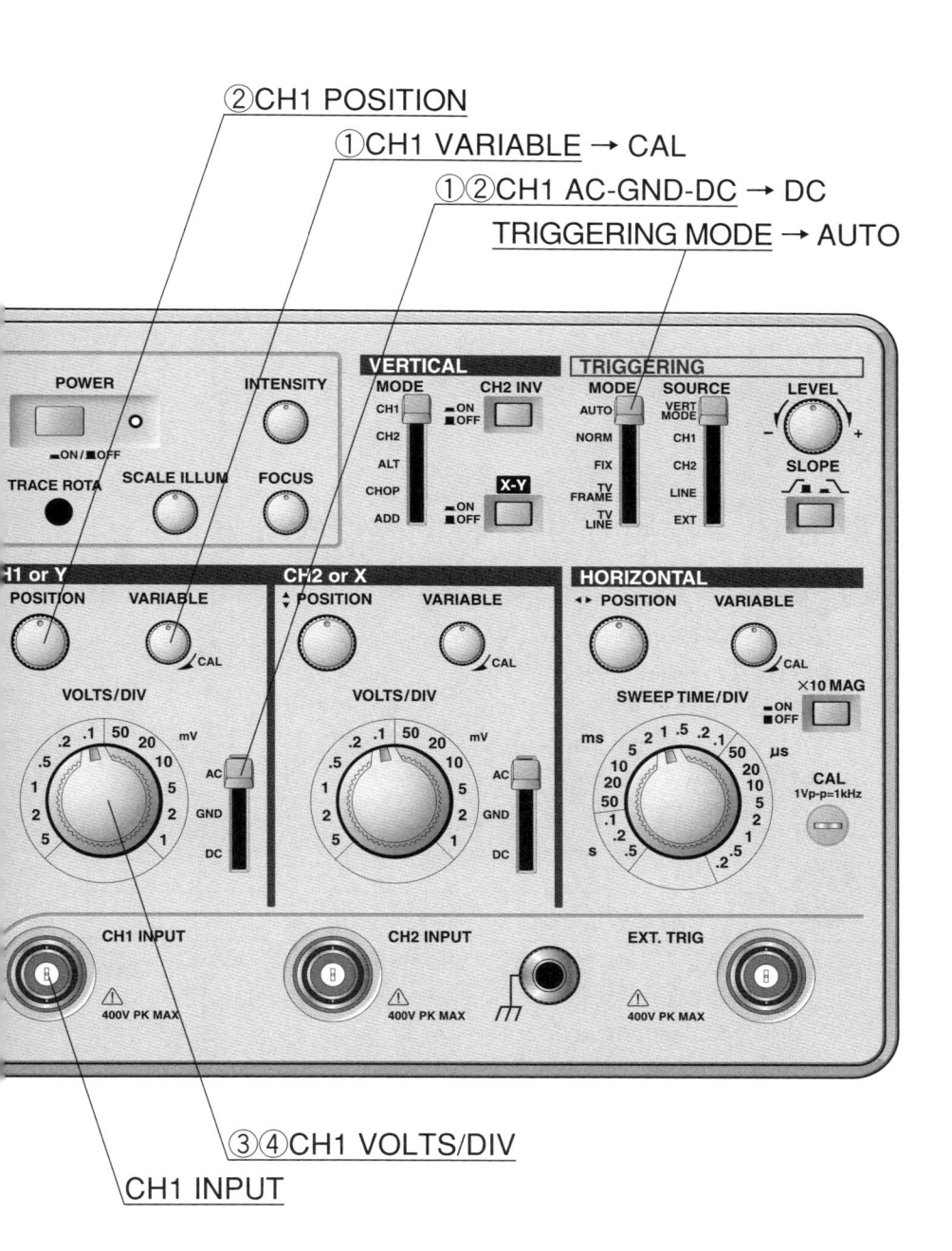

# 第7章 オシロスコープの基本測定

②CH1 POSITION
①CH1 VARIABLE → CAL
①②CH1 AC-GND-DC → DC
TRIGGERING MODE → AUTO

③④CH1 VOLTS/DIV
CH1 INPUT

また、左 [0.5 V/DIV] へ回すと輝線は見えるが、半分の距離になってしまいます。

⇩

⑤ 0 V (ゼロボルト) の位置を再確認する

AC-GND-DC スイッチを一時的に [GND] に切り替えます。②でセットした、図7-8の位置に輝線があることを確認し [DC] に戻します。

⇩

⑥ 輝線の移動距離を測る

0 V の位置から移動した輝線までの距離 (Y div) を目盛から div 単位で測ります。図7-10の例では 6 div と読み取れます。

[図7-10] 距離 (Y div) を測る

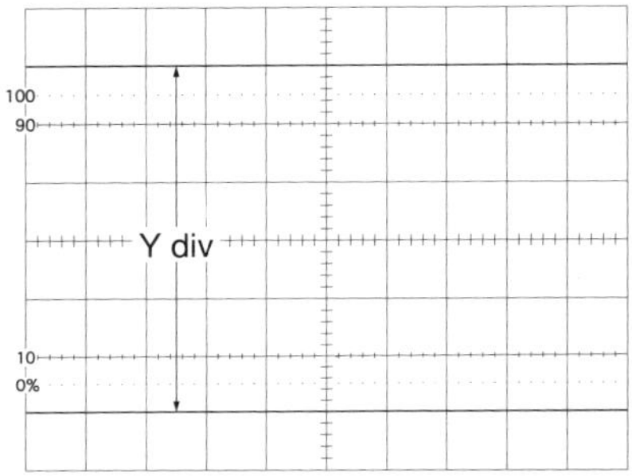

⇩

⑦ 計算式へ代入する

いよいよ電圧値の計算です。直流も交流も計算式は前と同じで、

$$電圧(V) = 振幅(div) \times 偏向感度(V/div)$$

式に値を代入しますが。

 偏向感度(VOLTS/DIV) → [0.2 V/DIV]
 垂直目盛数 → 6 div (6目盛)

以上のように値は求めてありますから、この波形の電圧は、

 電圧(V) = 6 div × 0.2 V/div = 1.2 V

直流電圧は 1.2 V となりました。

---

**Hint**

### CH2の輝線で基準 (0ボルト) レベルを表示

直流電圧の測定で不便なことは測定電圧の輝線と基準 (0 V) の輝線が同時に見えないことです。

そこで測定時に VERTICAL MODE を [ALT] に切り替え、CH2 AC-GND-DC スイッチを [GND] にセットします。

そして CH1 POSITION で 0 V の位置決めをした後、CH2 POSITION で CH2 の輝線を CH1 の輝線に重ねます。こうすれば CH2 の輝線を使って基準 (0 V) レベルを表示できます。

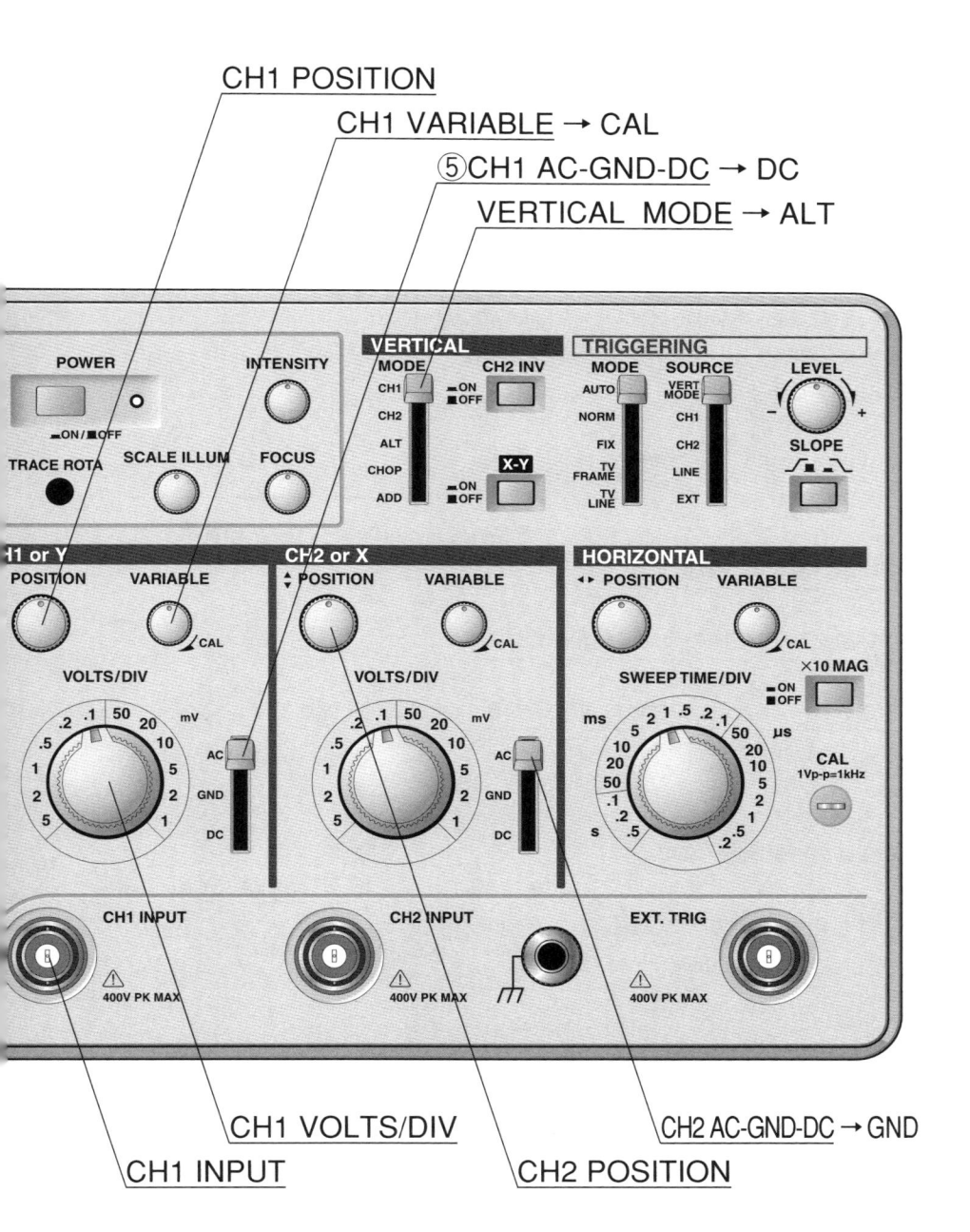

# 第7章 オシロスコープの基本測定

CH1 POSITION
CH1 VARIABLE → CAL
⑤CH1 AC-GND-DC → DC
VERTICAL MODE → ALT

CH1 VOLTS/DIV
CH1 INPUT
CH2 POSITION
CH2 AC-GND-DC → GND

## 交流分を含んだ直流電圧の測定

直流電圧だけとか交流電圧だけといった測定より事例が多いようです。これは、オシロスコープで頻繁に行われている基本測定の一つです。

図7-11のように、直流電圧に小さな振幅の交流電圧が含まれている場合には、直流電圧と交流電圧をそれぞれ別に測定することになります。

まず直流電圧の測定ですが、前ページの要領と基本的には変わりません。

### 「直流電圧分の測定」

① DCにセットする

　まず、AC-GND-DCスイッチを[DC]に、次に、CH1 VARIABLEノブを[CAL]にセットします。

⇩

② 0V（ゼロボルト）の位置をセットする
（図7-12）

⇩

③ 輝線が見えるようにする

⇩

④ 輝線を8div以内の最大移動距離にする

⇩

⑤ 0V（ゼロボルト）の位置を再確認する

　②〜⑤は「直流電圧測定」のページと同じです。

⇩

⑥ 輝線の移動距離を測る

　0Vの位置から信号入った時の輝線（振幅の中央）までの距離を目盛で測り、図7-13では $Y_{dc}$ div と読み取れます。

⇩

[図7-11] 交流分を含んだ直流電圧　直流電圧＋微少交流電圧

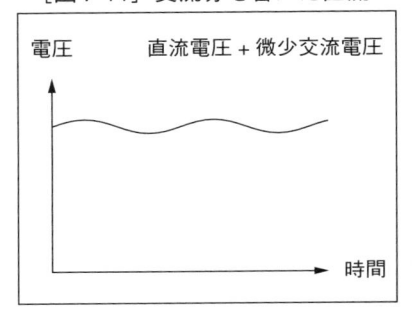

[図7-12] 0Vの位置をセット　基準（0ボルト）レベル

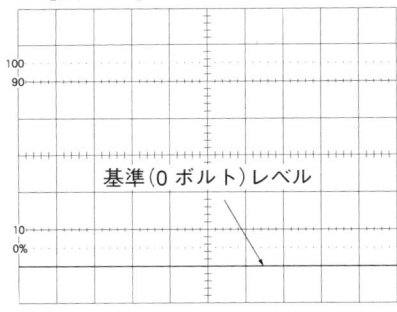

[図7-13] 距離（$Y_{dc}$）を測る

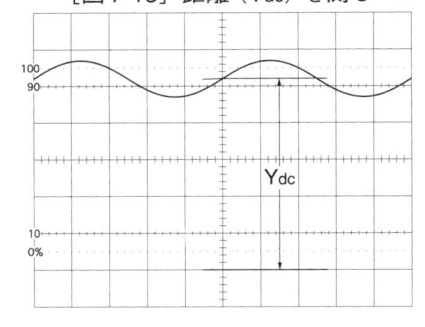

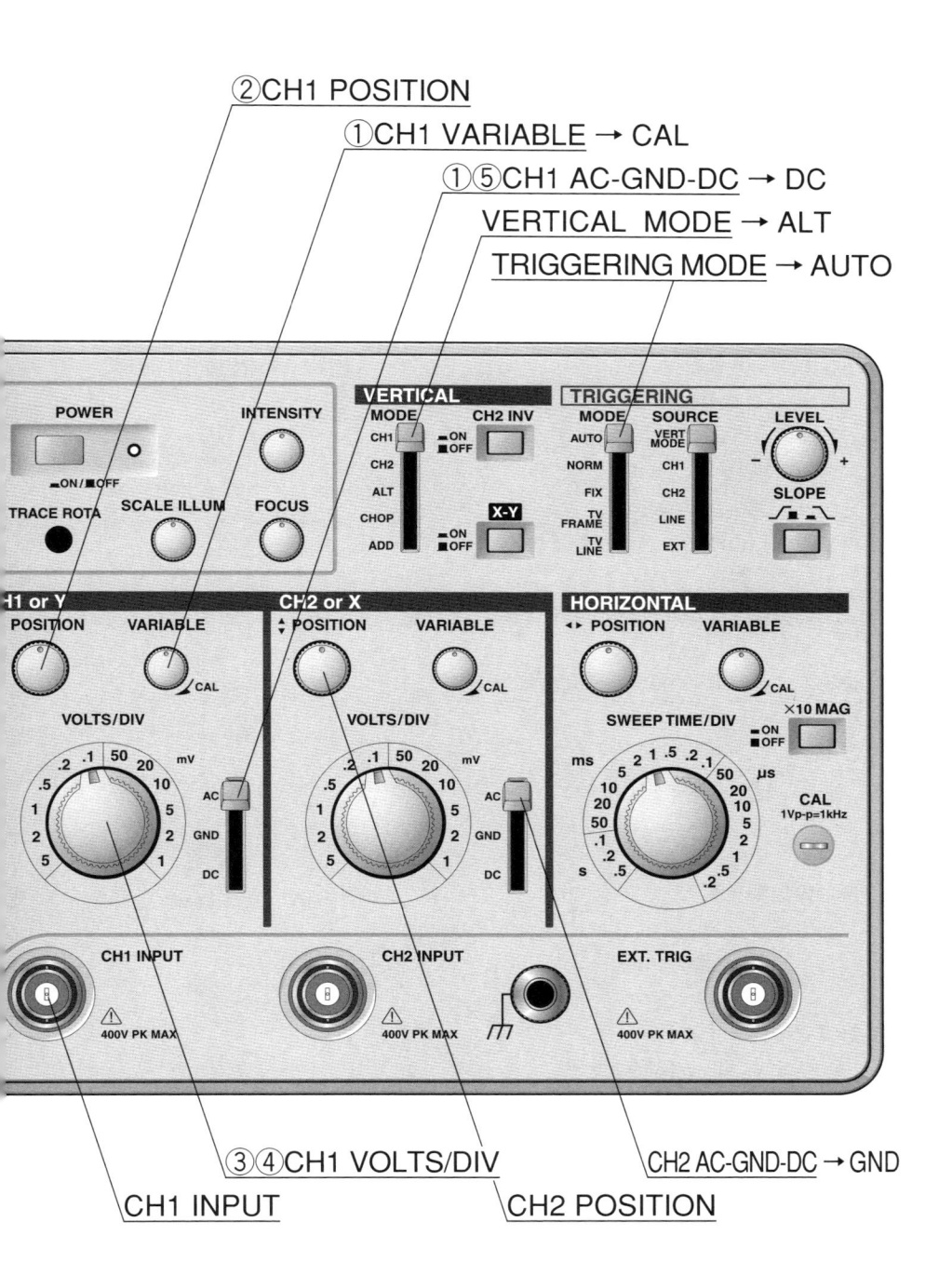

## 第7章 オシロスコープの基本測定

②CH1 POSITION
①CH1 VARIABLE → CAL
①⑤CH1 AC-GND-DC → DC
VERTICAL MODE → ALT
TRIGGERING MODE → AUTO

③④CH1 VOLTS/DIV
CH1 INPUT
CH2 POSITION
CH2 AC-GND-DC → GND

オシロスコープ入門 **101**

⇩
⑦計算式へ代入する

　振幅は⑥で求めた Ydc div、偏向感度は、その時の VOLTS/DIV スイッチの設定値をそれぞれ下の計算式に代入し、その解が、<u>直流分の電圧値</u>になります。

$$\boxed{\text{電圧(V)} = \text{振幅(div)} \times \text{偏向感度(V/div)}}$$

　引き続き、交流分だけを測定します。

## 「交流電圧分の測定」

① AC にセットする

　まず、AC-GND-DC スイッチを [AC] に切り替え、次に、CH1 VARIABLE ノブの [CAL] 位置を確認します。直流分がカットされ、図7-14のように、スクリーン中央に小振幅の波形が表示されます。

[図 7-14] 交流分の波形

⇩
②波形の振幅を 4 div〜8 div にする
⇩
③波形を 8 div 以内の最大振幅にする
⇩
④左右にレンジを切り替えてみる

　②〜④は「交流電圧測定」のページと同じです。

⇩
⑤波形の振幅を測る

　図 7-15 で、波形の上のピークから下のピークまでの距離($Y_{ac}$ div)を読みとります。

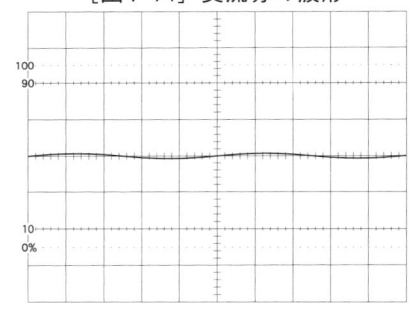

[図 7-15] 距離 ($Y_{ac}$) を測る

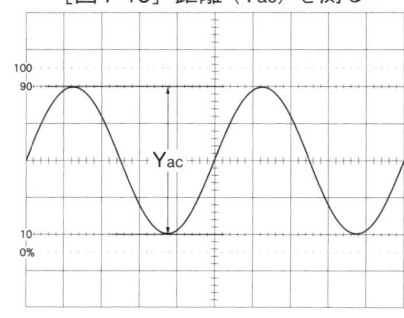

⇩
⑥計算式へ代入する

　振幅は $Y_{ac}$ div、偏向感度は、その時の VOLTS/DIV スイッチの設定値を上式に代入します。その解が、<u>交流分の電圧値</u>になります。

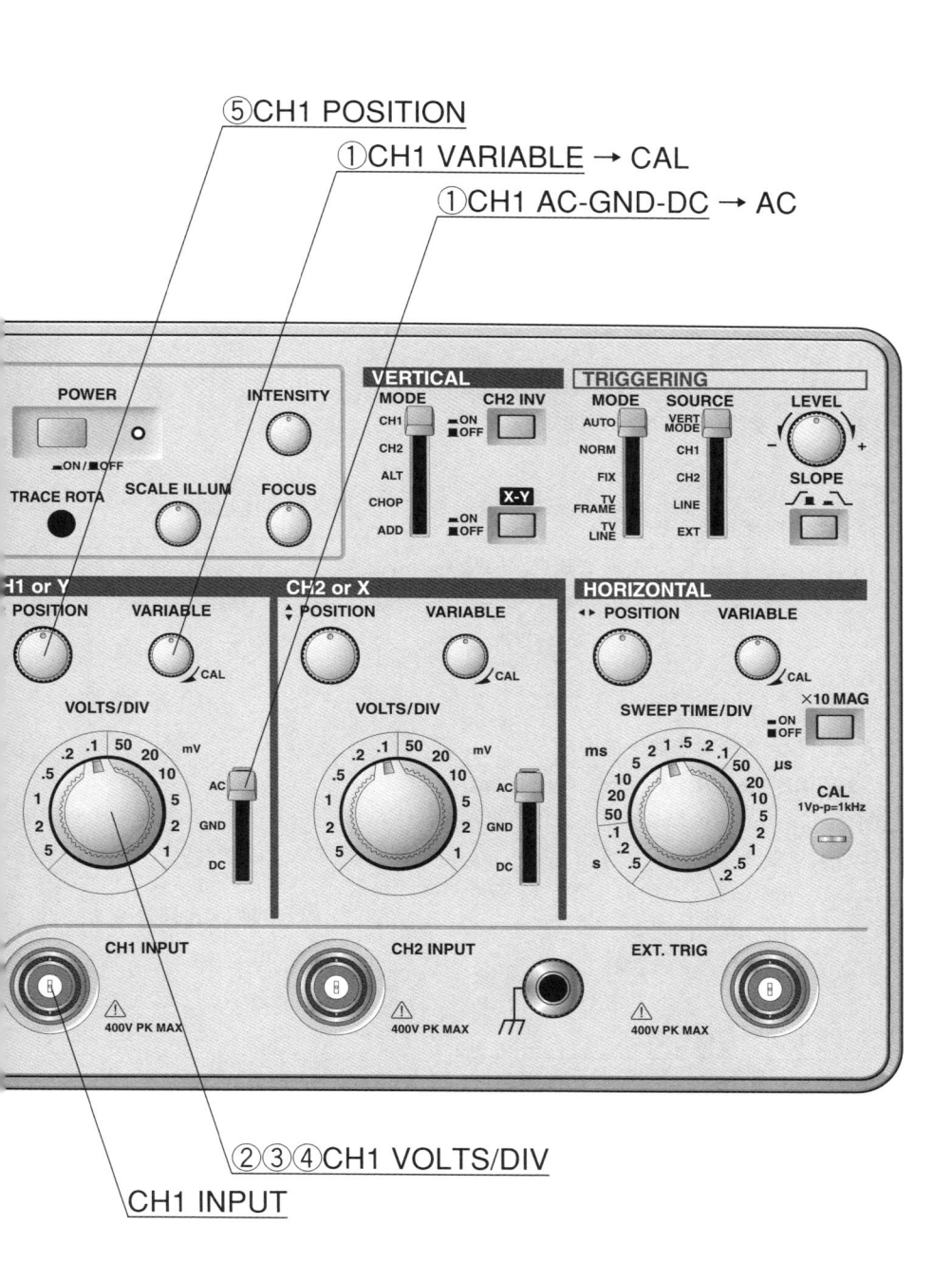

# 第7章 オシロスコープの基本測定

⑤CH1 POSITION

①CH1 VARIABLE → CAL

①CH1 AC-GND-DC → AC

②③④CH1 VOLTS/DIV

CH1 INPUT

# 時間の基本測定

まず、図7-16のような、交流波形（正弦波）がCH1 INPUTへ入力された時に、スクリーンに適当なサイズの波形を表示させ波形の2点間（A～B）の時間を求める手順を説明します。

## 時間の測定

① CALにセットする

　時間測定の時に必ずSWEEP VARIABLEノブを［CAL］の位置（右に回し切った位置）にセットします。

　［CAL］になっていないとSWEEP TIME/DIVスイッチの値はUNCAL（非校正）のままになります。

⇩

② 波形の周期幅を変える

　波形が表示されたらA点とB点が同時に見えていて、その波形の周期が一番少なくなるレンジにSWEEP TIME/DIVスイッチをセットします。

⇩

③ A点とB点の距離を最大にする

　SWEEP TIME/DIVスイッチを［2 ms/DIV］にセットした時にA点とB点の距離は最大になります。それより右［1 ms/DIV］へ回すとB点が見えなくなり、反対に左［5 ms/DIV］に回すとA点とB点の距離は狭まってしまいます。

⇩

④ A点とB点の距離を測る

　A点とB点間の距離（X div）を測ると、図7-17の例では、5.75 div（5.75目盛）と読み取れます。

⇩

［図7-16］入力信号

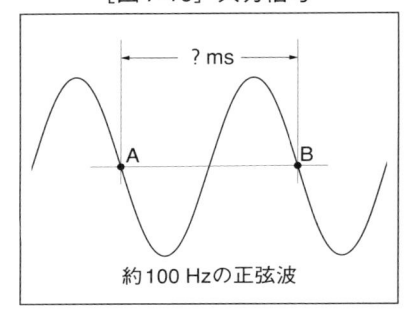

約100 Hzの正弦波

［図7-17］距離（X div）を測る

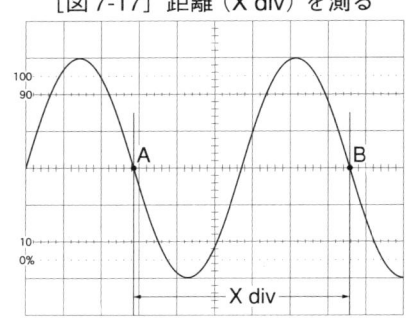

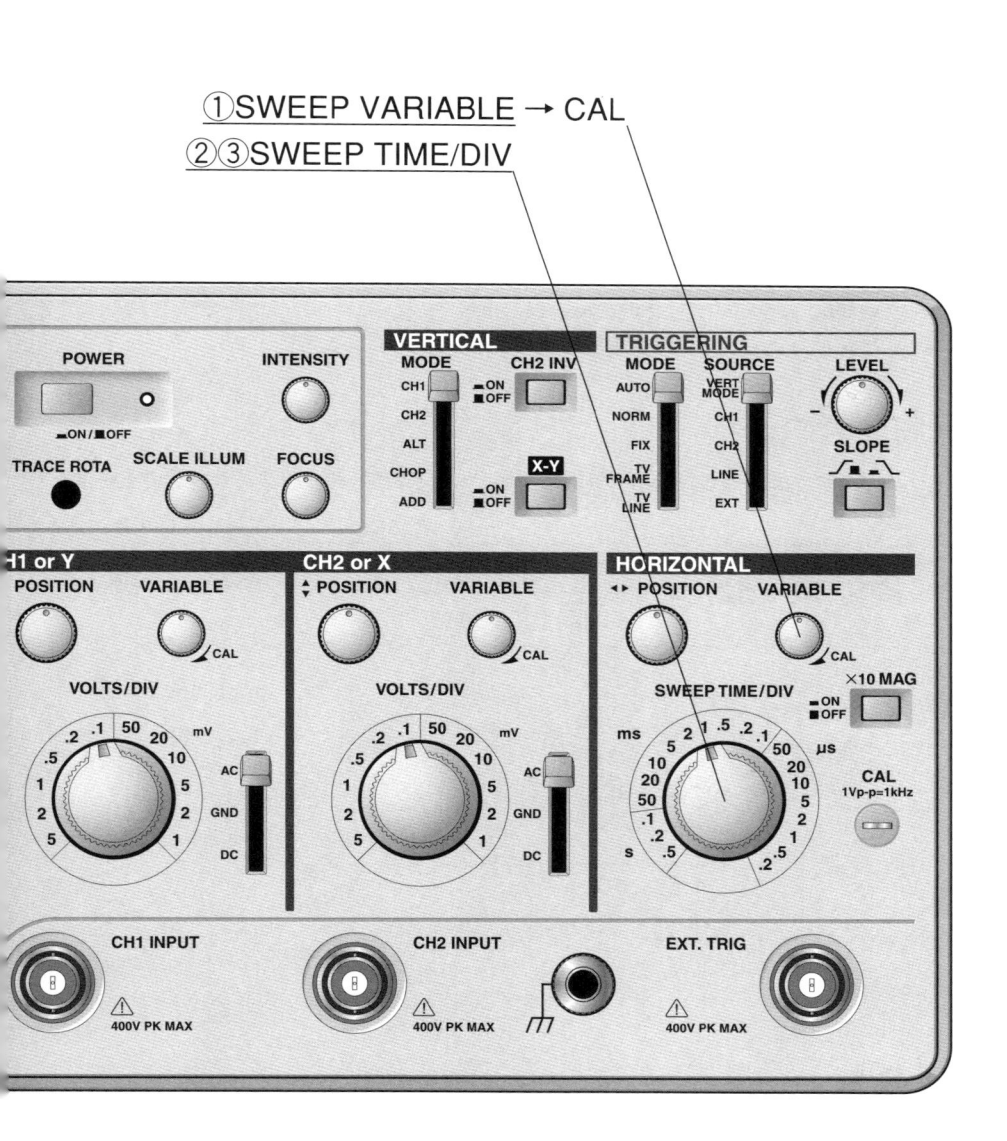

# 第7章 オシロスコープの基本測定

①SWEEP VARIABLE → CAL
②③SWEEP TIME/DIV

⇩
⑤計算式へ代入する

時間値の計算です。直流や交流の計算式に似ていて、

$$\text{時間(s)} = \text{距離(div)} \times \text{掃引時間(s/div)}$$

式に値を代入しますが、
　　掃引時間(SWEEP TIME/DIV) → [ 2 ms/DIV ]
　　距離数 → 5.75 div (5.75 目盛)
以上のように値は求めてあるので、この 2 点間の時間は、
　　時間(s) = 5.75 div × 2 ms/div = 11.5 ms
A ～ B 間の時間は 11.5 ms となります。

## 周波数の測定

この測定では波形の1周期分の時間を測っているので、その周波数も計算できます。

$$\text{周波数 (Hz)} = \frac{1}{\text{周期 (s)}}$$

⇩
⑥周波数を計算する

上の式で計算しますが、その前に
周期 → 11.5 ms = $(11.5 \times 10^{-3})$ s と単位を整えて代入し

$$\text{周波数 (Hz)} = \frac{1}{11.5 \times 10^{-3}} \fallingdotseq 87\,\text{Hz}$$

周波数は 87 Hz となりました。

---

**Hint**　　　　　　周波数と周期は反比例の関係

　周波数とは1秒間に振動を何回繰り返すかのこと、周期は1回振動するに要する時間は何秒かのこと、ちょうど反比例の関係にあり上の式が成立します。

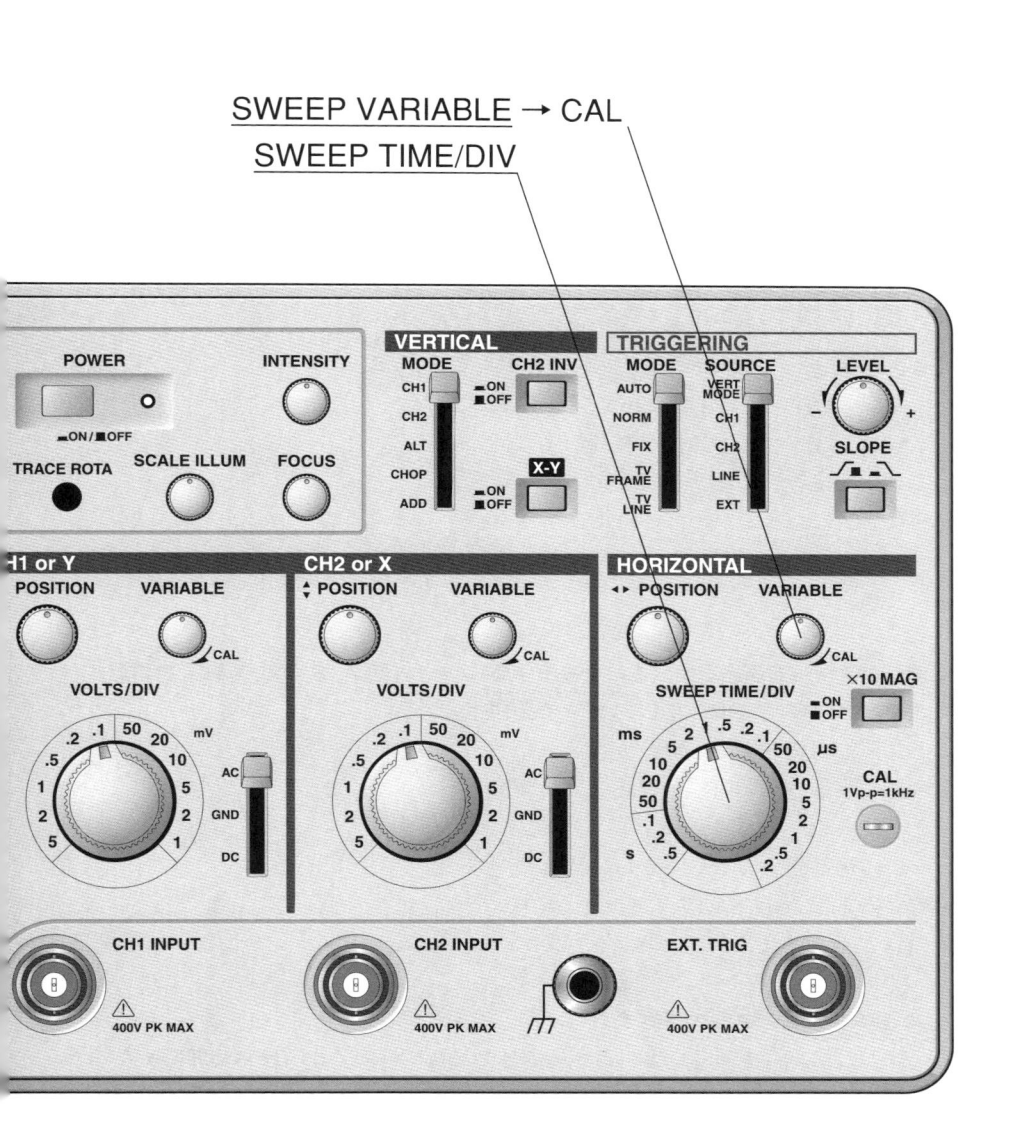

# 第7章 オシロスコープの基本測定

SWEEP VARIABLE → CAL
SWEEP TIME/DIV

# リサジュー図形による基本測定

図7-18のように、信号AをY軸へ、信号BをX軸へ加えます。
ここでは、正弦波(1 kHz)で同じくらいの電圧をそれぞれに入力してリサジュー図形の仕組みをマスターしてみます。

このリサジュー図形は2信号によりたくさんの波形パターンがスクリーンに現れ回転しているような動きをしています。

両方の信号の周波数が公約数を持つような周波数の関係になると、その波形パターンは静止して、周波数、振幅、位相などの比較ができるようになります。

① X-Yにセットする

[図7-18(a)] Y軸入力信号 — 信号A 1 kHz (6 div)

リサジュー図形による測定の時には必ずX-Yスイッチを[ON]にセットします。
また、CH1 VARIABLEノブとCH2 VARIABLEノブを[CAL]の位置(右に回し切った位置)にセットします。

[CAL]になっていないとVOLTS/DIVスイッチの値はUNCAL(非校正)のままになります。

⇩

② 波形パターンを適当な大きさにセットする

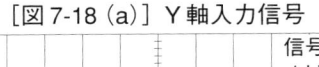

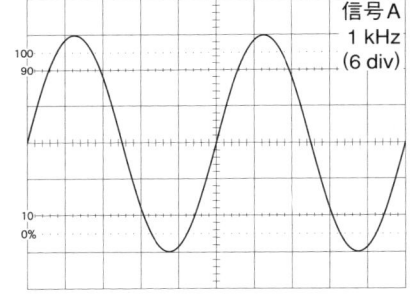

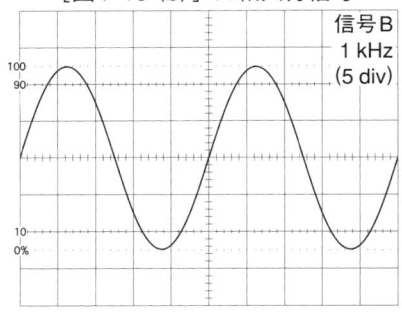

[図7-18(b)] X軸入力信号 — 信号B 1 kHz (5 div)

CH1とCH2のVOLTS/DIVスイッチを回して波形パターン(図7-19)ができるだけ大きく表示(8 div以内)されるように調節します。

この例は両方のレベルがほぼ同じ設定ですから、VOLTS/DIVスイッチもCH1、CH2ともに同じレンジにセットします。

⇩

③ 波形パターンを中央へ移動する

波形のサイズが測りやすいようにCH1 POSITIONノブとCH2 POSITIONノブ(機種によってはHORIZONTAL POSITIONノブ)でスクリーン中央へ波形パターンの中心を移動します。

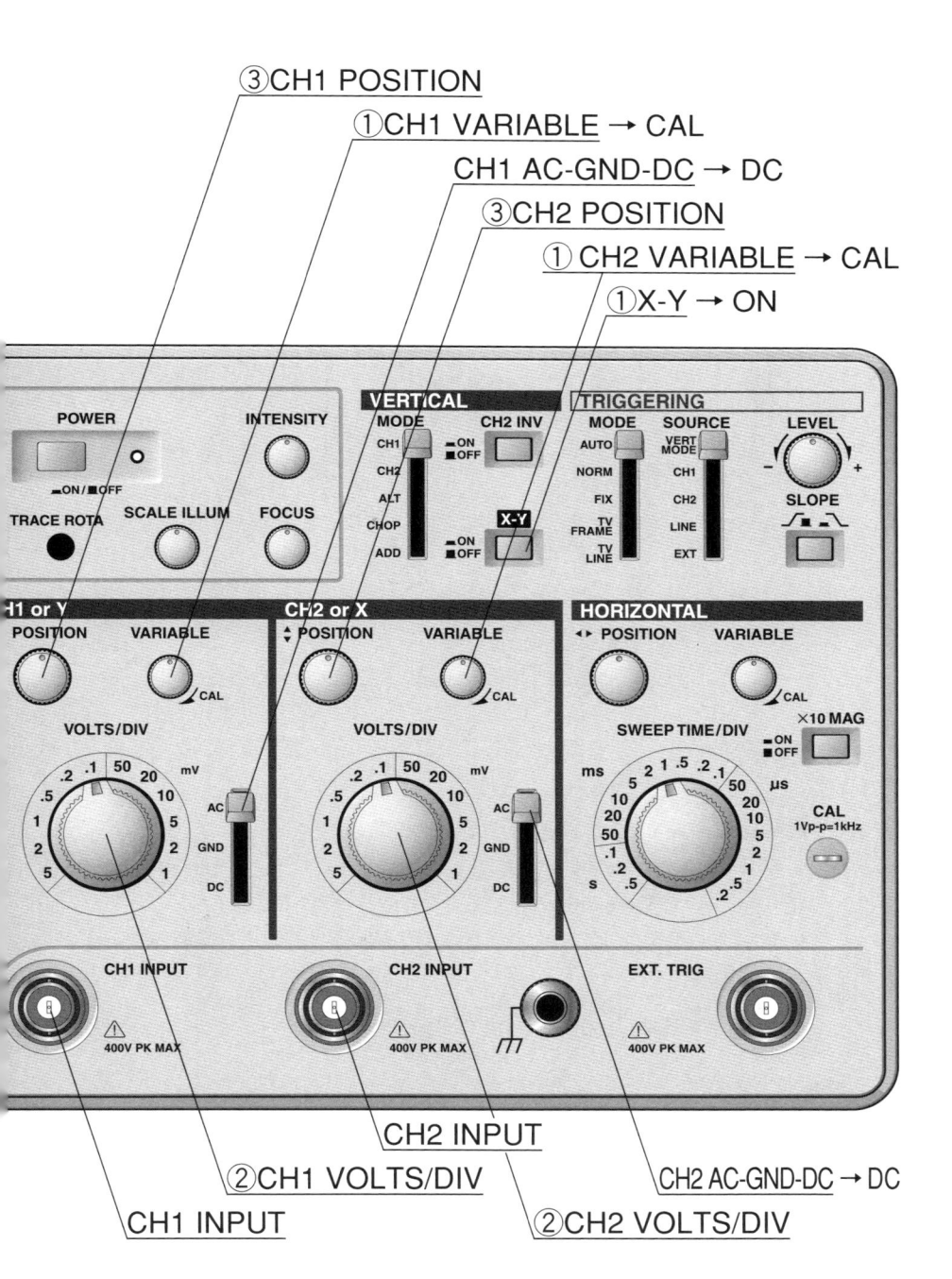

## 第7章 オシロスコープの基本測定

③CH1 POSITION
①CH1 VARIABLE → CAL
CH1 AC-GND-DC → DC
③CH2 POSITION
①CH2 VARIABLE → CAL
①X-Y → ON

CH2 INPUT
②CH1 VOLTS/DIV
CH1 INPUT
②CH2 VOLTS/DIV
CH2 AC-GND-DC → DC

オシロスコープ入門 **109**

## 振幅の比較

信号 A を Y 軸に加えているので垂直方向の振幅、信号 B を X 軸に加えているので水平方向の振幅になり、この比が 2 信号の振幅比になります。

$$振幅比 = \frac{信号Bの最大振幅(div)}{信号Aの最大振幅(div)} = \frac{X(div)}{Y(div)}$$

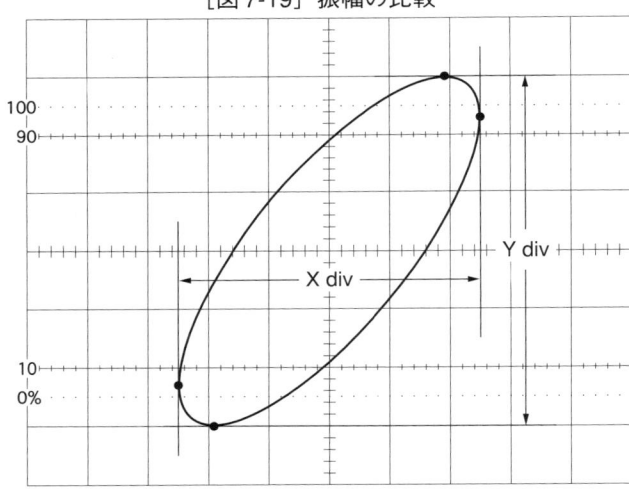

[図 7-19] 振幅の比較

図 7-19 の楕円から Y と X の振幅をそれぞれ測ると、

$$X = 5 \text{ div}$$
$$Y = 6 \text{ div}$$

となります。その数値を上の式に代入すると、両信号の振幅比を求めることができます。

$$振幅比 = \frac{X}{Y} = \frac{5\,div}{6\,div} = \frac{5}{6}$$ となります。

> **Hint**
> CH1 → Y 軸 ?、CH2 → X 軸 ?
>
> 本書でモデルにした機種では、CH1 を Y 軸、CH2 を X 軸としているが、CH1 を X 軸、CH2 を Y 軸と逆になっている機種もあります。

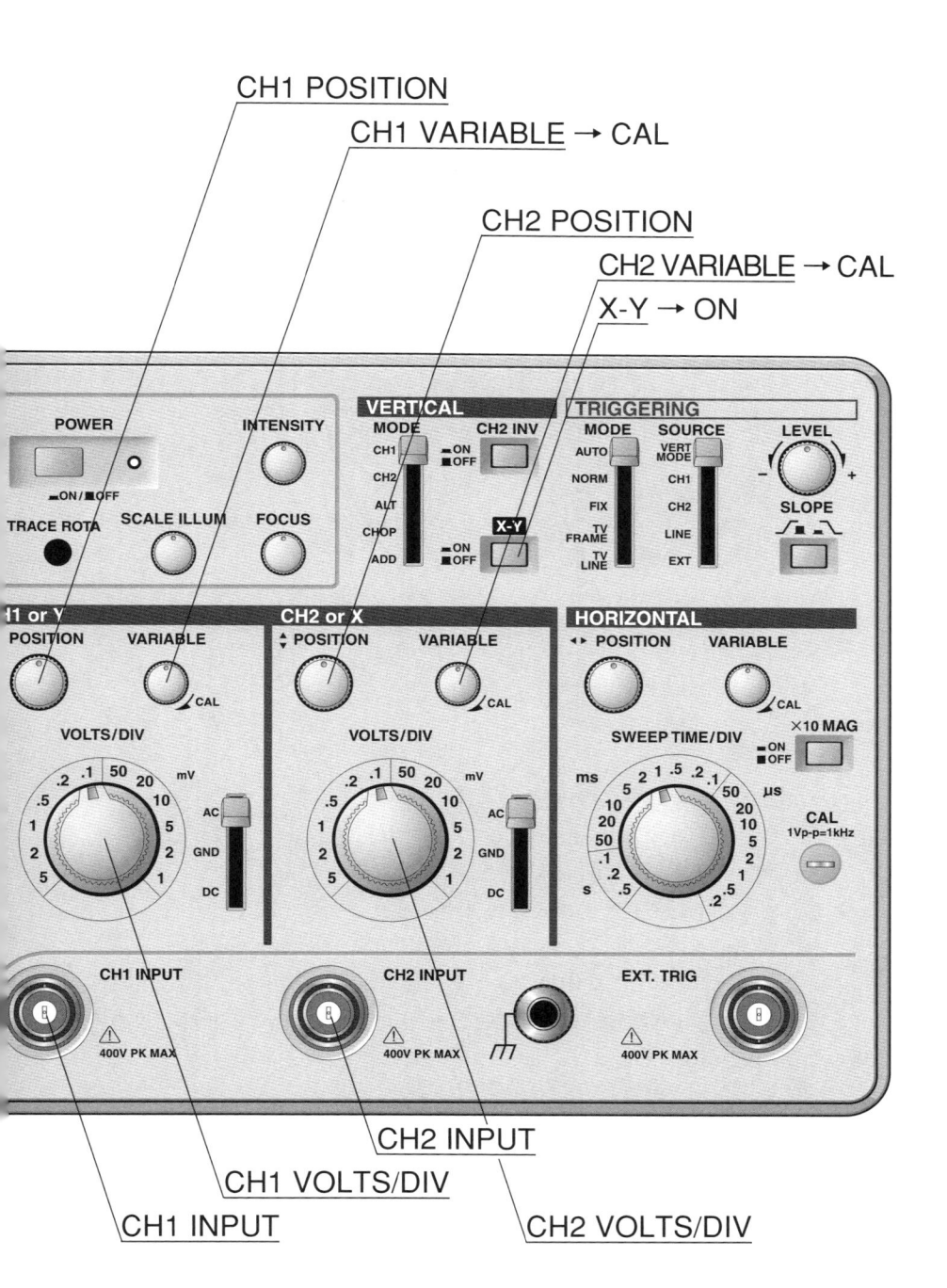

## 第7章 オシロスコープの基本測定

CH1 POSITION
CH1 VARIABLE → CAL
CH2 POSITION
CH2 VARIABLE → CAL
X-Y → ON

CH2 INPUT
CH1 VOLTS/DIV
CH1 INPUT
CH2 VOLTS/DIV

## 位相差の算出

振幅比較の波形パターンから Y 軸方向の振幅と Y 軸との交点の距離を測ることにより、両信号の位相差を求めることができます。

$$\sin\theta = \frac{Z(\mathrm{div})}{Y(\mathrm{div})} \quad (\theta = 位相差)$$

[図 7-20] 位相差の算出

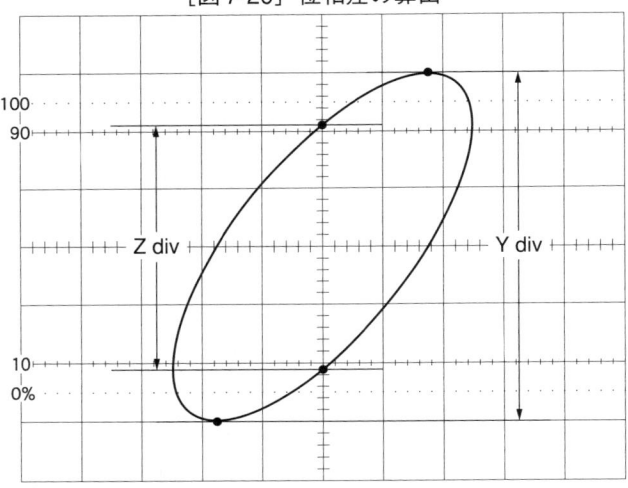

図 7-20 の楕円から Z と Y の距離をそれぞれ測ると、

$$Z = 4.2\,\mathrm{div}$$
$$Y = 6.0\,\mathrm{div}$$

となります。それぞれを上の式の代入すると

$$\sin\theta = \frac{Z}{Y} = \frac{4.2\,\mathrm{div}}{6.0\,\mathrm{div}} = 0.7$$

となり、その答え 0.7 をもとに三角関数表(下図)から該当する角度を求めると、近似値で 45° が解となります。

三角関数表 (一部分を抜粋)

| $\theta$ | 15° | 30° | 45° | 60° | 75° | 90° |
|---|---|---|---|---|---|---|
| $\sin\theta$ | 0.259 | 0.500 | 0.707 | 0.866 | 0.966 | 1.000 |

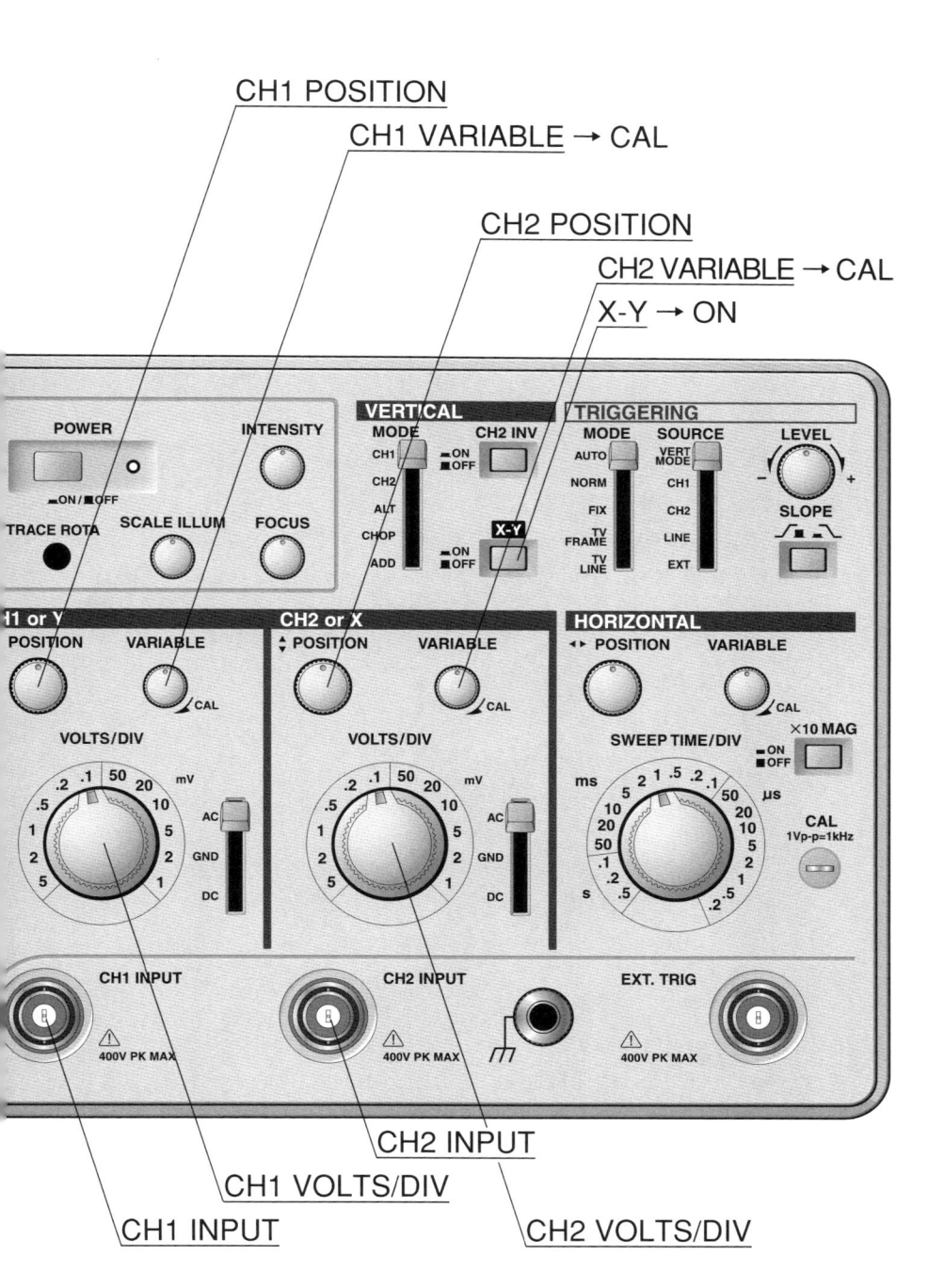

## 第 7 章 オシロスコープの基本測定

CH1 POSITION
CH1 VARIABLE → CAL
CH2 POSITION
CH2 VARIABLE → CAL
X-Y → ON

CH2 INPUT
CH1 VOLTS/DIV
CH1 INPUT
CH2 VOLTS/DIV

## 周波数の比較

図7-21のように、Y軸へ信号A(2 kHz)を、X軸へ信号B(1 kHz)を加えます。ここでは、両方の周波数の比がちょうど1:2で同相の正弦波によるリサジュー図形として説明します。

リサジュー図形は2信号により波形パターンが現れ通常は回転しているような動きをしていますが、この例の場合は両方の信号の周波数が公約数を持つ周波数の関係になっているので、波形パターンは静止します。

[図7-21 (a)] Y軸入力信号

信号A
2 kHz
(6 div)

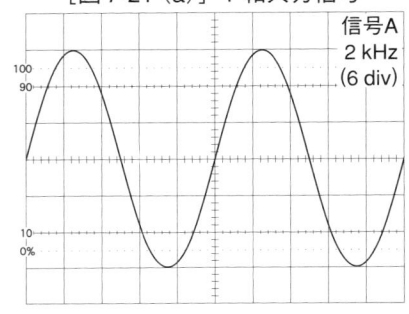

[図7-21 (b)] X軸入力信号

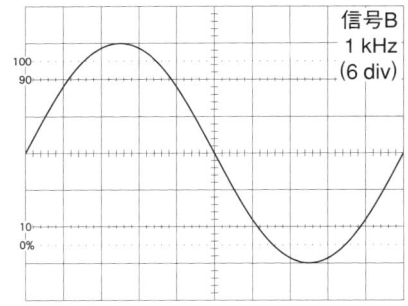

信号B
1 kHz
(6 div)

① X-Yにセットする

リサジュー図形による測定の時には必ずX-Yスイッチを[ON]にセットします。

また、CH1 VARIABLEノブとCH2 VARIABLEノブは[CAL]の位置にセットしなくてもかまいません。

⇩

② 波形パターンを適当な大きさにセットする

CH1とCH2のVOLTS/DIVスイッチとVARIABLEノブを回して波形パターン(図7-22)ができるだけ大きく表示されるようにします。

この例の場合には両方のレベルが同じくらいの設定ですから、VOLTS/DIVスイッチはCH1、CH2ともに同じレンジにセットします。

⇩

③ 波形パターンを中央へ移動する

波形が見やすいようにCH1 POSITIONノブとCH2 POSITIONノブで、スクリーンの中央へ波形パターンの中心を移動します。

⇩

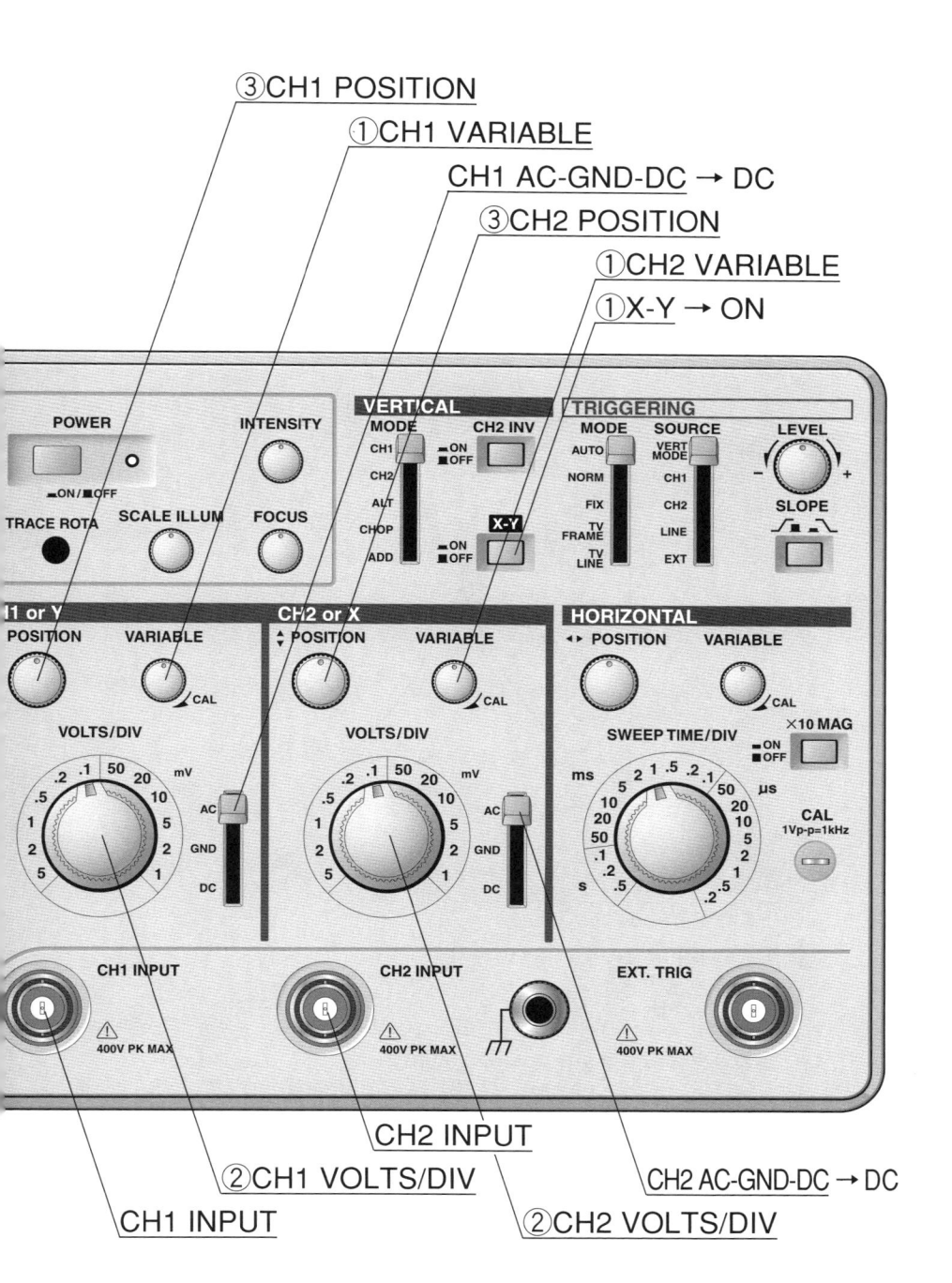

# 第7章 オシロスコープの基本測定

③CH1 POSITION
①CH1 VARIABLE
CH1 AC-GND-DC → DC
③CH2 POSITION
①CH2 VARIABLE
①X-Y → ON

CH2 INPUT
②CH1 VOLTS/DIV
CH1 INPUT
②CH2 VOLTS/DIV
CH2 AC-GND-DC → DC

オシロスコープ入門 **115**

⇩
④交点数をそれぞれ数える

　図7-22で、リサジュー図形が任意の水平目盛線と交差する点の数と、任意の垂直目盛線と交差する点の数の比が周波数比になります。

⇩

$$周波数比 = \frac{X軸入力信号の周波数}{Y軸入力信号の周波数} = \frac{垂直線との交点数}{水平線との交点数}$$

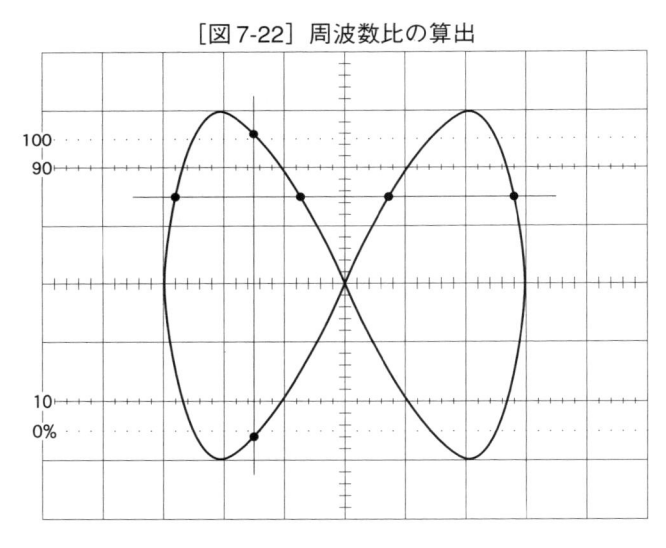

[図7-22] 周波数比の算出

⇩
⑤計算式へ代入する

　　　　任意の垂直軸との交点数 (X) → 2個
　　　　任意の水平軸との交点数 (Y) → 4個

$$比 = \frac{X}{Y} = \frac{2}{4}$$

上式より、2信号の周波数比は1：2となります。

　リサジュー図形による測定が終了したら、X-Yスイッチは必ず再度押して[OFF]に戻しておきます。

# 第7章 オシロスコープの基本測定

リサジュー測定終了時に X-Y → OFF

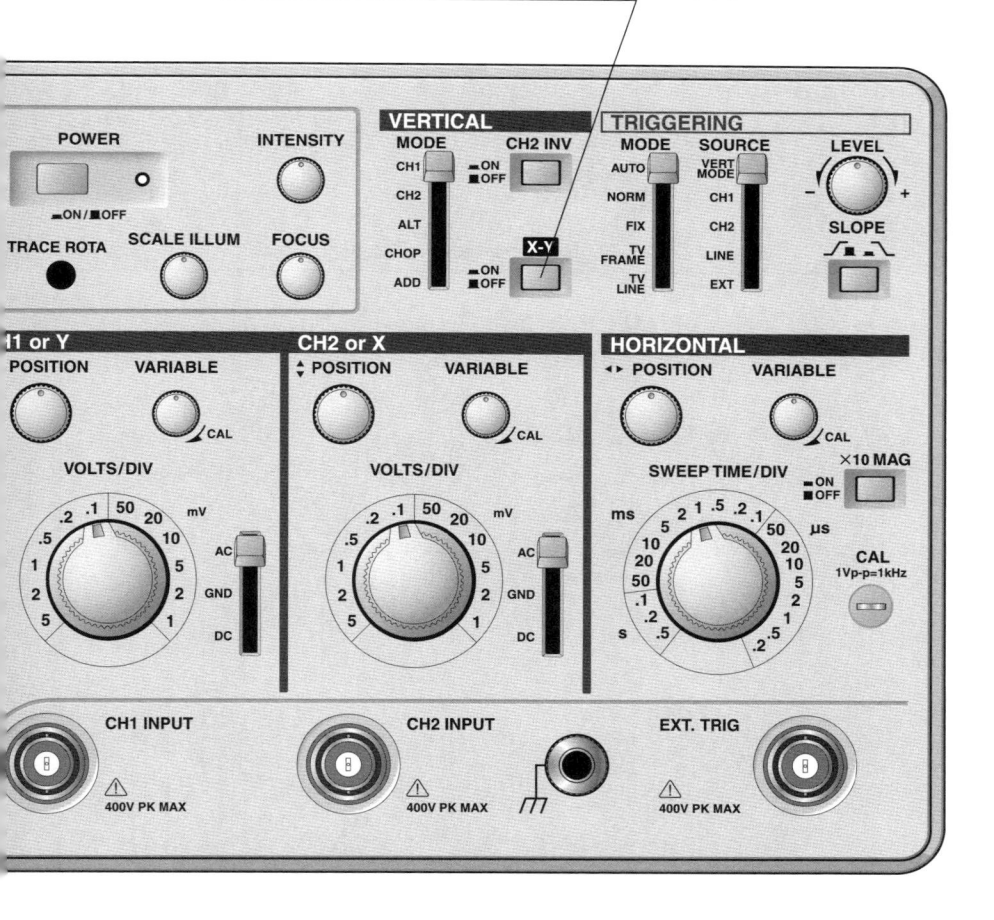

# 第8章 リサジュー図形の仕組み

リサジュー図形は、オシロスコープの垂直軸と水平軸に同時に交流信号を入力することにより数多くの図形パターンがスクリーンに描かれます。

両方の波形の周波数や位相の変化でシンプルなパターンだったり非常に複雑なパターンを描いたり、また回転しているように見えたり、静止したりと変化を繰り返します。

ここで例をあげてその仕組みを図式化しておきます。図8-1の例では、Y軸へ2 kHzの正弦波、X軸へ1 kHzの正弦波を加えた時のリサジュー図形です。

両方の周波数の比がちょうど1:2で、しかも振幅（電圧）も同じ、位相も同じ（位相差 0°）という条件でのスクリーンに描かれるリサジュー図形です。

図8-1でわかると思いますが、オシロスコープは、水平軸信号にノコギリ波が使われているリサジュー図形での波形測定なのです。

[図8-1] リサジュー図形の仕組み

Y軸の入力信号 (2 kHz)

X軸の入力信号 (1 kHz)

周波数比1:2、
同振幅、位相差0°の
正弦波によるリサジュー図形

118　オシロスコープ入門

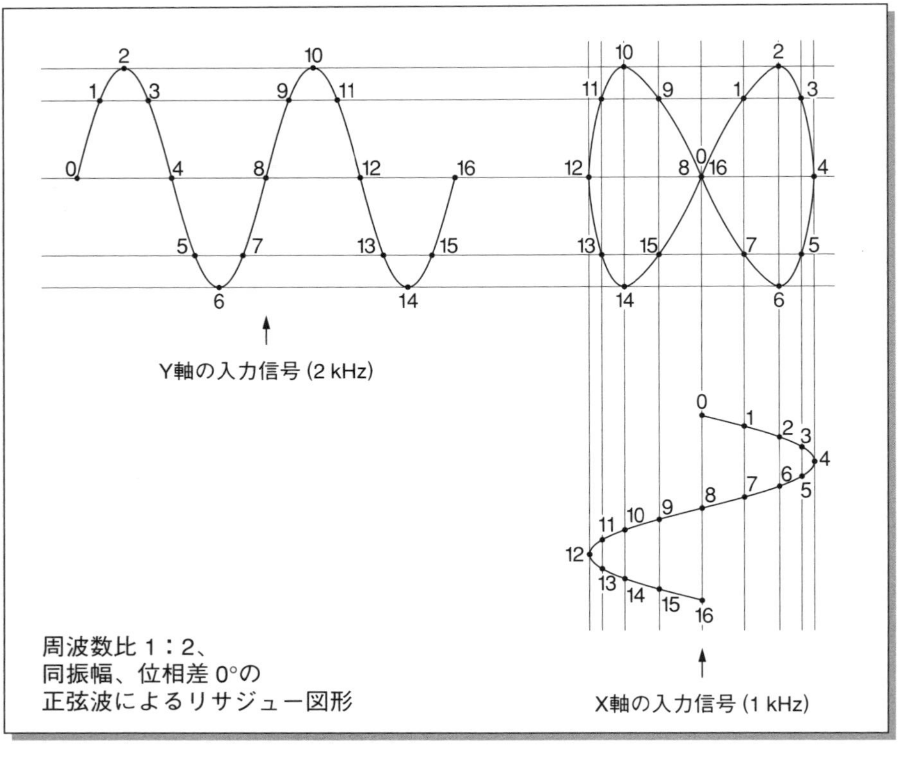

# 第8章 リサジュー図形の仕組み

## 同じ周波数によるリサジュー図形

リサジュー図形で最も一般的な1:1のパターンです。この例は、両信号（正弦波）とも、同じ周波数、同じ振幅で位相が変化した場合、どのようにリサジュー図形が変化するかを示しています。

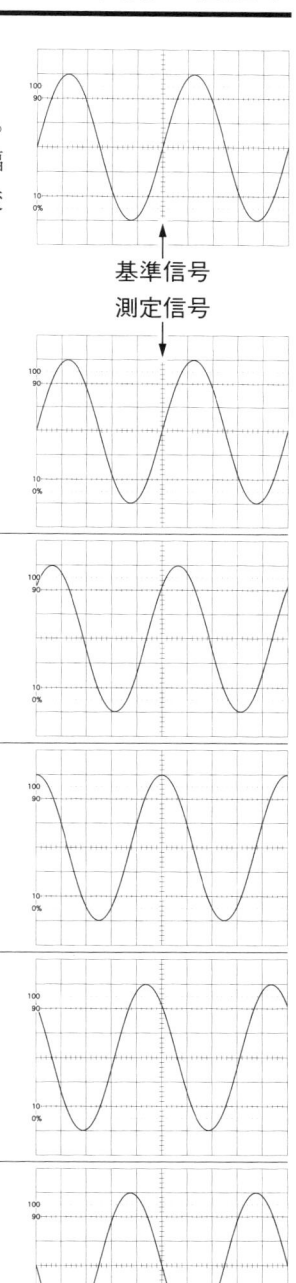

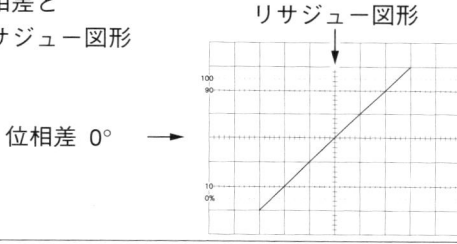

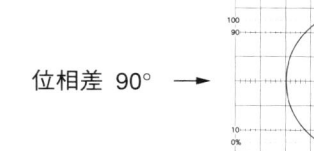

基準信号
測定信号

[図8-2] 位相差とリサジュー図形

リサジュー図形

位相差 0° →

位相差 45° →

位相差 90° →

位相差 135° →

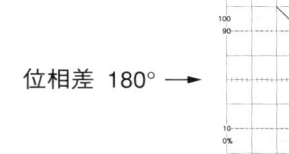

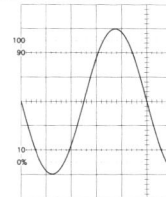

位相差 180° →

オシロスコープ入門

# 「リサジュー」と言われる由縁

「リサジュー」とは、相互に直角方向に振動する二つの単振動を合成して得られる平面図形のことを言います。これは、1855年にフランスの科学者J.A.Lissajousにより考案され、今ではオシロスコープの測定方法の一つとしても有名です。

なお、和文表記では「リサジュー」の他に「リサージュ」、「リサジュ」、「リサジウ」などの表記がありますが、本書では文部省・社団法人電気学会編、「学術用語集 電気工学編」に基づいた表記「リサジュー」を用いています。

[図8-3] リサジュー図形の例

振幅が同じ正弦波で、周波数比が1:2、位相差が0°のリサジュー図形

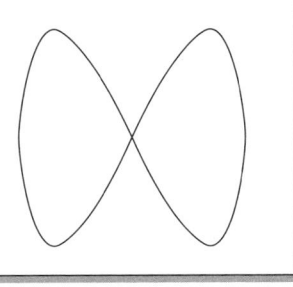

このリサジューで一番よく知られているのが、オシロスコープを用いて、周波数が未知の信号と、基準になる周波数の信号のリサジュー図形から相互の周波数比を求め、未知の周波数を算出する方法です。

高周波領域の周波数に対応した周波数カウンタが登場するまでは、無線周波数帯の周波数を正確に測定することはたいへん困難でした。

そこで当時、高周波の周波数を簡単に測定するために、オシロスコープを用いたリサジュー図形による方法が試みられました。未知の周波数の高周波信号をオシロスコープのY軸に入力し、基準になる発振器の信号をX軸に入力します。

そのリサジュー図形が、図8-4（a）のように、楕円であれば同一周波数、図8-4（b）のU字形の時は2倍の周波数、図8-4（c）のN字形の時は3倍の周波数、図8-4（d）のリボン形の時は1.5倍の周波数とそれぞれ判断され、スクリーンに描かれる波形パターンから比較的簡単に周波数を測定できたわけです。

周波数カウンタが自由に使える現在では、この測定方法もほとんど出番がなくなっていますが、二つの信号の周波数比（例えば、1:1とか1:2）を合わせるとか、位相を合わせる場合には、周波数カウンタより早くかつ簡単にできるので、今でも利用価値は十分ありそうです。

（注）このページは、電気通信大学のホームページ（http://www.uec.ac.jp）に掲載の「リサジュー図形とは？」と「リサジュー波形と電気通信大学とはどの様な関係なのですか？」より引用し記述されています。

# 第 8 章 リサジュー図形の仕組み

## リサジュー図形の例

　図8-4は振幅が同一の正弦波によるリサジュー図形で、X軸に$\sin(x\omega t+z)$、Y軸に$\sin(y\omega t)$の信号を入力しています（図8-4(a)はx:y＝1:1、図8-4(b)はx:y＝1:2、図8-4(c)はx:y＝1:3、図8-4(d)はx:y＝2:3の例で、zはそれぞれの位相差を表しています）。

図8-4(a)　周波数比（x:y）1:1
位相差　　　0°　　　　　15°　　　　　30°　　　　　45°　　　　　60°　　　　　90°

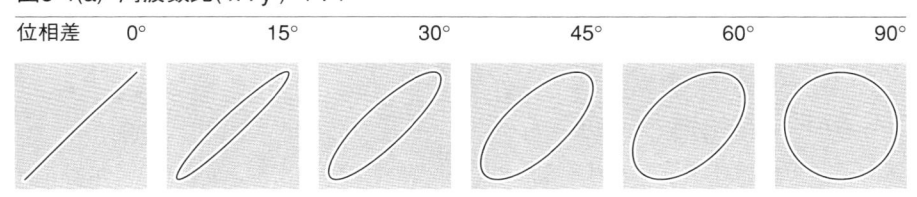

図8-4(b)　周波数比（x:y）1:2
位相差　　　0°　　　　　15°　　　　　30°　　　　　45°　　　　　60°　　　　　90°

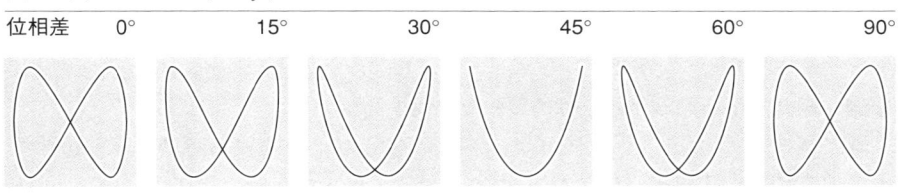

図8-4(c)　周波数比（x:y）1:3
位相差　　　0°　　　　　15°　　　　　30°　　　　　45°　　　　　60°　　　　　90°

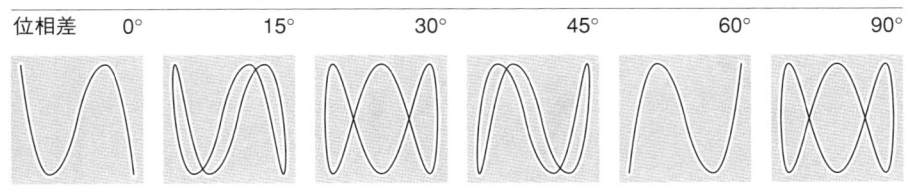

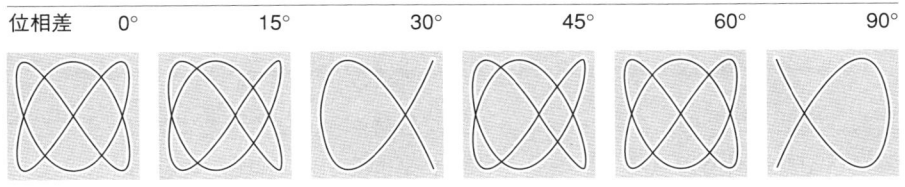

図8-4(d)　周波数比（x:y）2:3
位相差　　　0°　　　　　15°　　　　　30°　　　　　45°　　　　　60°　　　　　90°

# 第9章 プローブ（Probe）

　今までの説明では、測定信号はオシロスコープのINPUT端子へケーブルにより直接入力することで話しを進めてきました。

　入力信号が直流や交流でも周波数が低い（例えば50 Hz位）ような場合にはそれで差し支えない場合もあります。しかし、オシロスコープの測定ではこれから説明するプローブを使う測定が必須になっています。

## プローブの種類

　プローブとは、被測定回路からの信号をそのままの形で忠実に取り出し、オシロスコープのINPUT端子へ入力するためのツールで、その用途に応じていくつかに分類されます。

　代表的なものとしては、

　　　　電圧プローブ、　　電流プローブ、　　　高圧プローブ
　　　　差動プローブ、　　FETプローブ

などがあります。なかでも一番ポピュラーなのが「電圧プローブ」で、文字どおり交流や直流電圧を測ることを目的とした汎用タイプです。

　電流プローブは電流を、高圧プローブは高圧（数十kV）を測る時に用いられます。その他、差動電圧を測る差動プローブや無減衰で低入力容量のFETプローブといった特殊なものもあります。

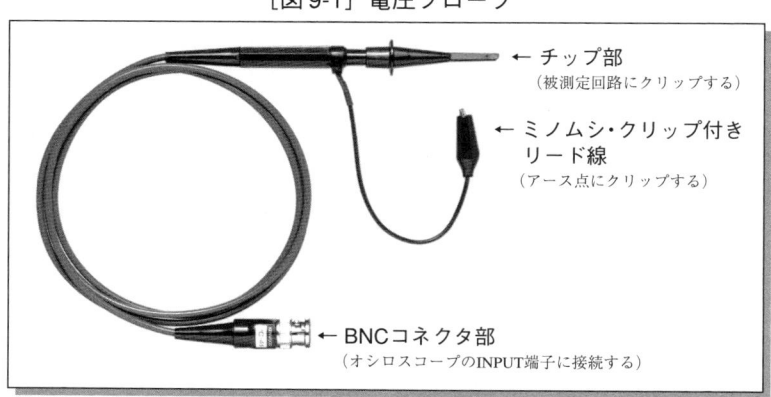

[図9-1] 電圧プローブ

← チップ部
（被測定回路にクリップする）

← ミノムシ・クリップ付き
　リード線
（アース点にクリップする）

← BNCコネクタ部
（オシロスコープのINPUT端子に接続する）

　ここでは、アクセサリ・パーツとして必ず付属され、日常頻繁に使われる電圧プローブ（図9-1）、別名「アッテネータ・プローブ」について説明します。

# 第9章 プローブ（Probe）

## プローブの仕組み

　プローブは被測定回路の動作状態を乱すことなく、回路の信号を取り出し、オシロスコープのINPUT端子へ導くツールです。

　プローブ（Probe:探針の意味）の構造は、ボールペン・サイズの本体、その先端には被測定回路に接触させるチップが付き、本体途中からミノムシ・クリップの付いたリード線が出ていて、被測定回路の接地点にクリップします。

　反対側からはオシロスコープへ信号を伝える同軸ケーブル（1 m～1.5 m）が出ていて、そのケーブル端末には、周波数特性補正回路を納めた小型のボックスとBNCコネクタ（図9-1）があり、オシロスコープのINPUT端子へ接続できる構造になっています。

## プローブの仕様

　プローブはオシロスコープと一体となってその性能を発揮するので、その電気的仕様は非常に重要です。

　チェックポイントは、プローブ自体の「減衰量」、「耐圧」、「周波数特性」、「入力インピーダンス」、「出力インピーダンス」などで、接続するオシロスコープの定格を完全にカバーしている必要があります。

「減衰量」.......... 10：1、つまり入力電圧を0.1倍します。そのため別名アッテネータ・プローブと呼ばれます。また、中には1：1に切り替えられるタイプもあります。

「耐圧」.............. プローブ内部の電子回路の耐圧で決まり、それを超えると回路は破壊されます。なお、測定時の最大許容入力電圧は、接続したオシロスコープのINPUT端子の最大許容入力電圧よりこちらの耐圧が優先されます。

「周波数特性」... 測定できる周波数帯域で、オシロスコープの垂直増幅器の周波数帯域をカバーしている必要があります。

「入力インピーダンス」.... 被測定回路への影響を極力少なくするため高インピーダンス（一般的に10 MΩ、10 pF前後）が必要です。

「出力インピーダンス」.... オシロスコープの入力回路と整合が取れている必要があります。

　オシロスコープ付属のプローブを使う場合、上の条件は満たされていて問題はありません。詳細については、それぞれの取扱説明書を参照してください。

## プローブの校正

測定を始める前にプローブを含めたオシロスコープの校正が必要です。CAL端子からプローブを校正するための信号が出力されます。

校正用信号の定格は

  出力波形 ....... 方形波（正極性）
  出力電圧 ....... 1 Vp-p (peak to peak)
  出力周波数 ... 約 1 kHz

となっているのが一般的です。

[図9-2] CAL波形

校正手順は、まずプローブのケーブル端末のBNCコネクタをオシロスコープのINPUT端子へ接続した後、その先端(チップ部)をCAL端子へ引っかけるようにクリップします。

  VOLTS/DIV スイッチ → ［20 mV/DIV］
  SWEEP TIME/DIV スイッチ → ［0.2 ms/DIV］

に設定すると、CALの校正用信号の波形が表示されます。校正済みのプローブであれば、図9-2のような形の整った方形波になります（減衰比10:1のプローブは、内部回路の構成上、信号電圧が0.1倍になるため、プローブ使用時は測定値を10倍します）。

プローブは、使用する前に周波数特性補正回路の調整が必要です。

CALの信号が形の整った方形波にならない時には、図9-3のように、スクリーンの波形を見ながら、図9-4の中央の様な波形になるようにプローブのBNCコネクタ部分の調整ポイントをドライバで調節します。

[図9-3] プローブの調整

「プローブのBNCコネクタ部分」

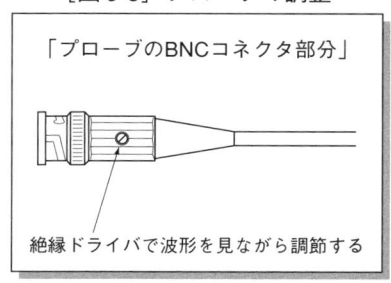

絶縁ドライバで波形を見ながら調節する

[図9-4] CAL波形の調節

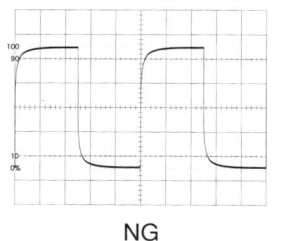

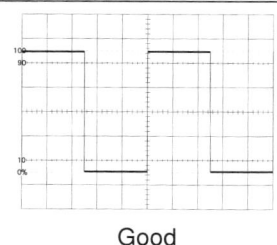

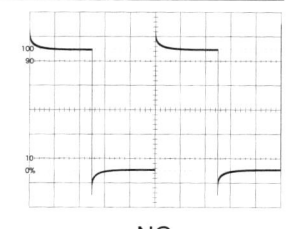

NG      Good      NG

# 第9章 プローブ（Probe）

> **Hint**
>
> 2本のプローブを使い分ける
>
> 2現象オシロスコープには2本のプローブが付属されているので、それぞれCH1用、CH2用と区別して使用し、校正も個々に行います。

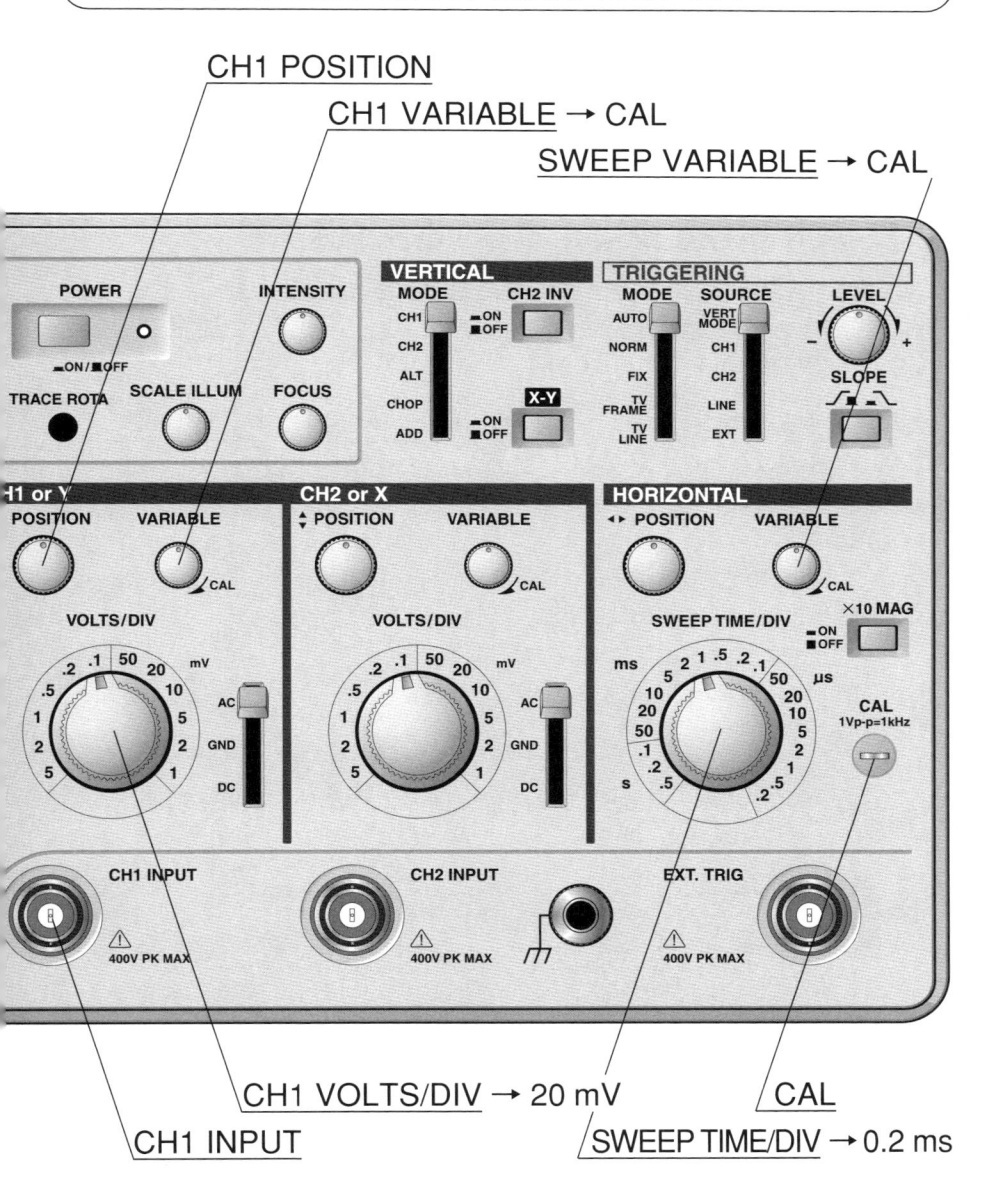

CH1 POSITION

CH1 VARIABLE → CAL

SWEEP VARIABLE → CAL

CH1 VOLTS/DIV → 20 mV

CAL

CH1 INPUT

SWEEP TIME/DIV → 0.2 ms

オシロスコープ入門 **125**

# 第10章 測定時の誤差

オシロスコープは高速現象も波形として捉えることにより、その変化していく様子を刻々とリアルタイムで知ることができる波形測定器です。

しかし、アナログ的な測定方法のため、測定精度にもおのずと限界がありますが、測定する際に誤差を少なくする工夫や誤差の大きさを知っておくことは、測定データの信頼性を高めることになります。

ここでは、やり方を少し考えることにより、誤差を確実に少なくできる測定方法と測定誤差が避けられない場合とについて説明します。

## 読み取り誤差を少なくする（電圧測定）

電圧測定は、VOLTS/DIVスイッチを右に回して（偏向感度を上げる）、測定する波形の振幅が8 div以内で一番大きくなるレンジにセットしてから行うのがベストです（もちろん、VARIABLEノブは［CAL］にして、これを回してはいけません）。

何故そうするのか例で説明します。今、2.05 Vp-pの正弦波（図10-1）がオシロスコープに入力されたとします。

VOLTS/DIVスイッチを右に1ステップずつ回していくと［0.5 V/DIV］レンジ（図10-2)で波形の振幅が4 div位になります。更に、もう1レンジ右に回すと波形は上下に飛び出して（図10-3）しまい測定できません。

［図 10-1］ 測定信号の波形

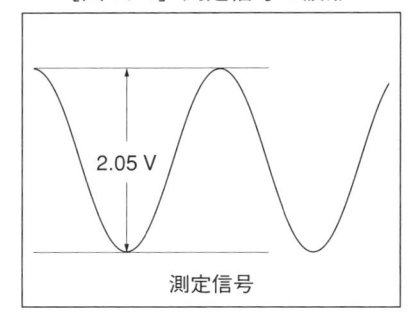

［図 10-2］ VOLTS/DIV → ［ 0.5 V/DIV］

4.1 div

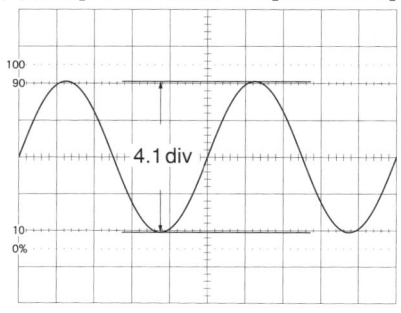

［図 10-3］ VOLTS/DIV → ［ 0.2 V/DIV］

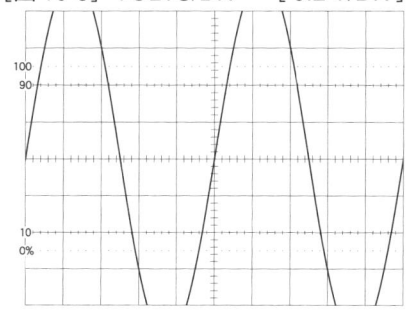

# 第10章 測定時の誤差

そこで［0.5 V/DIV］レンジに戻して、波形の振幅を目盛から測ってみます（図10-2）。オシロスコープの目盛は1 div間隔で、中央の目盛にはそれをさらに5等分した補助目盛（0.2 divに相当）があります。

波形の振幅は全て目視で測るわけですから、4 divより僅かに大きく4.2 divの目盛との中間で4.1 divと読み取れます。

［図10-4］ VOLTS/DIV → ［1 V/DIV］

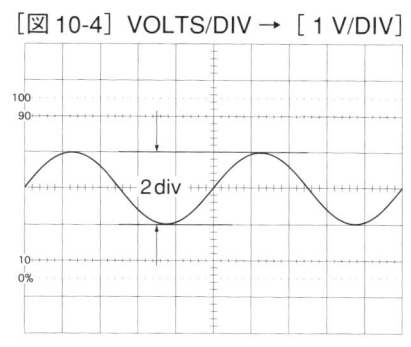

［図10-5］ VOLTS/DIV → ［2 V/DIV］

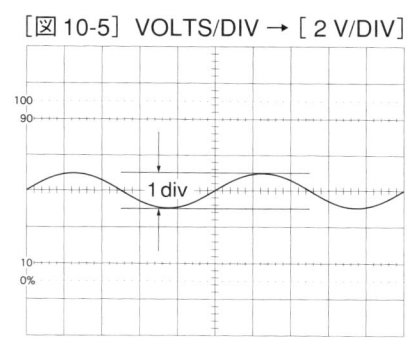

では次に、VOLTS/DIVスイッチを［1 V/DIV］レンジに切り替えた場合（図10-4）は2 div、［2 V/DIV］レンジに切り替えた場合（図10-5）は1 divと読み取るのが精一杯だと思われます。

この過程を整理しますと、

　　［0.5 V/DIV］レンジ → 4.1 div （4.1 div × 0.5 V/div = 2.05 V）
　　［1 V/DIV］レンジ → 　2 div （2 div × 1 V/div = 2 V）
　　［2 V/DIV］レンジ → 　1 div （1 div × 2 V/div = 2 V）

オシロスコープは、目視で波形を測定するわけでどうしても主観を伴い、しかも、輝線の太さもゼロではなく測定数値の有効桁数を3桁にすることはなかなか困難です。

図10-6のように、補助目盛が0.2 divですから、半分の0.1 div単位は判別できても、その半分の0.05 div単位を判別するには個人差や曖昧さが出てくる可能性を否定できません。

結論的に言えることは、測定にあたっては8 div以内で最大振幅になるレンジにVOLTS/DIVスイッチを設定することが第一です。

［図10-6］目盛の中央部

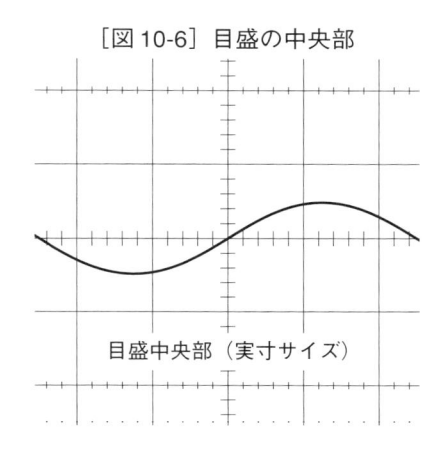

目盛中央部（実寸サイズ）

オシロスコープ入門　**127**

## 読み取り誤差を少なくする（時間測定）

電圧測定で読み取り誤差を少なくする方法について理解されたと思いますが、同じような理由で時間測定についても考えておく必要があります。

結論を先に言っておきますと、時間測定も、やはりSWEEP TIME/DIVスイッチを右に回して（掃引時間を速くする）、測定する時間間隔が10 div以内に入って一番距離が長くなるレンジにセットしてから行うのがベストです（もちろん、VARIABLEノブは［CAL］にして、これを回してはいけません）。

理由は前ページと同じですから簡単に説明します。

今、1.75 kHzの正弦波（図10-7）がオシロスコープに入力されたとして、この信号の周期を測ってみることにします。

SWEEP TIME/DIVスイッチを右に1ステップずつ回していくと［0.1 ms/DIV］レンジで波形が2周期より少し足りない位に表示（図10-8）されます。

さらに、もう1レンジ右に回すと波形が1周期に満たない部分しか表示されず測定できません。そこで［0.1 ms/DIV］レンジに戻して、波形の1周期の時間を目盛から目視で測り、5.7 divと読み取れます。

次に、SWEEP TIME/DIVスイッチを［0.2 ms/DIV］レンジに切り替えた場合は2.8 div、［0.5 ms/DIV］レンジの場合は1.1 divと読み取るのが精一杯だと思われます。

[図10-7] 測定信号の波形

1.75 kHzの正弦波

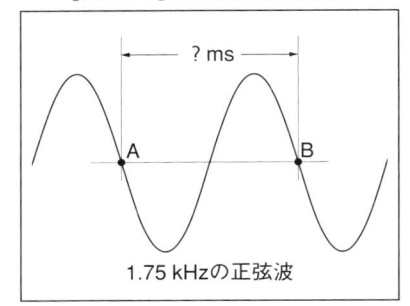

[図10-8] 測定信号の波形

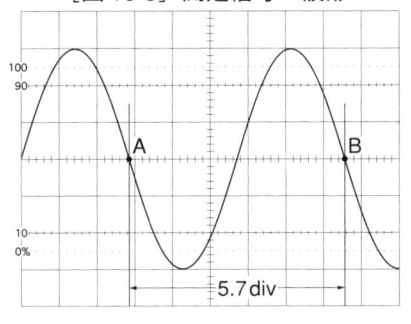

この過程を整理すると、

　　［0.1 ms/DIV］レンジ → 5.7 div　　（5.7 div × 0.1 ms/div = 0.57 ms）
　　［0.2 ms/DIV］レンジ → 2.8 div　　（2.8 div × 0.2 ms/div = 0.56 ms）
　　［0.5 ms/DIV］レンジ → 1.1 div　　（1.1 div × 0.5 ms/div = 0.55 ms）

電圧測定と同様に、目視で波形を測定するわけで、どうしても主観を伴い2.8 divと読むか、あるいは2.85 divと読むか？個人差や曖昧さが出てくる可能性を否定できません。

結論的に言えることは、測定にあたっては最大距離になるレンジにSWEEP TIME/DIVスイッチを設定することしかありません。

第10章 測定時の誤差

## 周波数特性による測定誤差

　オシロスコープの垂直増幅器は、言い換えれば広帯域増幅器です。低周波の数Hz（あるいは直流）から何十MHz、何百MHzの超短波まで、そのカバーする周波数帯域は広く平坦で、しかも、直流から高周波信号まで歪みなく増幅します。しかし、その回路構成から機種ごとに固有の周波数特性があり、その下限（fac）と上限（f）の周波数を常に認識しておく必要があります。

　下限の周波数（fac）は、AC-GND-DCスイッチが［AC］か［DC］でも異なります。もちろん、［DC］では0 Hzですが、［AC］では数 Hzになります。上限の周波数は、オシロスコープの定格を見れば直ぐにわかりますが、

　　　　周波数特性　　DC:　　DC 〜 100 MHz（−3 dB）
　　　　　　　　　　　AC:　　5 Hz 〜 100 MHz（−3 dB）

などと記載されていて、この例の場合は100 MHzが上限周波数で、5 Hzが下限周波数（AC結合時）となります。

　オシロスコープの垂直増幅器の周波数特性は図10-9のようになります。

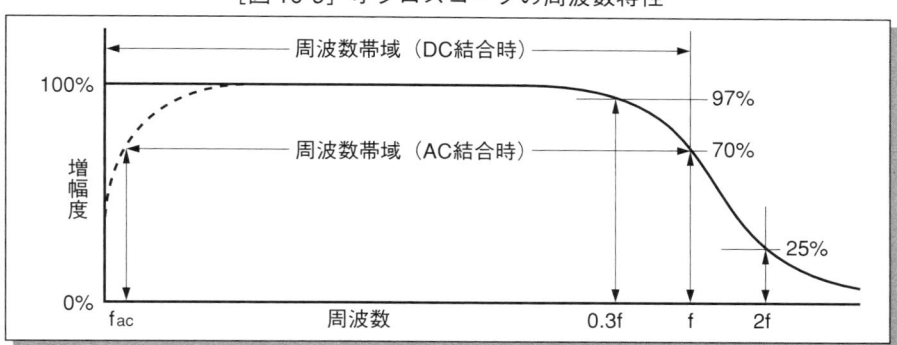

[図10-9] オシロスコープの周波数特性

　オシロスコープの周波数帯域幅は、直流（DC）の増幅度の約70 %になる周波数（f：上限周波数）で定義されています。また、上限周波数の2倍の周波数（2 f）では増幅度が直流（DC）の増幅度の25 %と極端に低くなります。

　ですから、周波数帯域幅100 MHzのオシロスコープの場合、1 kHzの信号で6 divの波形が見えていても、同じレベルの100 MHzの信号は約4.2 div（6 div × 0.7）しか振れないことになります。このことを理解していないと、上限周波数付近の信号を30 %低い値で読みとってしまいます。

　それでは、誤差が3 %以内で読みとれる周波数はどの辺かというと、上限周波数の約30 %の周波数（0.3 f → 100 MHzでは30 MHz）が目安です。

　他の定格値が3 %から5 %の許容誤差であることから、周波数帯域の約30 %までの周波数の信号であれば整合性のあるデータが得られるはずです。

オシロスコープ入門　**129**

## 立上り時間(パルス)の測定誤差

パルス回路では、パルス波形の立上り時間を測定する機会があります。パルスの立上り時間は、その振幅の10%から90%まで立ち上がるのに要する時間(秒)を言います。

その立上り時間を測定する時には、オシロスコープの垂直増幅器の立上り時間も計算に含める必要があります。

オシロスコープの立上り時間を $t_a$、上限周波数を $f$ とすると、

$$t_a \text{ (ns)} = \frac{350}{f \text{ (MHz)}}$$

となります。

[図10-10] 立上り時間

測定する信号の立上り時間を $t_b$ とすれば、スクリーンに表示される波形の立上り時間は $t$(図10-10)は、

$$t \text{ (s)} = \sqrt{t_a^2 + t_b^2}$$

この式は、測定するパルス波形の立上り時間が、オシロスコープ自体の立ち上がり時間より短くできないことを示しています。

次に、スクリーンに表示される波形の $t$ を具体的な例で計算してみます。

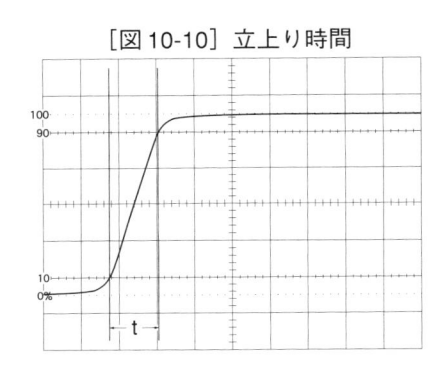

| $f$ (MHz) | 350 | 233 | 175 | 140 | 116 | 100 | 70 | 60 | 50 | 45 | 40 | 30 | 20 | 10 |
|---|---|---|---|---|---|---|---|---|---|---|---|---|---|---|
| $t_a$ (ns) | 1.0 | 1.5 | 2.0 | 2.5 | 3.0 | 3.5 | 5.0 | 5.8 | 7.0 | 7.8 | 8.8 | 11.7 | 17.5 | 35.0 |
| $t$ ($t_b$=10ns) | 10.0 | 10.1 | 10.2 | 10.3 | 10.4 | 10.6 | 11.2 | 11.6 | 12.2 | 12.7 | 13.3 | 15.3 | 20.2 | 36.4 |
| $t$ ($t_b$=30ns) | 30.0 | 30.0 | 30.0 | 30.1 | 30.1 | 30.2 | 30.4 | 30.6 | 30.8 | 31.0 | 31.3 | 32.2 | 34.7 | 46.1 |

上の計算結果から、測定するパルス信号の立上り時間($t_b$)が10 ns(ナノ秒)の時にスクリーンの表示される波形の立上り時間が±3%位の誤差内で表示されるためには上限周波数が140 MHz以上のオシロスコープで測定すれば良いことがわかります。また、30 nsのパルス信号の場合は45 MHz以上のオシロスコープであれば良いこともわかります。

しかし、140 MHzや45 MHzのオシロスコープは製造されていないようですから、実際には、150 MHzや50 MHzのオシロスコープになります。

以上のことから、立上り時間を±3%位の誤差内で測定するためには、測定信号の立上り時間の4倍以上速い立上り時間を持つオシロスコープが必要になります。

# 第10章 測定時の誤差

## 定格で定められた許容誤差

　取扱説明書の「定格」のページを見ればすぐに気付くことですが、定格値のあちこちに±何パーセント以内とか±（数値）以内と記載されています。

　オシロスコープもたくさんのパーツで構成されていますから、個々のパーツにもそれぞれ設計上の許容誤差の範囲が設定され、それらをアセンブルしたオシロスコープの定格値にも許容誤差が容認されます。

　物事全てがパーフェクトであればそれにこしたことはないのですが、一つ一つ手作りの時代と違い、マスプロ、マスセールの時代では、ある範囲を定めてそれに見合った品質管理をしていくことになっています。

　オシロスコープでも誤差は全てゼロではなく、それぞれの定格値について許容誤差の範囲を定めています。

　一般的には±5％から±3％位を許容範囲としているようです。もちろん上級機種は、それなりにハイ・スペックな定格値が要求されていて、±3％から±1％を保証するものもあるようです。

　測定にあたっては、測定値には常にこの誤差が含まれていることを認識しつつ測定結果の分析を行う必要があります。

　特に、定格の中で知っておきたい項目（以下は参考例）は、

　　　減衰器（アッテネータ）.... 1 V/div ± 3 %
　　　周波数特性 ........................ 5Hz 〜 100 MHz （-3 dB）
　　　掃引時間 ............................ 0.1 ms/div ± 3 %
　　　CAL（校正電圧）................ 1 V p-p ± 3 %
　　　入力インピーダンス ......... 1 MΩ ± 3 %、約 25 pF

などがあげられます。

　また、使用環境については、定格値が保証される温度や湿度もある特定の範囲が定められています。例えば、

　　　仕様保証温度湿度範囲　　温度 10℃ 〜 35℃、湿度 85 % 以下
　　　動作温度湿度範囲　　　　温度 0℃ 〜 40℃、湿度 85 % 以下

その他、高度（気圧）などのファクタが重要視される場合もあるようです。

　個々の許容誤差については、それぞれの取扱説明書に記載されていますから、それを参照してください。

　CALによる校正は電圧や時間に限定され、しかも自己診断の域を出ません。定期的に、別の信頼できる校正器により総合的な見地から校正を行い、常に所定のスペックを維持・管理することが測定器として不可欠です。

# 第11章 スキルアップ・テクニック

　ここまでに、「第4章 ノブ（つまみ）やスイッチの説明」、「第5章 オシロスコープの操作方法」、「第6章 2現象オシロスコープの操作方法」と順を追って説明してきたので、オシロスコープのベーシックなオペレーションについてはマスターしたと思います。これから先は、それらをベースにもう少し実践的な測定の例をあげ、個々にそのポイントを説明していきます。

## 電源をONする前にあらかじめ基本ポジションにセット

　電源スイッチを[ON]する前に、あらかじめノブやスイッチをセットしておきます。

　機種によって多少異なりますが、ノブは12時方向、ロータリー・スイッチも12時方向、レバー式スイッチは一番上（一番左）、プッシュ・スイッチが並んでいたら一番上（一番左）、単独のプッシュ・スイッチは押さない状態などが一般的です。

CH1 POSITION → UP
CH1 VARIABLE → CAL
CH2 POSITION → UP
CH1 VOLTS/DIV → 0.1 V
CH1 AC-GND-DC → AC

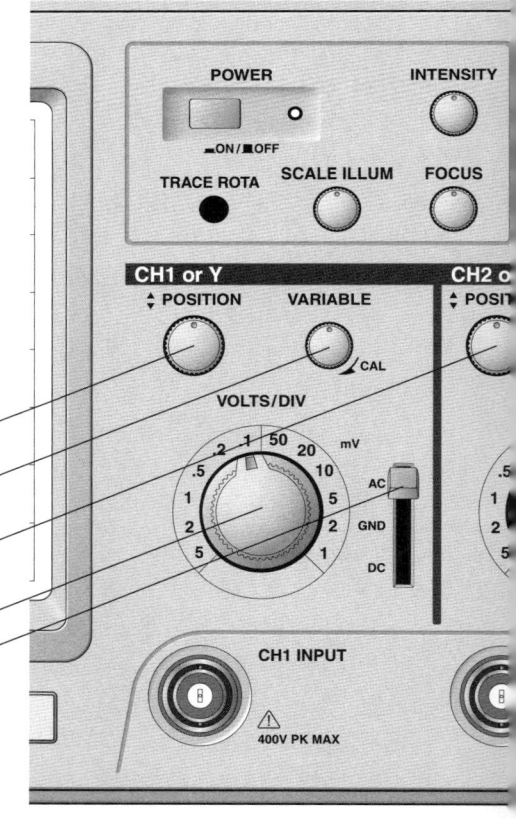

（注）→ UP は真上、時計の指針で 12 時の方向です。

**132** オシロスコープ入門

第11章 スキルアップ・テクニック

VERTICAL MODE → ALT
CH2 INV → OFF
X-Y → OFF
TRIGGERING MODE → AUTO
TRIGGERING SOURCE → VERT MODE
TRIGGERING LEVEL → UP
TRIGGERING SLOPE → ＋
SWEEP VARIABLE → CAL
×10 MAG → OFF
HORIZ. POSITION → UP
CH2 VARIABLE → CAL
SWEEP TIME/DIV → 0.2 ms
CH2 AC-GND-DC → AC
CH2 VOLTS/DIV → 0.1 V

オシロスコープ入門

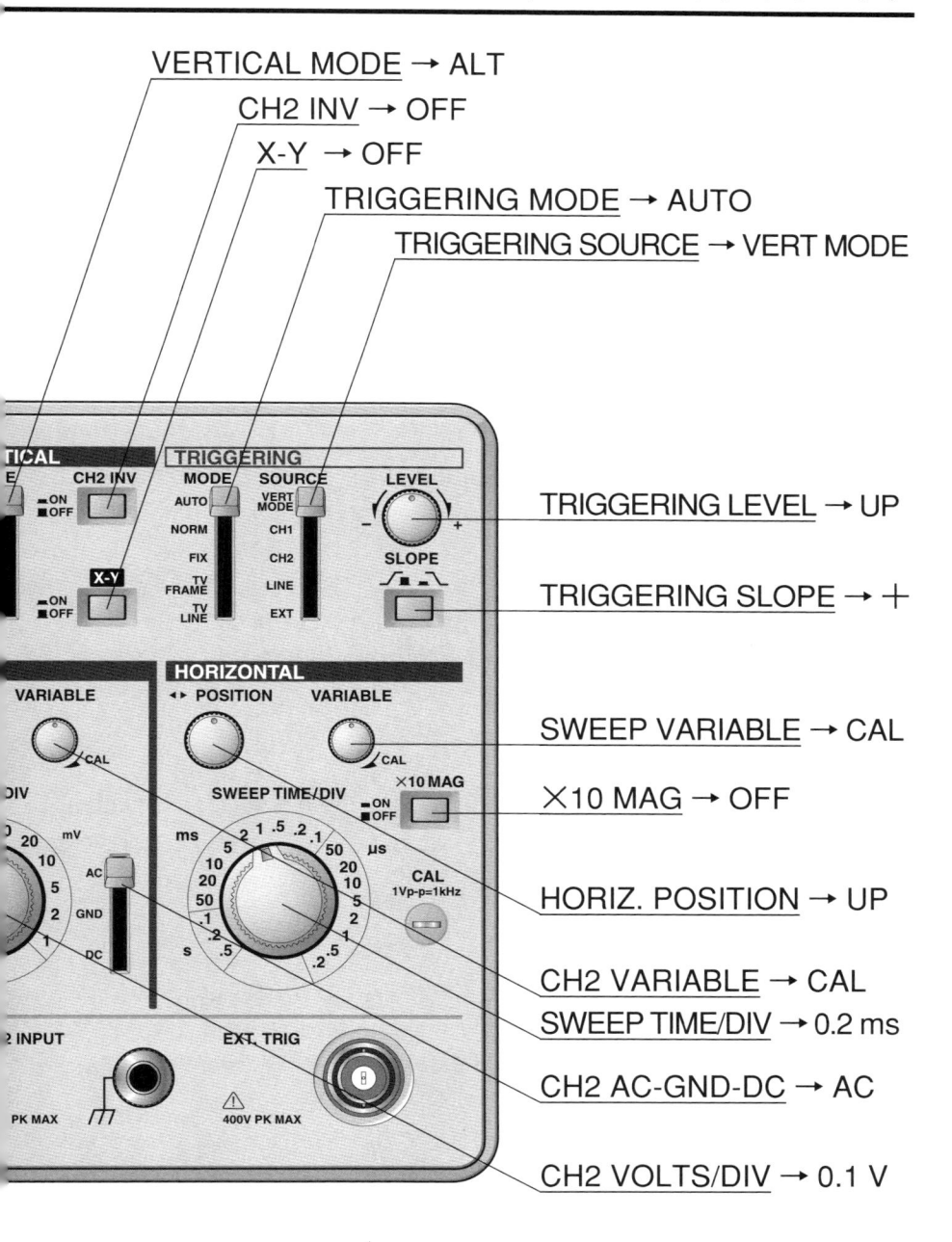

# 基本ポジションにセットしたら電源ON

①電源を入れる

　POWERスイッチを押す［ON］と、パイロット・ランプが点灯します。

⇩

②輝度を上げる

　INTENSITYノブを右に回し輝線を適当な明るさにします。通常は10秒位で輝線が出ますが、出ない時にはまず、TRIGGERING MODEが［AUTO］にセットしてあるか確認します。

⇩

③輝線を中央位置に移動する

　CH1 POSITIONノブを回して輝線を水平中央目盛に合わせ、次にHORIZONTAL POSITIONノブを回し輝線の左端を目盛の一番左に合わせます。

⇩

④輝線の水平を確認する

　オシロスコープを移動したり、置き場所を変えると輝線が傾くことがあります。輝線が右か左に傾いている時にはTRACE ROTATIONで水平になるように調節します。

⇩

⑤目盛照明を明るくする

　SCALE ILLUMノブを右に回すと、だんだん明るくなります（なお、SCALE ILLUMINATIONは消灯でも通常の測定に支障はありません。必要に応じて明るくします）。

⇩

⑥入力電圧を確認する

　CH1 INPUT（CH2も同様）へ入力できる最大許容入力電圧（例えば、400 Vpeak）が機種毎に決まっています。

　信号電圧がそれを超えないことを確認してからCH1 INPUTへプローブを接続し信号を入力します。

　最大許容入力電圧はピーク値で示され、正弦波の場合は実効値換算でピーク値の約70％（400 Vpeakであれば280 V）が最大限度です。また、直流が含まれている場合は、その分を差し引いた残りの電圧になります。

# 第11章 スキルアップ・テクニック

> **Hint**
>
> プローブ使用時の許容入力電圧は？
>
> INPUT端子の許容入力電圧(例えば 400 Vpeak)ではなく、接続したプローブの許容入力電圧(例えば 600V (DC +ACpeak)) が優先します。

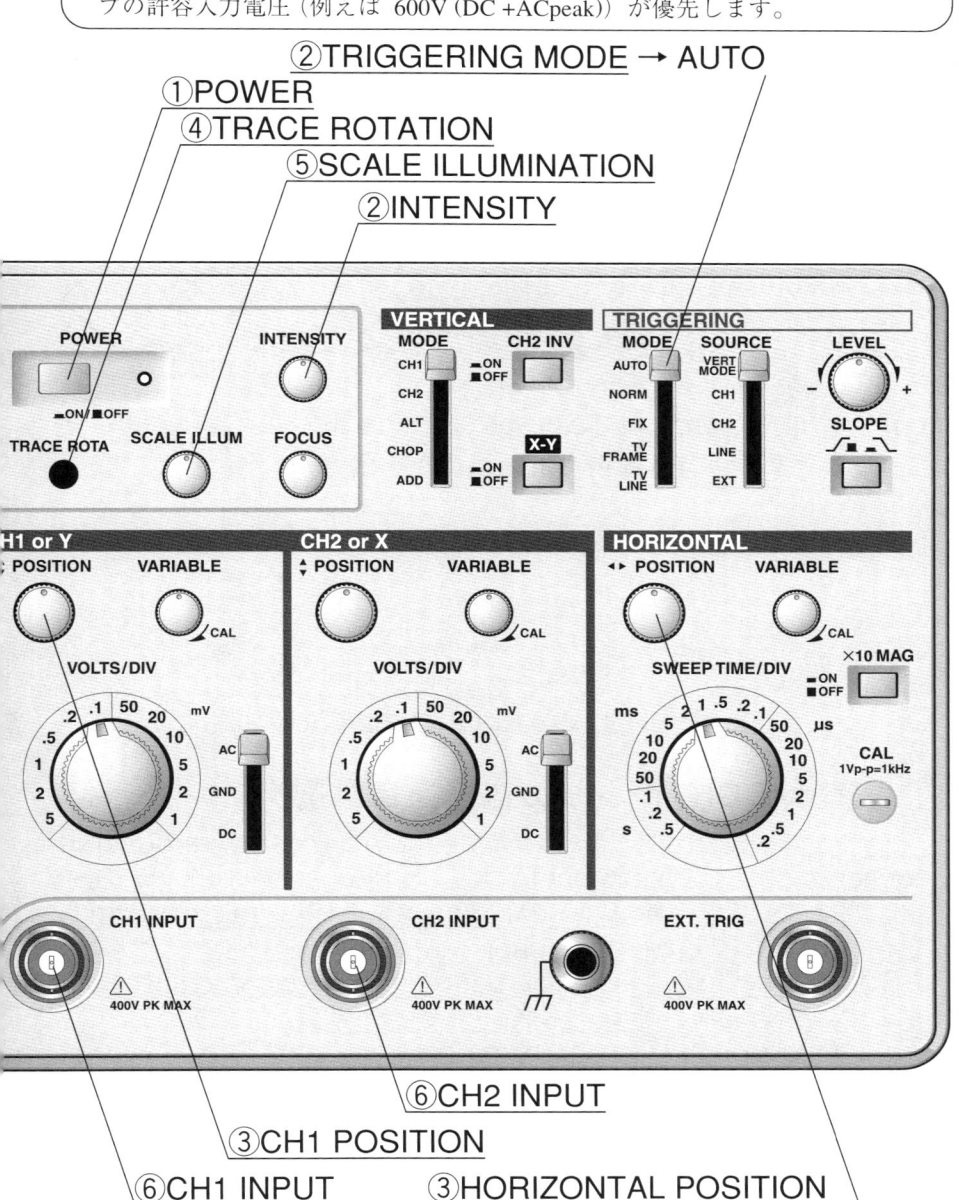

②TRIGGERING MODE → AUTO
①POWER
④TRACE ROTATION
⑤SCALE ILLUMINATION
②INTENSITY

⑥CH2 INPUT
③CH1 POSITION
⑥CH1 INPUT    ③HORIZONTAL POSITION

オシロスコープ入門 **135**

# トリガソースの選択方法

　トリガソースの選択、つまり、どの信号でトリガ信号を発生させるのかは非常に重要です。その選択を間違えればスクリーンの波形は、図11-1のように右また左に流れるように動いてしまいます。

　ただ、最近のオシロスコープはよくできていて、一定の条件のもとでは自動的にトリガ信号が選択されています。

　今回、本書でモデルにしている機種では、この「TRIGGERING SOURCE」を[VERT MODE]にあらかじめ設定しておけば、通常はトリガ信号が適当に選択され静止した波形を見ることができます。

　では、どのような仕組みでこのトリガソースが選択されているのでしょうか、

[図11-1] 同期のはずれた波形

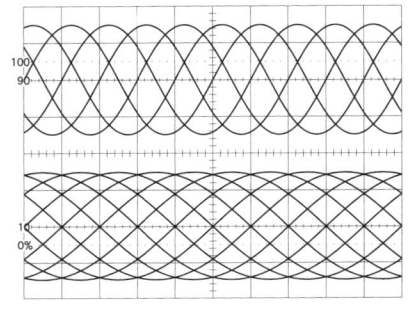

CH1に図11-2 (a)、CH2に図11-2 (b) の信号が入力されたとして説明します。

[図11-2] CH1とCH2の入力信号

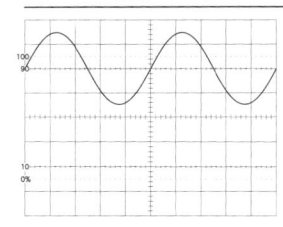

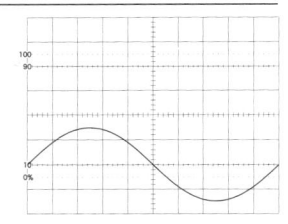

(a) CH1信号（1 kHz）　　(b) CH2信号（500 Hz）

# [VERT MODE]がトリガ信号を自動選択

　トリガ信号をその都度選択するのはわずらわしいことですが、TRIGGERING SOURCEスイッチを[VERT MODE]に設定しておくことで適切なトリガ信号が自動選択されます。つまり、<u>VERTICAL MODEスイッチが[CH1]の時はCH1信号が、[CH2]の時はCH2信号が、[CHOP]の時は[CH1]信号が、それぞれトリガ信号になります。また、[ALT]の時はCH1とCH2が異なる周波数の信号でも各々にトリガがかかり、両方の波形が静止して見えます。</u>

　この[VERT MODE]とVERTICAL MODEスイッチの[CH1]→[CH2]→[ALT]→[CHOP]→[ADD]の組み合わせを図式化しました（図11-3）。

　これから分かることは[VERT MODE]に設定しておくとトリガ・ソースをいちいち選択しなくても、適当なトリガ信号が選ばれています。なお、信号波形が幾重にも重なっている図はトリガしていないことを示しています。

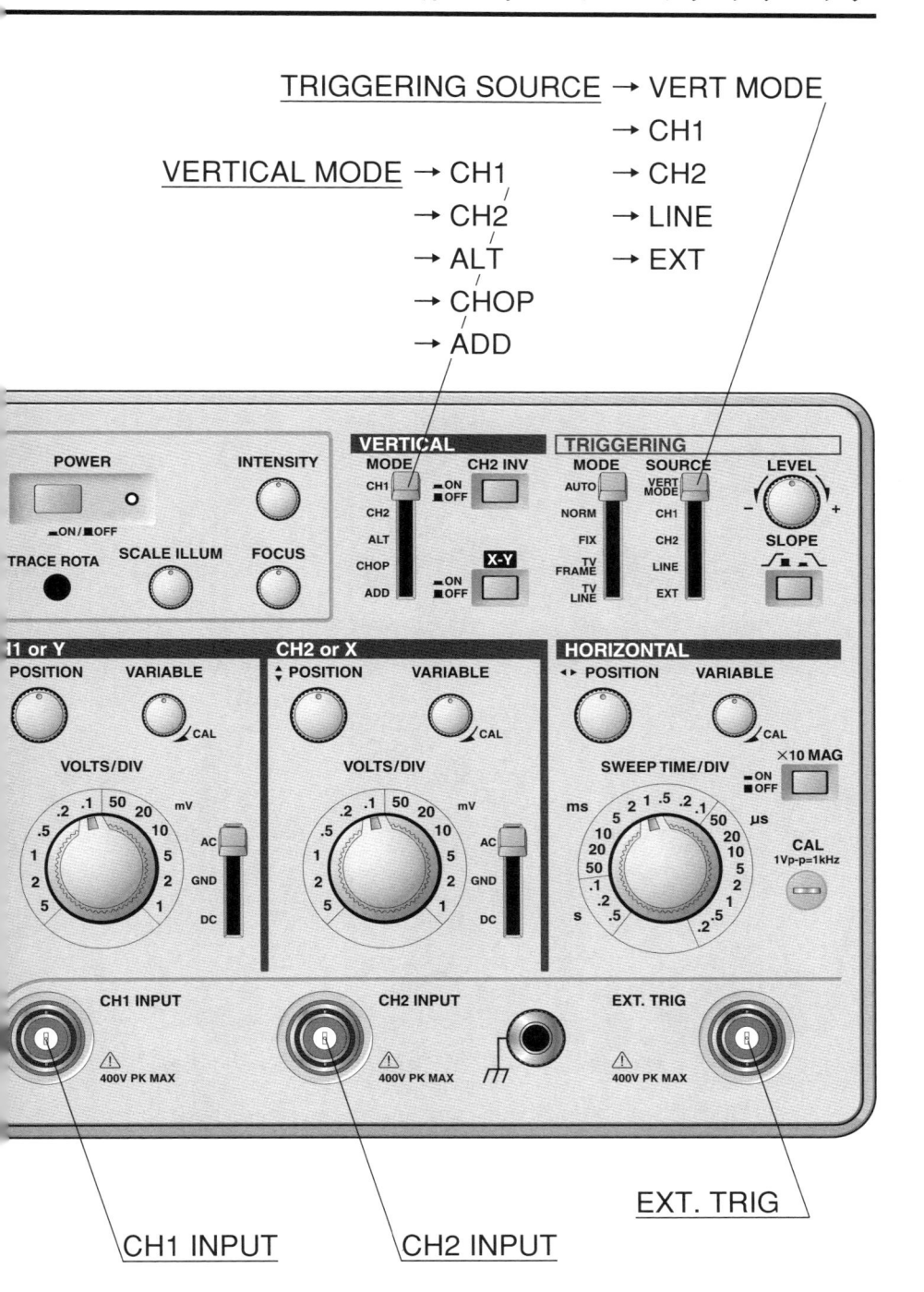

# 第11章 スキルアップ・テクニック

TRIGGERING SOURCE → VERT MODE
　　　　　　　　　　→ CH1
VERTICAL MODE → CH1　→ CH2
　　　　　　　　→ CH2　→ LINE
　　　　　　　　→ ALT　→ EXT
　　　　　　　　→ CHOP
　　　　　　　　→ ADD

CH1 INPUT　　CH2 INPUT　　EXT. TRIG

[図 11-3] [VERTICAL MODE]と[TRIGGERING SOURCE]の組合せ

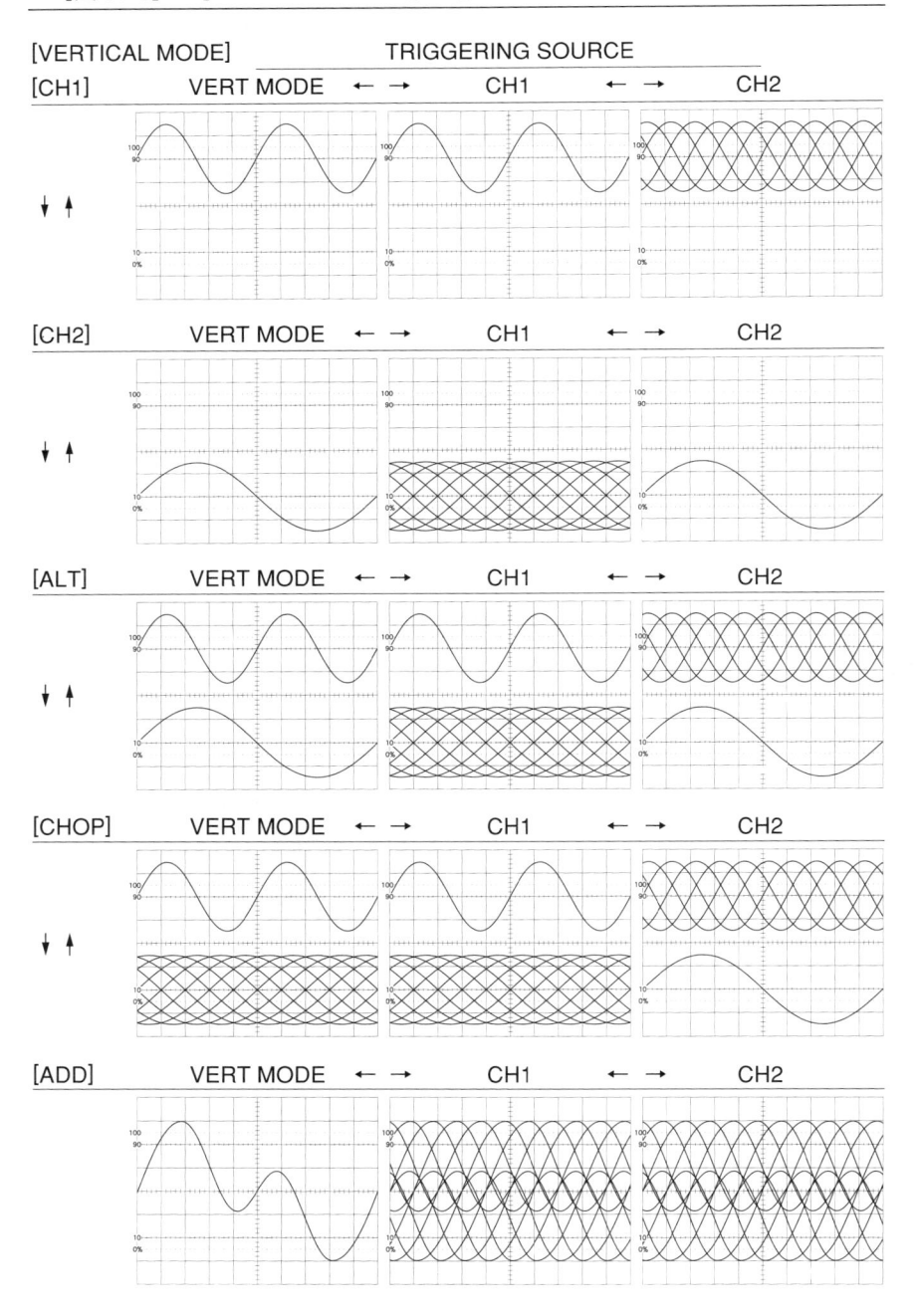

# 第11章 スキルアップ・テクニック

　VERTICAL MODEは、他にVERT MODEやV. MODEなどの表示をしている機種もあり、その機能も微妙に異なっている場合があります。

　当然ながら、TRIGGERING SOURCEスイッチとの連携動作も同じではなく、詳細はその機種の取扱説明書で個々に確認してください。

　TRIGGERING SOURCEスイッチは、これ以外に、[LINE]と[EXT]がありますが、それぞれ以下のようになります。

## [LINE]は電源同期(50 Hz or 60 Hz)専用

　[LINE]は、電源周波数(50 Hz or 60 Hz)自体がトリガ信号になります。現在オシロスコープに通電している商用電源の電源周波数で、スクリーンに見えている波形がこの電源から作られた信号なのか否かを確かめる時にこの[LINE]を使います。

　トリガ・ソースをこの[LINE]に切り替えた時に、波形がトリガすれば(静止すれば)、電源周波数に起因する信号であることが確認できます。

## [EXT]は外部信号でトリガ

　[EXT]は、EXT. TRIG端子に入力した信号でトリガ信号を発生させます。

　EXT. TRIG端子の入力信号電圧がトリガに必要な電圧に満たない場合には、スクリーンの波形が図11-4のように、幾重にも重なって見えますが、TRIGGERING MODEスイッチが[NORM]になっていると波形自体が消えて何も表示されません。

[図11-4] トリガしていない波形

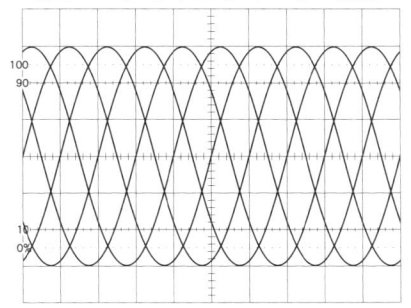

---

**Hint**　　　　トリガ信号の自動選択は便利？

　図11-3によるとTRIGGERING SOURCEスイッチを[VERT MODE]にしておけば2信号ともにトリガがかかり、万事上手くいくように思われがちですが、実はそうではありません。

　2信号相互の時間差や位相差などを測定する場合には、どちらかのチャンネルの信号を基準信号にする必要があります。そのような場合に、TRIGGERING SOURCEスイッチを[CH1]あるいは[CH2]に切り替え、基準信号のチャンネルからトリガ信号を取り込みます。

# ✕10MAG の測定

「✕10MAG」スイッチによる測定（掃引拡大）はワンタッチでできるため便利です。しかし、「SWEEP TIME/DIV」スイッチで掃引時間を速くする方法と波形拡大の仕組みが異なるため、その動作を理解しておく必要があります。

「SWEEP TIME/DIV」スイッチを右にワン・ツウ・スリーと3ステップ回すと掃引時間は0.1倍になります。つまり、3ステップ毎に波形は水平方向に10倍拡大されることになります。

## ✕10MAG と SWEEP TIME/DIV の測定は同じか？

現在、図11-5（a）のような波形（10周期）が見えている時に、「SWEEP TIME/DIV」スイッチを右に3ステップ回すと、図11-5（b）のように1周期の波形になり、水平方向に10倍されたことが分かります。

［図11-5］「SWEEP TIME/DIV」スイッチによる拡大

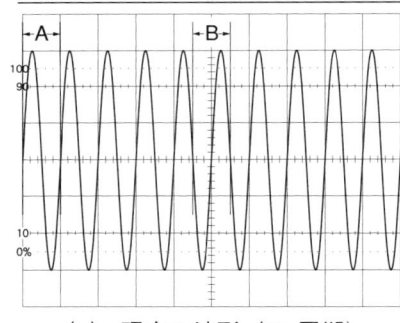

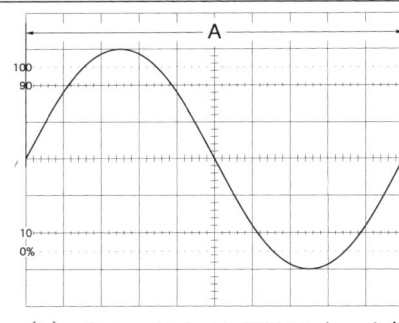

(a) 現在の波形（10周期）　　(b) SWEEP TIME/DIV スイッチを3ステップ右に回す

では、同じ状態（図11-5（a））から、

> 「✕10MAG」スイッチを［ON］にするとどうなるでしょうか？

波形はスクリーンの中央から左右方向に10倍拡大され、図11-6のように、波形の中央部分（10％分）だけが見えています。

この例では、たまたま位相が反転しているような波形ですが、波形の左端（スクリーン外）のトリガのかかる位置で中央部分（スクリーン内）の見え方が決まります。

図11-6　拡大された波形の中央部分

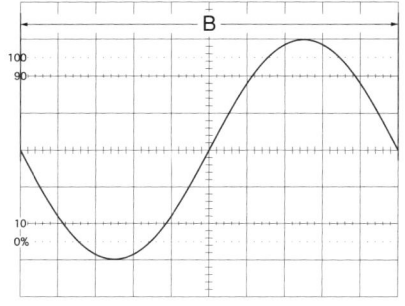

## 第11章 スキルアップ・テクニック

SWEEP TIME/DIV

×10MAG → ON or OFF

オシロスコープ入門 **141**

# ×10MAG と SWEEP TIME/DIV の動作の違いは？

- 「SWEEP TIME/DIV」スイッチの場合→ 波形の左端から10倍拡大
- 「×10MAG」スイッチの場合→ スクリーンの中央から10倍拡大

同じ波形が繰り返す正弦波の場合は、両方とも同じように見えます。では、

> 図11-7（a）のような減衰振動の波形の場合はどうでしょうか？

「SWEEP TIME/DIV」スイッチで3ステップ右に回し拡大すると、波形の左端から1 div幅の部分だけが10倍（図11-7（b））になり、それより右の9 div幅の部分はスクリーンから右の外へ逃げてしまい見ることができません。

[図11-7]「SWEEP TIME/DIV」スイッチによる拡大

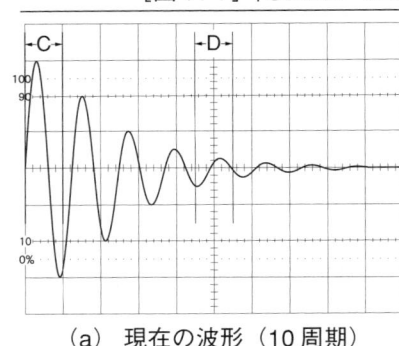

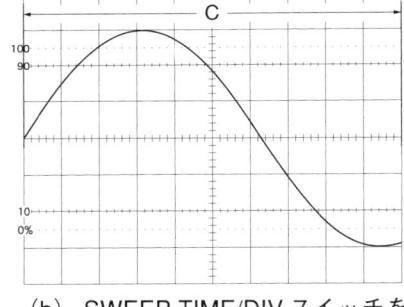

(a) 現在の波形（10周期）　　(b) SWEEP TIME/DIV スイッチを3ステッ右に回す

> 同じ波形を「×10MAG」で見た場合はどうでしょうか？

図11-8のように、スクリーン中央を基点に全体を水平方向に10倍するため、HORIZONTAL POSITIONノブを左右に回せば波形の左端から右端まで全て見られます。

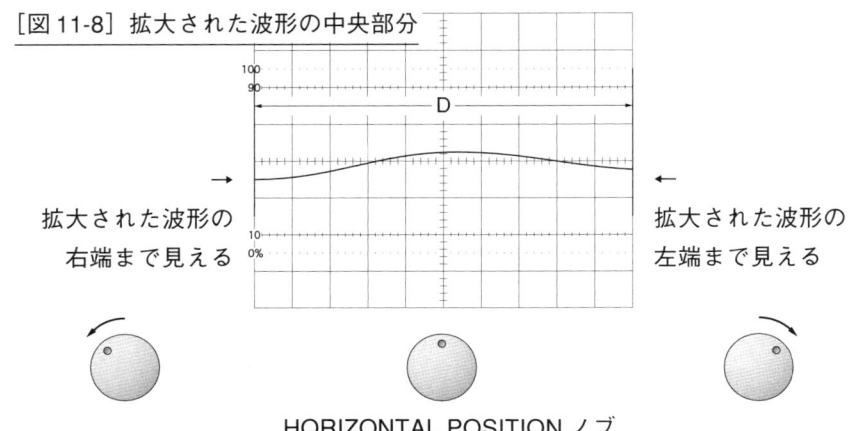

[図11-8] 拡大された波形の中央部分

拡大された波形の右端まで見える　　　　拡大された波形の左端まで見える

HORIZONTAL POSITIONノブ

第11章 スキルアップ・テクニック

[図11-9] 「×10MAG」と「SWEEP TIME/DIV」それぞれの波形表示

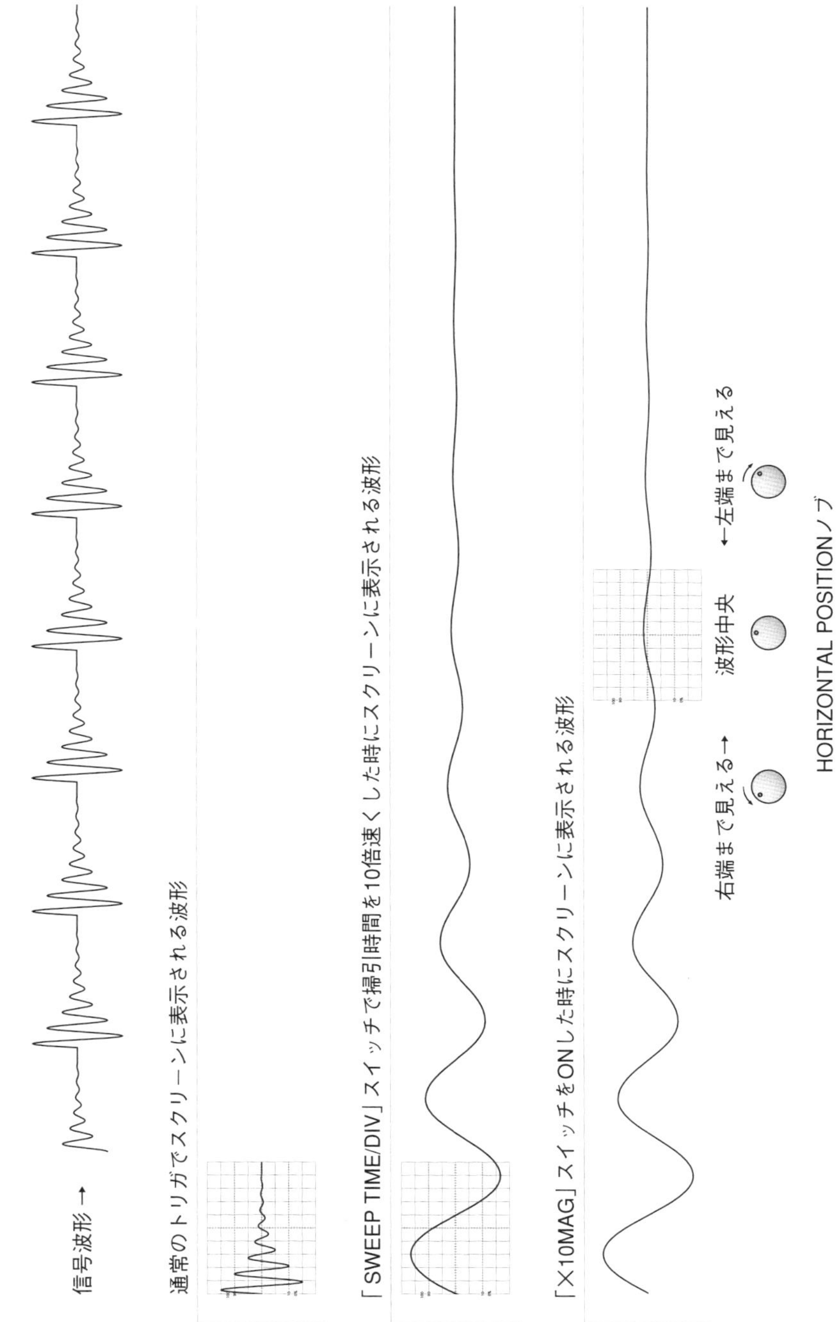

信号波形→

通常のトリガでスクリーンに表示される波形

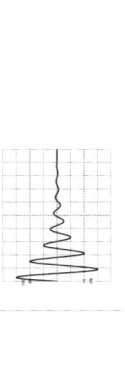

「SWEEP TIME/DIV」スイッチで掃引時間を10倍速くした時にスクリーンに表示される波形

「×10MAG」スイッチをONした時にスクリーンに表示される波形

←左端まで見える
波形中央
右端まで見える→

HORIZONTAL POSITIONノブ

オシロスコープ入門　143

# 方形波やパルス波の測定

方形波やパルス波をスクリーンで見ると、図11-10のように、どちらも定規で引いたような直線的な形をしています。

しかし、水平方向に拡大して見てみると、直角に立ち上がる（あるいは立ち下がる）ように見えていた部分も、傾斜していることがわかります。

方形波やパルス波を取り扱う場合に、図11-11のように、この立上り時間（あるいは立下り時間）やパルス幅などの扱いがたいへん重要になってきます。

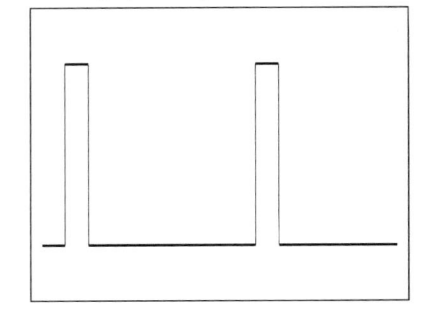

正弦波のように、振幅や周期を測るだけでは不十分です。測定前に、このような波形独自の重要なポイントを知っておく必要があります。

方形波やパルス波と言っても、実際には斜線部分あり、曲線部分ありの波形で、下図は波形の各部分をどのように定義しているかを示しています。

［図11-10］パルス波形

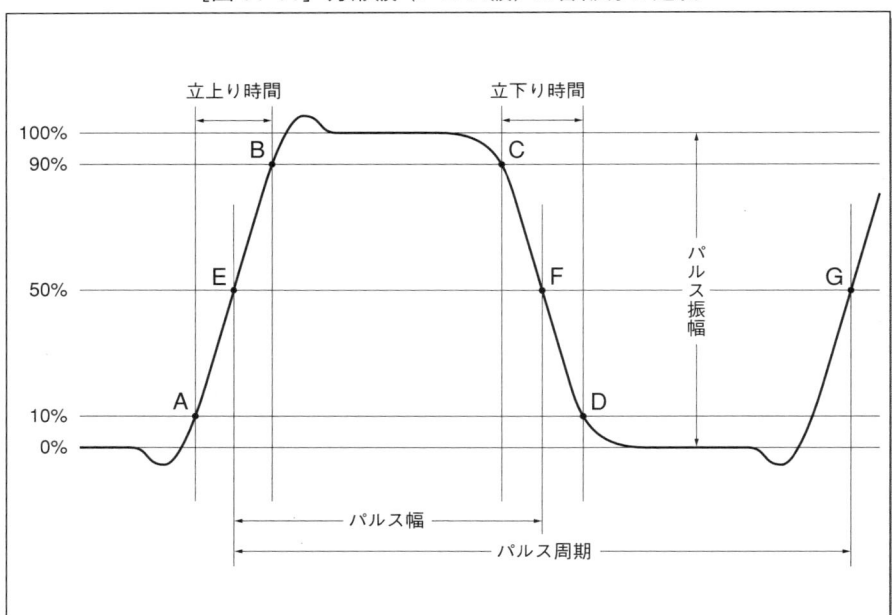

［図11-11］方形波（パルス波）の各部分の定義

# 第11章 スキルアップ・テクニック

## 方形波、パルス波の各部分の定義

図11-11のA,B,C,D,E,F,G点の相互の時間間隔（または電圧）により以下のように波形の各部が定義されます。なお、図11-12はスクリーン上での波形の位置関係です。

パルス振幅 ................ 振幅0%から100%までの距離（Vp-p）
パルス幅(E～F) ........ 振幅50%ラインを横切る時間（秒）
立上り時間(A～B) .... 振幅10%から90%までに要する時間（秒）
立下り時間(C～D) .... 振幅90%から10%までに要する時間（秒）
パルス周期(E～G) ... 1サイクルに要する時間（秒）

［図11-12］スクリーン上での波形の位置関係

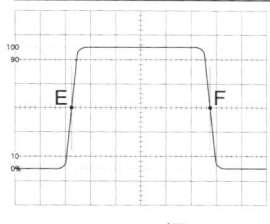

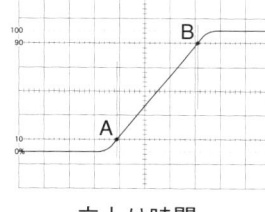

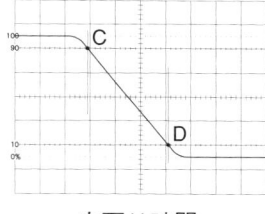

| パルス幅 | 立上り時間 | 立下り時間 |

## スクリーンの目盛

図11-13のように、多くのオシロスコープの目盛には、方形波やパルス波の測定に必要な0%、10%、90%、100%のラインの目印が左端に付いています。

① 0%と100%に振幅を合わせる

方形波やパルス波の立上り時間やパルス幅を測定する時に、振幅をVOLTS/DIVスイッチとVARIABLEノブで0%と100%ラインに合わせると、この目盛が有効になります。

⇩

② 上下幅5 divを100%とする

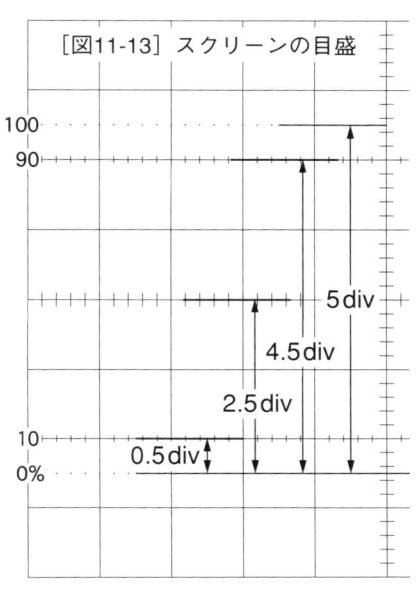

中央から上2.5 div ... 100%目盛
中央から上2.0 div .... 90%目盛
中央 .......................... 50%目盛
中央から下2.0 div ..... 10%目盛
中央から下2.5 div ....... 0%目盛

これは5 div=100%として10%=0.5 div、90%=4.5 divと単純に求めています。

［図11-13］スクリーンの目盛

オシロスコープ入門 145

## 立上り時間の測定

波形の振幅が 10 % から 90 % まで立ち上がりに要する時間を測定します。

① 方形波を入力する

　まず、AC-GND-DC スイッチを［DC］、TRIGGERING LEVEL は 12 時方向、TRIGGERING SLOP は［＋］を確認し、図 11-14 のような方形波を CH1 INPUT へ入力します。

[図 11-14]　方形波

⇩

② 振幅を 5 div にする

　CH1 VOLTS/DIV スイッチと CH1 VARIABLE ノブで波形の振幅を 5 div にします。

⇩

③ 0 % と 100 % の目盛に合わせる

　CH1 POSITION ノブで波形を移動し、図 11-15 のように、0 % と 100 % の目盛に波形の上下を合わせます。

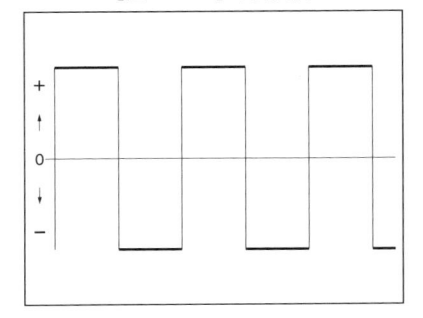

[図 11-15]　波形の上下を合わせる

⇩

④ 波形を水平方向に拡大する

　SWEEP VARIABLE ノブは右に回しきった［CAL］にセットします。

　次に SWEEP TIME/DIV スイッチを回し、図 11-16 のように、波形が 90 % ラインを横切る点（B 点）がスクリーン内で一番右に寄るレンジに設定します。

⇩

⑤ 10 % から 90 % のラインを横切る距離を測定する

　図 11-16 のように、波形が水平目盛の 10 % と 90 % のラインを横切る A 点と B 点の水平距離を目盛から読みとります。

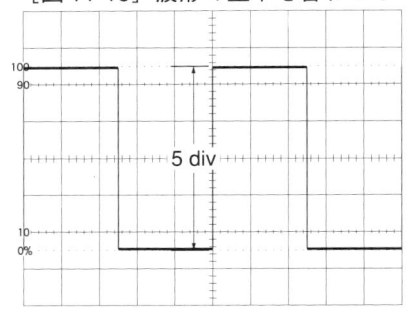

[図 11-16]　A 点と B 点の水平距離

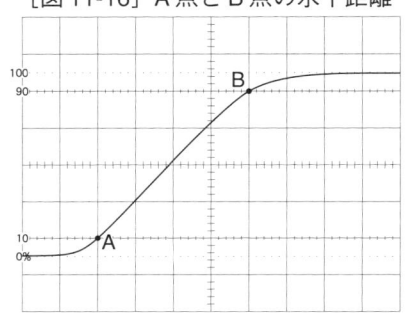

⇩

**146**　オシロスコープ入門

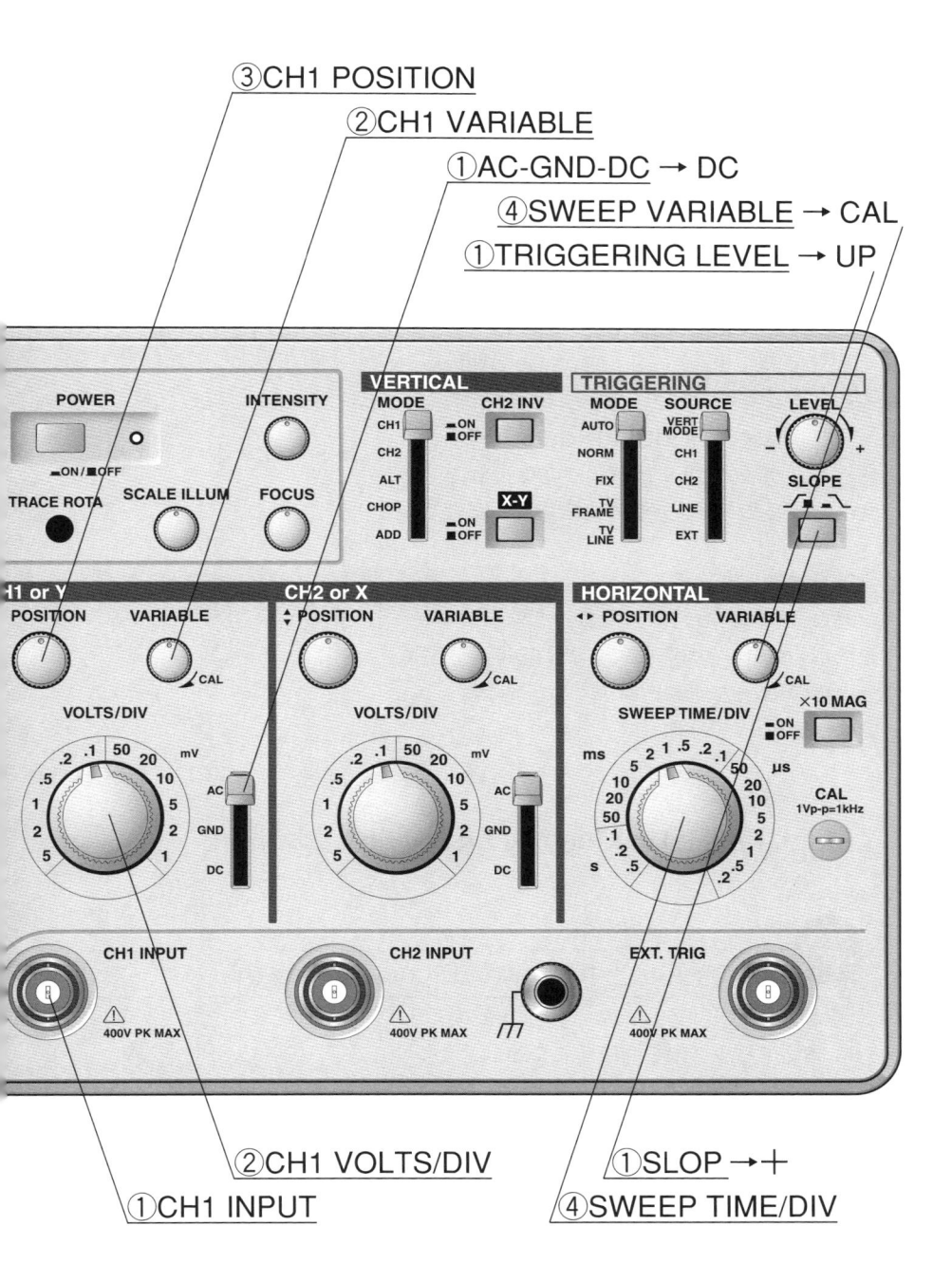

## 第11章 スキルアップ・テクニック

③CH1 POSITION
②CH1 VARIABLE
①AC-GND-DC → DC
④SWEEP VARIABLE → CAL
①TRIGGERING LEVEL → UP

②CH1 VOLTS/DIV
①CH1 INPUT
①SLOP → ＋
④SWEEP TIME/DIV

オシロスコープ入門 **147**

⇩
⑥立上り時間を計算する

　図11-17のように、A点とB点との距離が（X div）とすると、立上り時間は、その時のSWEEP TIME/DIVスイッチの設定値［Y s/DIV］を乗じて、

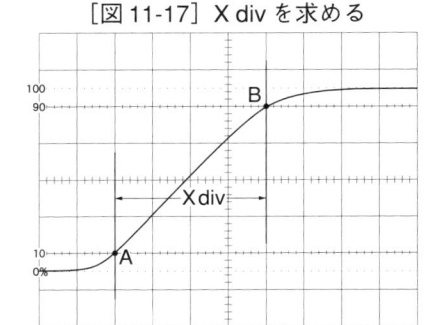

[図11-17] X div を求める

立上り時間（秒）は、

**立上り時間 (s) = X(div) × Y(s/div)** となります。

## 立下り時間の測定

　立下り時間はTRIGGERING SLOPを［－］にして90%から10%までの時間を、立上り時間と同様の方法で測定します。

⇩
⑦立下り時間を計算する

　図11-18のように、C点とD点との水平距離が（X div）とすると、立下り時間は、その時のSWEEP TIME/DIVスイッチの設定値［Y s/DIV］を乗じて、

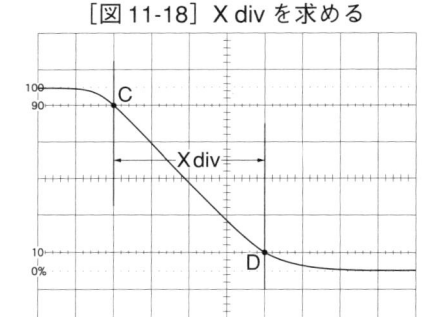

[図11-18] X div を求める

立下り時間（秒）は、

**立下り時間 (s) = X(div) × Y(s/div)** となります。

---

**Hint　　立上り（立下り）時間やパルス幅が測定できない？**

　信号遅延ケーブルが内蔵されていないオシロスコープでは、立上り（立下り）時間やパルス幅を測定することはできません。

　オシロスコープの取扱説明書やカタログで、定格欄の垂直軸の項目に、「信号遅延時間」の記述があればOKです（なお、ここで説明のモデルにしている機種には信号遅延ケーブルがありませんが、測定方法としての手順を記述していますのでご了承ください）。

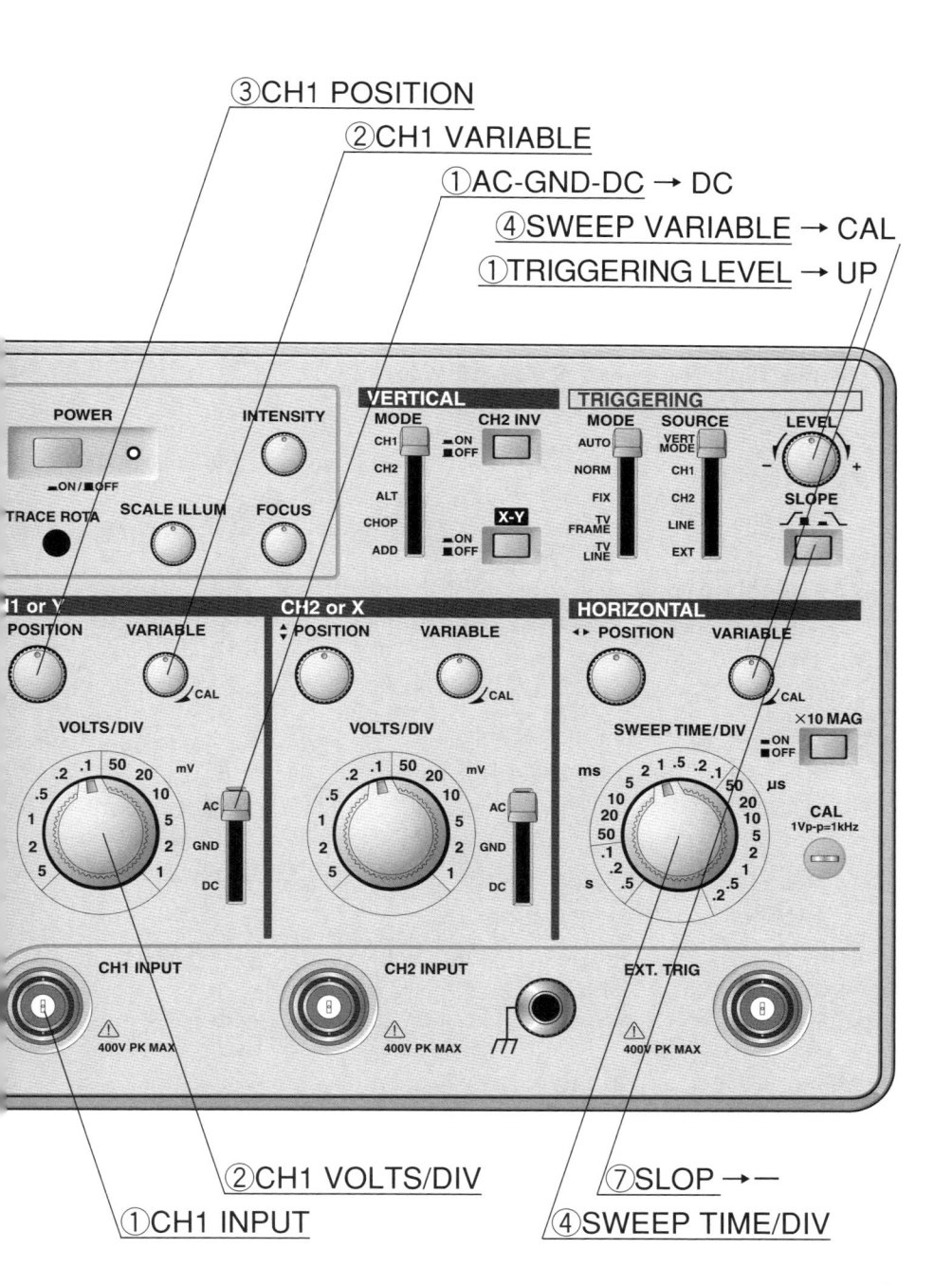

# 第11章 スキルアップ・テクニック

③CH1 POSITION
②CH1 VARIABLE
①AC-GND-DC → DC
④SWEEP VARIABLE → CAL
①TRIGGERING LEVEL → UP

②CH1 VOLTS/DIV
①CH1 INPUT
⑦SLOP → ―
④SWEEP TIME/DIV

オシロスコープ入門 **149**

## パルス幅の測定

パルス幅は立ち上がりと立ち下がりの50％ラインの距離で測定します。

⑧ 波形を目盛に合わせる

「立上り時間の測定」のページの①②③の手順で進み（図11-19）、次に、SWEEP VARIABLEノブが［CAL］にあることを確認します。

⇩

⑨ 半周期から1周期以内を表示させる

SWEEP TIME/DIVスイッチを回し、図11-20のように、波形が50％ラインを横切るF点が、スクリーン内で一番右に寄るレンジに設定します。

⇩

⑩ 50％ラインを横切る距離を測る

まず、振幅が5 divで、0％と100％の目盛に波形の上下が合っていることを確認します。

図11-20のように、波形の立ち上がり部分と立ち下がり部分が50％（中央線）ラインと交差するE点とF点の水平距離を目盛から読みとります。

⇩

⑪ パルス幅を計算する

図11-21のように、E点とF点との距離が（X div）とすると、パルス幅は、その時のSWEEP TIME/DIVスイッチの設定値［Y s/DIV］を乗じて、

［図11-19］波形の上下を合わせる

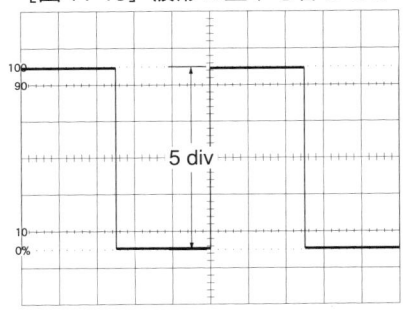

［図11-20］E点とF点の水平距離

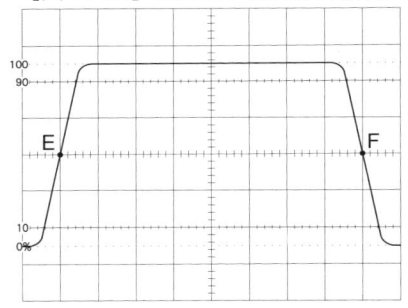

［図11-21］X divを求める

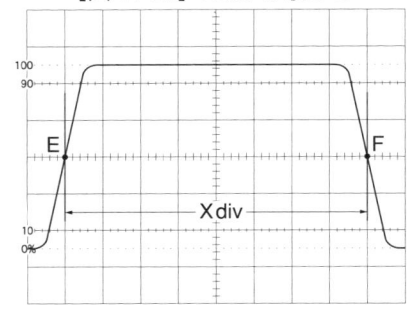

パルス幅（秒）は、

**パルス幅 (s) = X(div) × Y(s/div)**　となります。

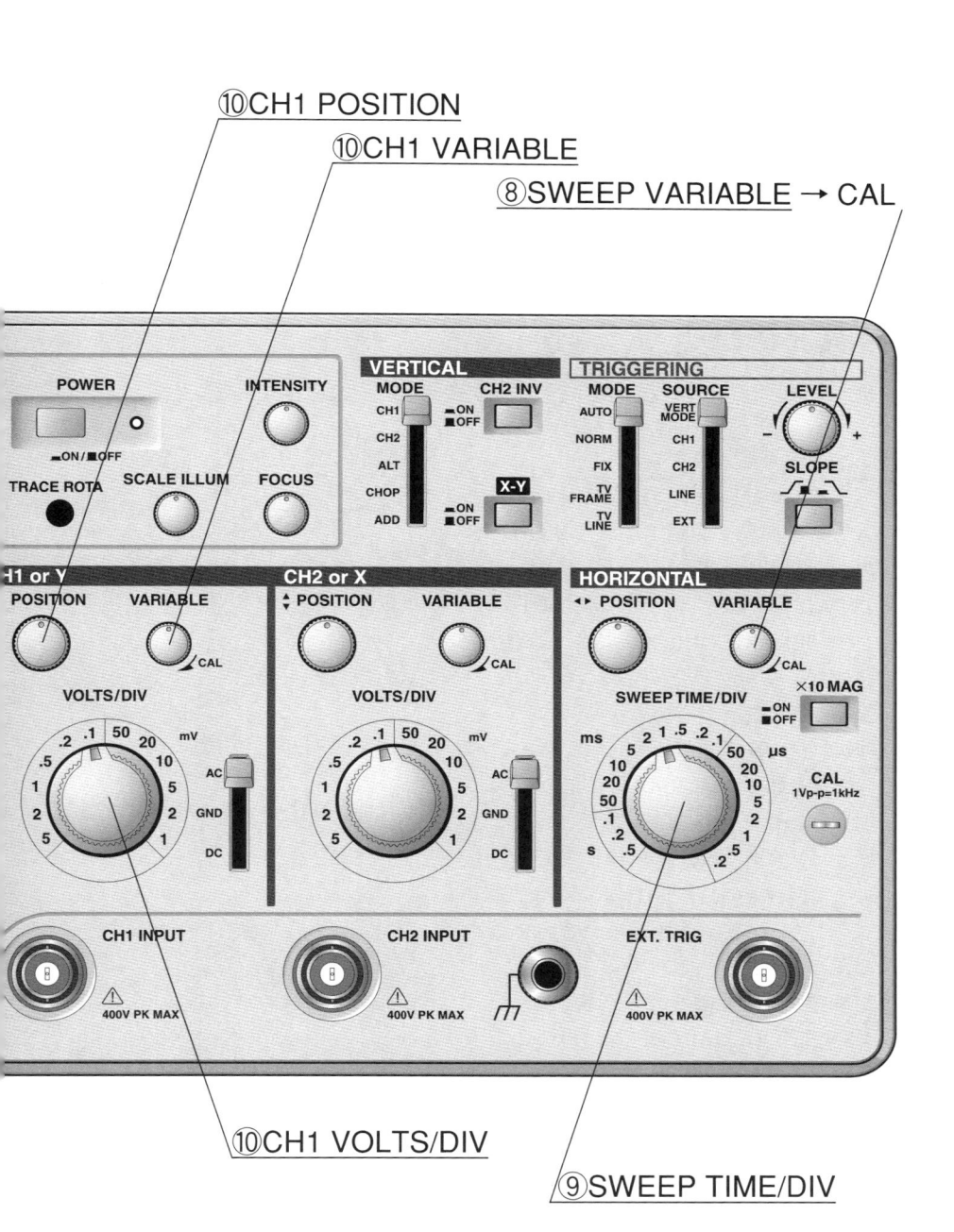

# 第11章 スキルアップ・テクニック

⑩CH1 POSITION

⑩CH1 VARIABLE

⑧SWEEP VARIABLE → CAL

⑩CH1 VOLTS/DIV

⑨SWEEP TIME/DIV

オシロスコープ入門 **151**

# 2信号の時間差と位相差の測定

　二つの信号間の時間差や位相差は、2現象オシロスコープを使えば簡単に測定することできます。特に注意しなければならないことは、今までの説明では、わずらわしいトリガ・ソースの選択を回避するためTRIGGERING SOURCEを［VERT MODE］にしていました。

　しかし、二つの信号間の時間差や位相差の測定は、基準にする信号によりトリガさせる必要があります。それ故、TRIGGERING SOURCEを［CH1］（または［CH2］）に設定しておくことがポイントになります。

## 2信号の時間差の測定

　例として、二つの信号の間に同期関係がある場合の時間差を測定します。

① 二つの信号を入力する

　まず、基準になる信号をCH1 INPUTへ入力、時間差を測定する信号をCH2 INPUTへそれぞれ信号を入力します。VERTICAL MODEスイッチを［ALT］に、TRIGGERING SOURCEスイッチは［CH1］に設定します。

［図11-22］波形の上下を合わせる

⇩

② 振幅を6 div にする

　CH1とCH2 VOLTS/DIVスイッチおよびCH1とCH2 VARIABLEノブで、図11-22のように、波形の振幅を6 divに調節します。
　次にCH1とCH2 POSITIONノブで波形のピークを+3 divと-3 div目盛に合わせます。

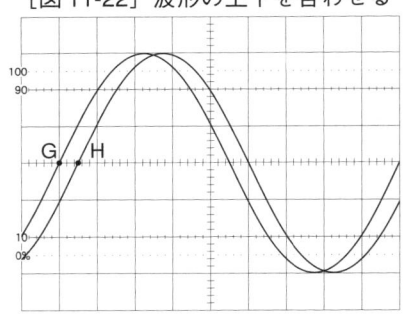

［図11-23］H点を右寄りにする

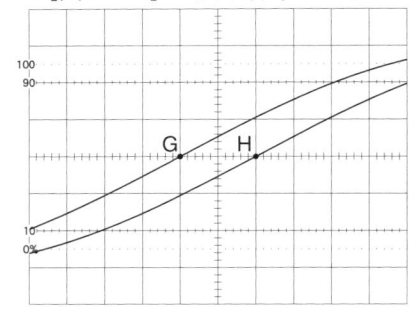

⇩

③ 時間差を測る距離を大きく取る

　SWEEP VARIABLEノブは［CAL］にセットし、SWEEP TIME/DIVスイッチを回し、図11-23のように、CH2の波形の立ち上がり部分が50％ラインを横切る点(H点)がスクリーン内で一番右に寄るレンジに設定します。

⇩

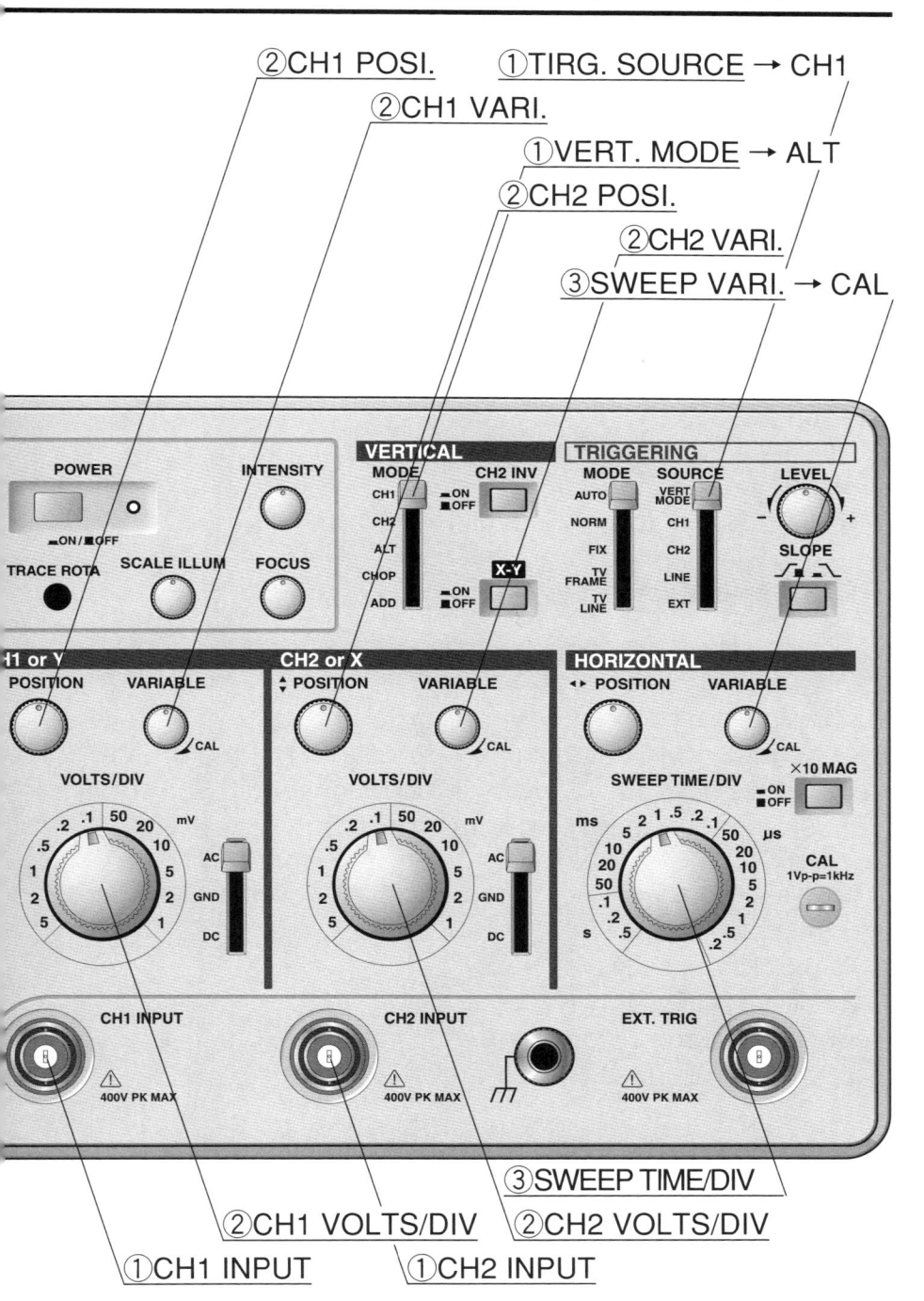

# 第11章 スキルアップ・テクニック

②CH1 POSI.
①TIRG. SOURCE → CH1
②CH1 VARI.
①VERT. MODE → ALT
②CH2 POSI.
②CH2 VARI.
③SWEEP VARI. → CAL

③SWEEP TIME/DIV
②CH1 VOLTS/DIV ②CH2 VOLTS/DIV
①CH1 INPUT ①CH2 INPUT

オシロスコープ入門 **153**

⇩
④ 50％のラインを横切る距離を測定する

　図11-24のように、50％ラインでそれぞれの波形の立ち上がり部分G点とH点の水平距離を目盛から読みとります。

［図11-24］G点とH点の水平距離

⇩
⑤ パルス幅を計算する

　図11-24で、G点とH点との距離が（X div）とすると、時間差は、その時のSWEEP TIME/DIVスイッチの設定値［Y s/DIV］を乗じて、

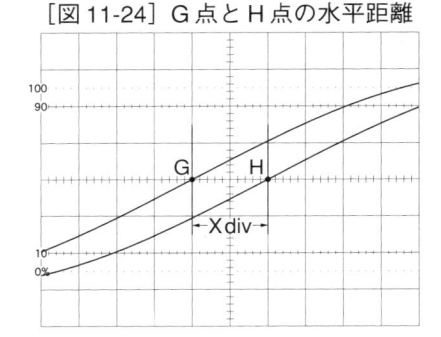

　　時間差（秒）は、
　　**時間差 (s) = X(div) × Y(s/div)**　となります。

## 2 信号の位相差の測定

例として、周波数が同じ二つの信号の位相差の測定します。

① 二つの信号を入力する

　まず、基準になる信号をCH1 INPUTへ入力、位相差を測定する信号をCH2 INPUTへそれぞれ信号を入力します。VERTICAL MODEスイッチを［ALT］に、TRIGGERING SOURCEスイッチは［CH1］に設定します。

⇩
② 振幅を6 divにする

　CH1とCH2のVOLTS/DIVスイッチおよびCH1とCH2のVARIABLEノブで波形の振幅を6 divに調節し、図11-25のように、CH1とCH2のPOSITIONノブで波形のピークを+3 divと−3 div目盛に合わせます。

⇩

［図11-25］波形の上下を合わせる

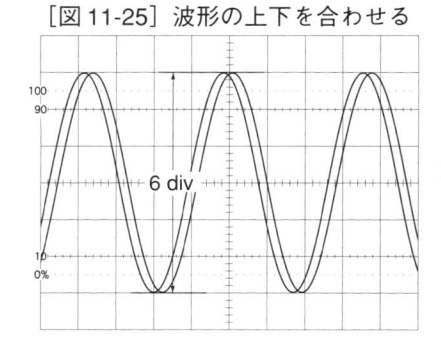

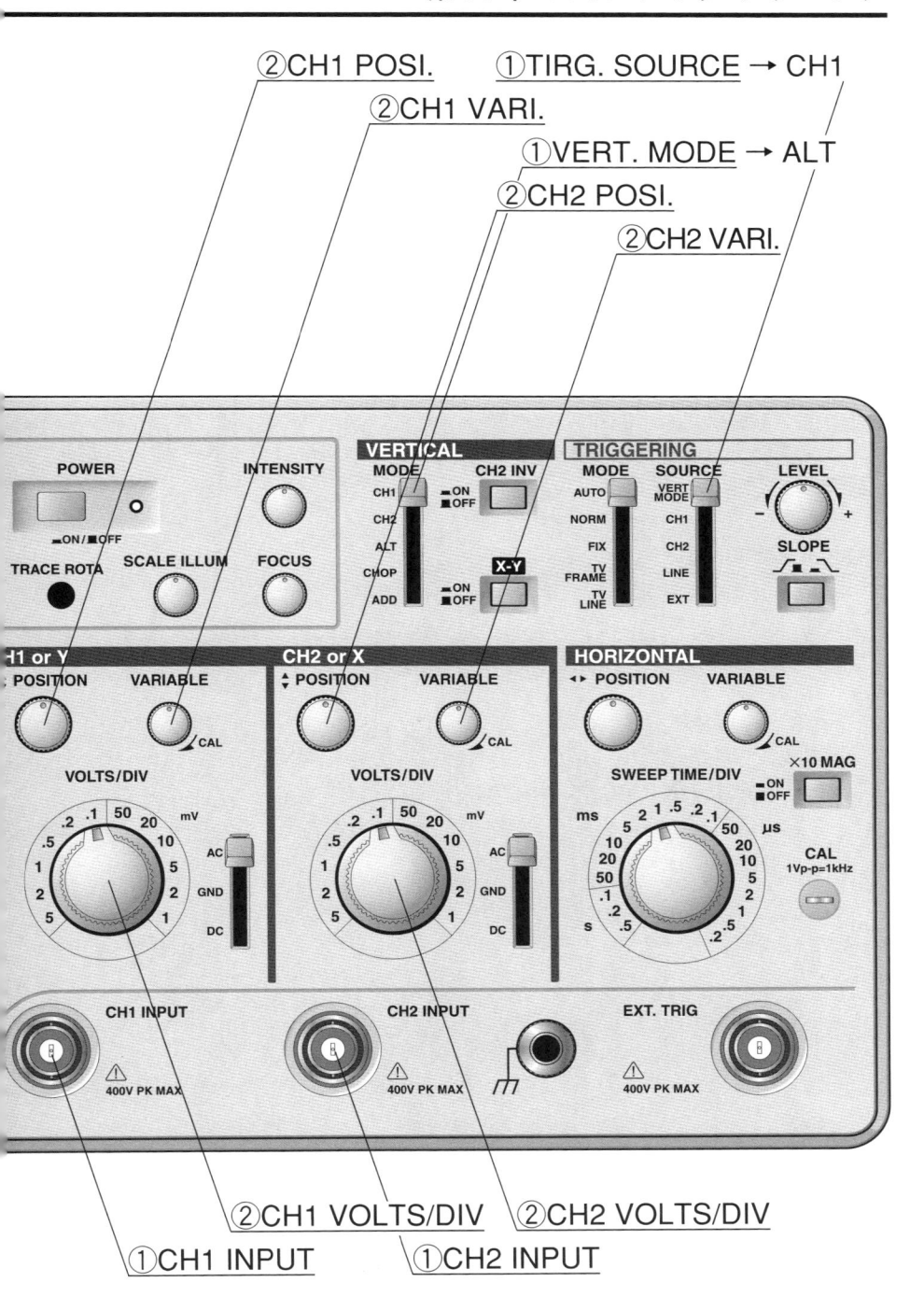

# 第11章 スキルアップ・テクニック

②CH1 POSI.　　①TIRG. SOURCE → CH1
②CH1 VARI.
　　　　　　①VERT. MODE → ALT
②CH2 POSI.
②CH2 VARI.

②CH1 VOLTS/DIV　②CH2 VOLTS/DIV
①CH1 INPUT　　①CH2 INPUT

オシロスコープ入門　**155**

⇩
③ 360°に相当する距離を設定する

　SWEEP VARIABLEノブとSWEEP TIME/DIVスイッチを回し、図11-26のように、CH1の波形の1周期を8 divに設定します。

　（8 div = 360°に相当します）

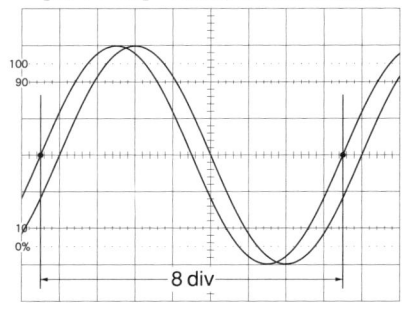

⇩
④ 50％のラインを横切る距離を測定する

　図11-27で、パルス幅の測定のように50％（中央線）ラインとそれぞれの波形が交差するJ点とK点の水平距離を目盛から読みとります。

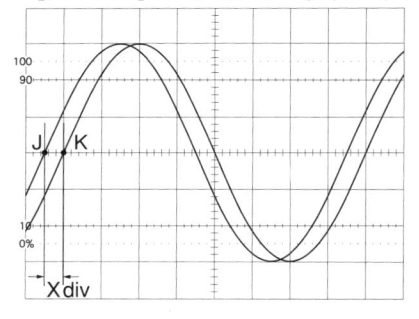

⇩
⑤ 位相差を計算する

　8 div = 360°と設定していますから、45°/divになります。

　J点とK点との距離が（X div）とすると、

　位相差（°）は、

　**位相差 (°) = X(div) × 45(°/div)** となります。

[図11-26] 1周期を8divに設定

[図11-27] J点とK点の水平距離

---

**Hint**　　　　時間の測定で注意すること

　立上り時間、立下り時間、パルス幅など、時間を測定する時には、必ず、SWEEP VARIABLEノブを［CAL］にセットしておきます。

# 第11章 スキルアップ・テクニック

③SWEEP VARIABLE

③SWEEP TIME/DIV

# 2信号の和と差の測定

CH1とCH2に入力された信号電圧の加算（足し算をする）と減算（引き算をする）の方法を説明します。

応用方法として、例えば、ステレオ・アンプの左右チャンネルの増幅度や周波数特性が同じになっているか調べる時などにはとても便利です。

また、オシロスコープの両チャンネルの減衰器や増幅度、周波数特性などが一致しているかどうかも調べることができます。

この「和」と「差」の測定は、ノブやスイッチ類の設定位置がほとんど同じで、CH2 INVスイッチが［ON］か［OFF］かで切り替わります。

## 2信号の和の測定

①交流信号を入力する

　最初にCH1とCH2のVARIABLEノブを［CAL］の位置にセット、VERTICAL MODEスイッチを［ALT］にします。

　次に、信号発生器から図11-28のような信号をCH1とCH2のINPUT端子へ同時に入力します。

⇩

② 波形の振幅を3 divにする

　CH1とCH2のVOLTS/DIVスイッチを同じレンジにセットした後、信号発生器の出力減衰器を一番絞った状態から徐々に上げ、波形の振幅を3 divにします。

⇩

③波形を2周期位にする

　次にSWEEP TIME/DIVスイッチとSWEEP VARIABLEノブで2周期位の波形を表示（図11-29）させます。

⇩

［図11-28］入力信号

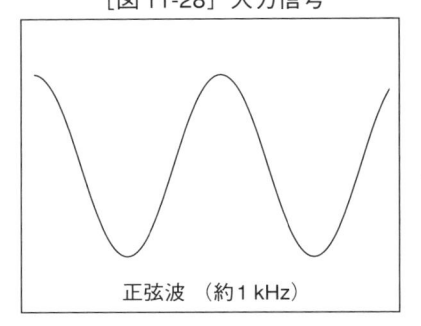

正弦波　（約1 kHz）

［図11-29］2周期位の波形を表示

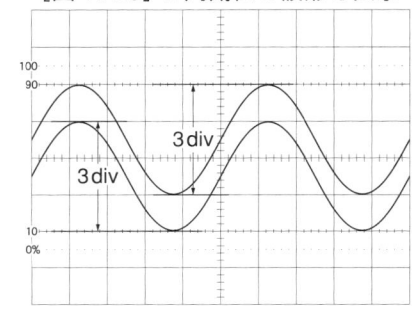

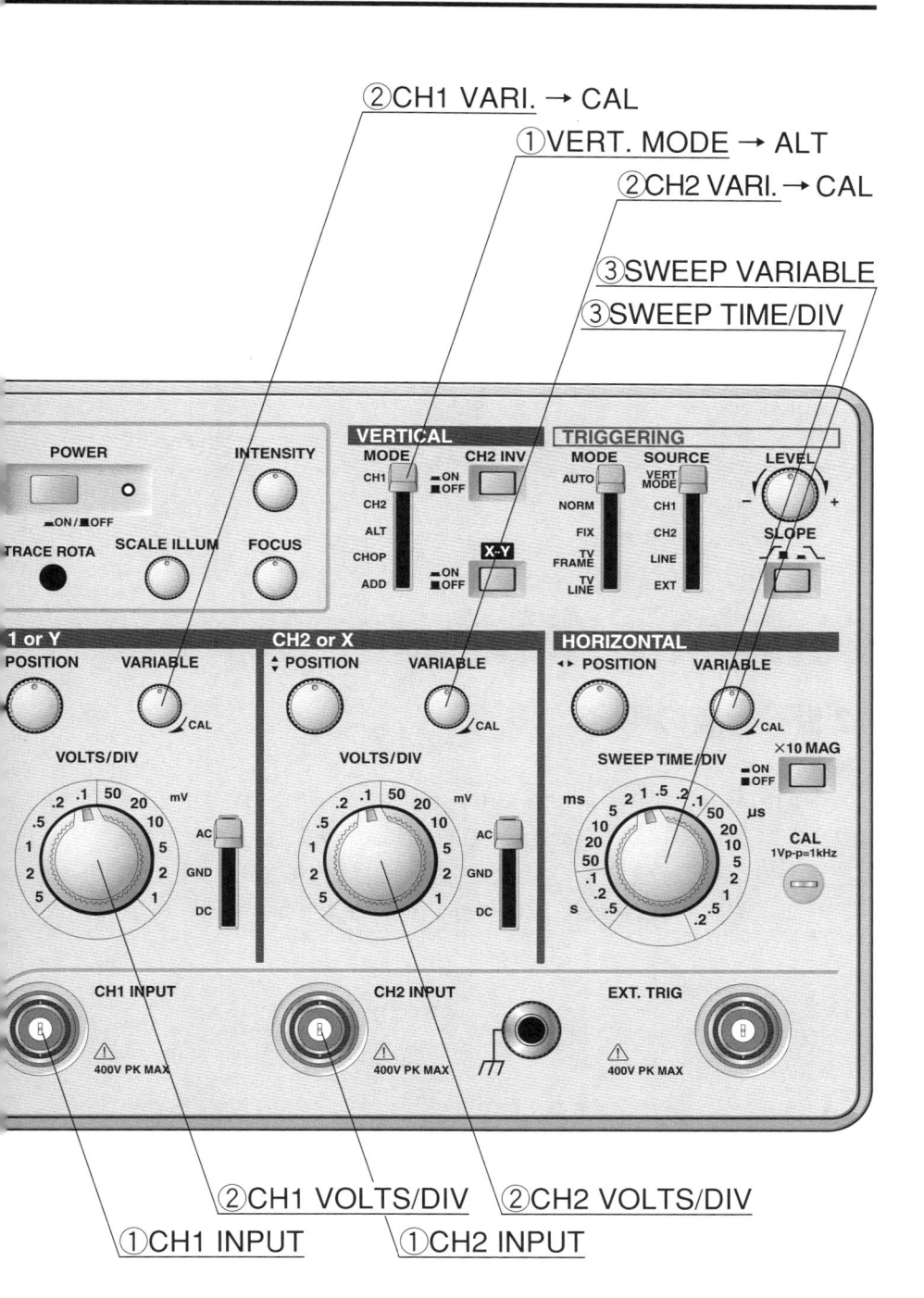

# 第11章 スキルアップ・テクニック

②CH1 VARI. → CAL
①VERT. MODE → ALT
②CH2 VARI. → CAL
③SWEEP VARIABLE
③SWEEP TIME/DIV

②CH1 VOLTS/DIV　②CH2 VOLTS/DIV
①CH1 INPUT　①CH2 INPUT

オシロスコープ入門　**159**

⇩
④ CH1 と CH2 の波形が重ならないように上下に離す

　CH1 と CH2 の POSITION ノブをそれぞれ回して、図 11-30 のように、二つの波形が重ならないように、CH1 を上へ CH2 を下へ移動させます。

⇩

⑤ 加算します

　VERTICAL MODE スイッチを［ALT］から［ADD］(addition:加算の略)に切り替えます。

　図 11-31 のように、表示波形が一つになり振幅が 2 倍になりました。

　この例では、同じ信号（電圧も位相も同じ）による足し算ですから、単純明快に振幅だけが 2 倍になってプラスされたのが確認できます。

⇩

[図 11-30] 二つの波形を上下に

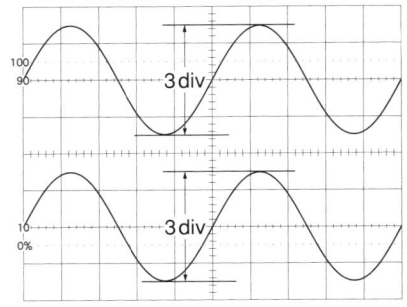

[図 11-31] 加算された波形

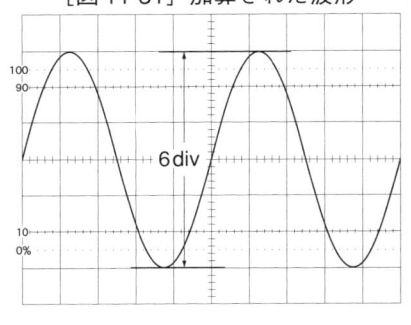

## 2 信号の差の測定

⑥ 減算します

　VERTICAL MODE スイッチを［CH2］に切り替え、CH2 INV スイッチを［ON］にすると、図 11-32 (a) の波形が図 11-32 (b) に変わります。これは引き算と言っても、CH2 の信号の極性を反転した後に CH1 の信号と足し算をするわけです。

[図 11-32]「CH2 INV」スイッチを［ON］

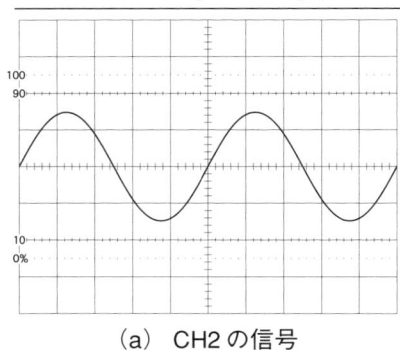

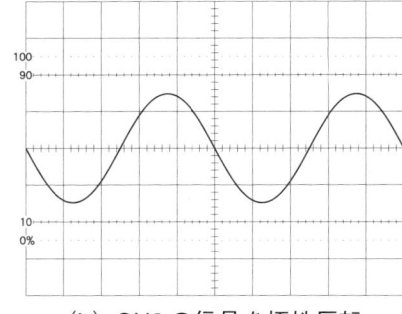

　　(a) CH2 の信号　　　　　　　　(b) CH2 の信号を極性反転

⇩

160　オシロスコープ入門

## 第11章 スキルアップ・テクニック

> **Hint**
> [ADD] で注意すること
> [ADD] の時には、必ず、CH1 と CH2 の VOLTS/DIV スイッチは「同じレンジ」、CH1 と CH2 の VARIABLE ノブは [CAL] にセットしておきます。

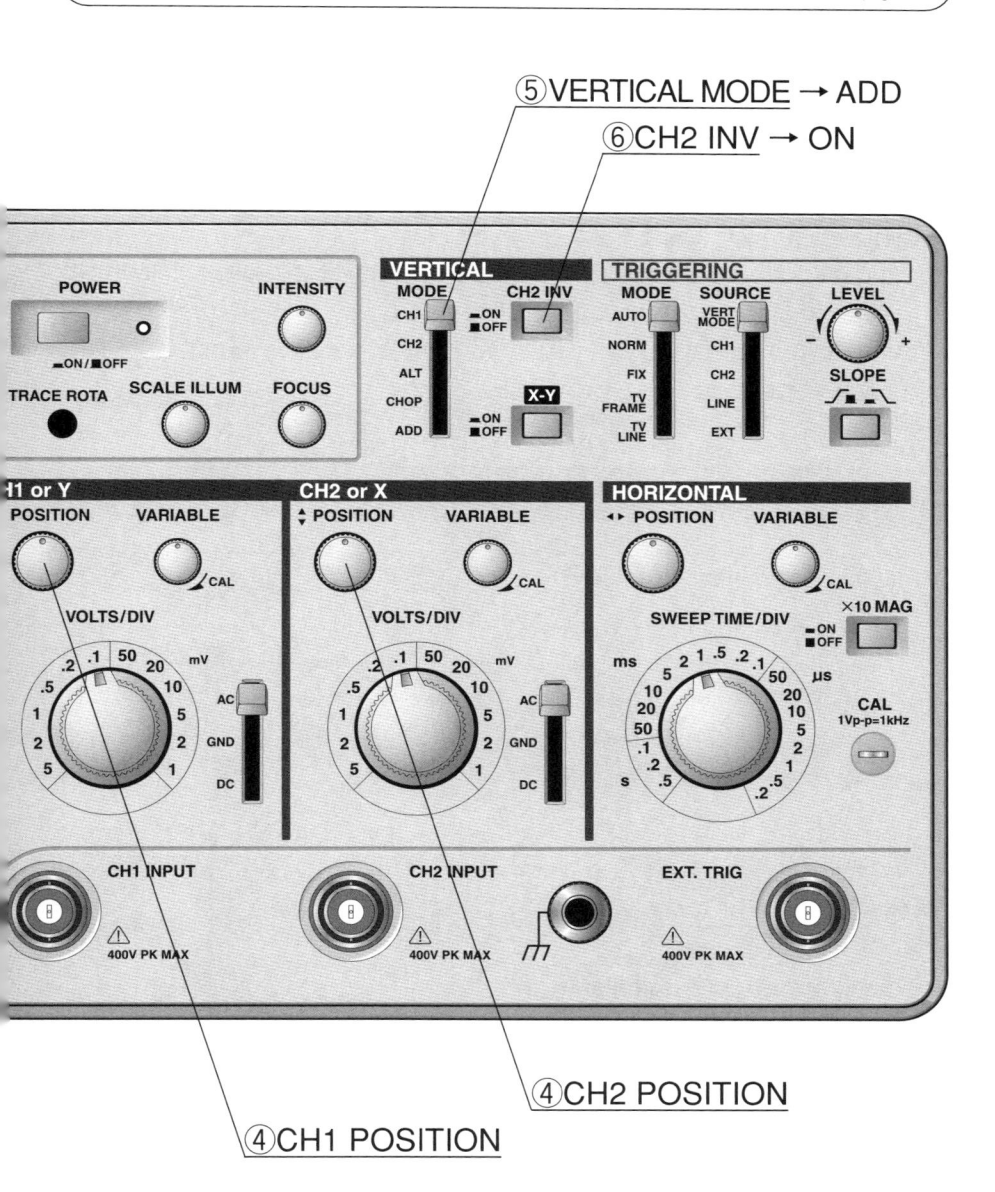

⑤VERTICAL MODE → ADD
⑥CH2 INV → ON

④CH2 POSITION

④CH1 POSITION

オシロスコープ入門 **161**

⇩

[ADD]に戻すと、図11-33のように、波形と言うより直線になってしまいました。
<u>これは同振幅、逆位相の信号同士を足し合わせたのでゼロになったわけです。</u>

これの応用例として、ステレオ・アンプのLチャンネルとRチャンネルの増幅度や位相差を調べるには、この測定方法がとても簡単で最適と思われます。

[図11-33] 直線（ゼロ）になる

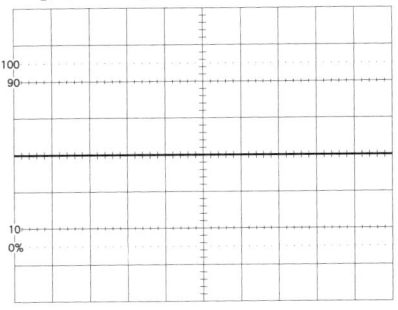

⇩

⑦ CH1 と CH2 の信号の振幅が異なっていたら？

図11-34のように、CH1の信号は3 divのまま、CH2の信号の振幅を1 div小さくして、2 divとした場合の例で確認してみましょう。

VERTICAL MODEスイッチを[ALT]に切り替え、CH2 VARIABLEノブを左に回し振幅を2 divにした後に[ADD]に戻します。

[図11-34]　[CH1] = 3 div と [CH2] = 2 div

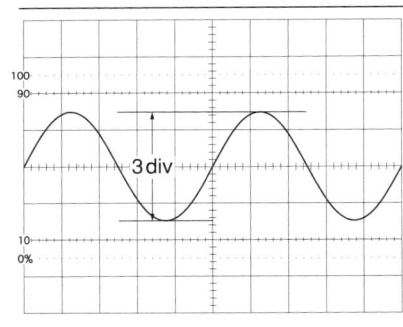

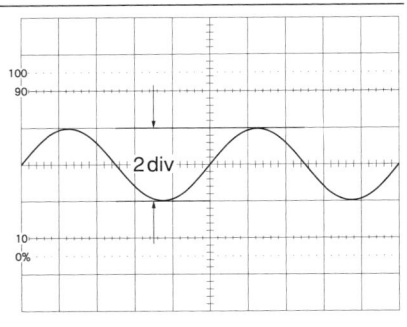

[図11-35] 減算された波形

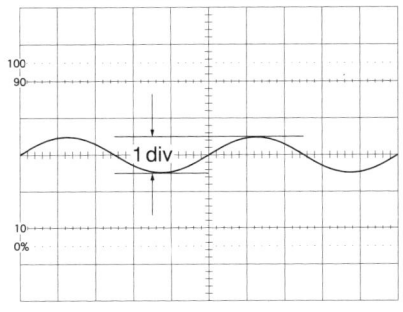

<u>位相は同じですから結果は容易に予測でき、図11-35のような波形（振幅1 div）としてスクリーンに表示されます。</u>

つまり減算では両方の信号が全く同一の物であるか否かを調べるのには打って付けの測定方法なのです。

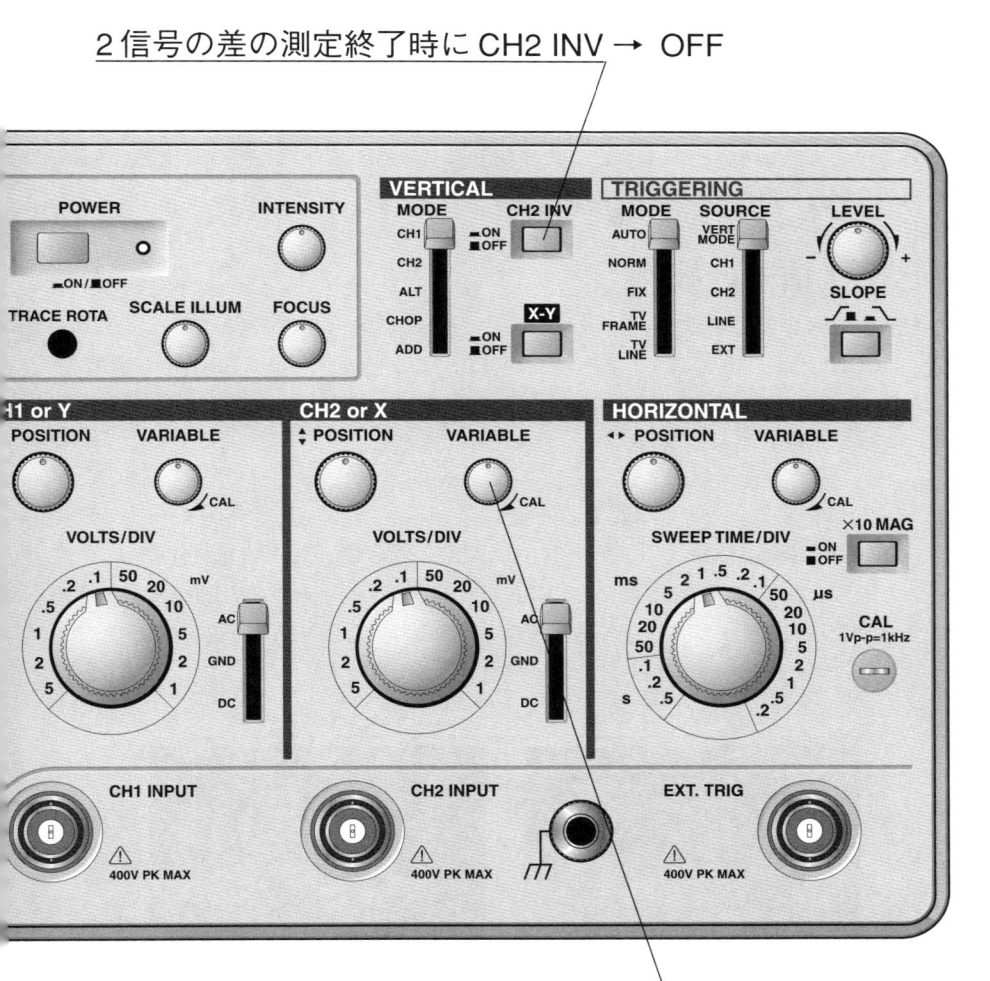

# 第11章 スキルアップ・テクニック

2信号の差の測定終了時に CH2 INV → OFF

⑦CH2 VARIABLE

# 映像信号（ビデオ信号）の観測

　ビデオテープ・レコーダやテレビジョンなどの映像（ビデオ）信号は非常に複雑な波形です。正弦波や方形波などとは比べものにならない緻密な波形で、今まで説明してきたトリガのやり方ではその波形を静止できません。
　そこで、多くのオシロスコープには、このビデオ信号専用のトリガ機能が付加されています。TRIGGERING MODEスイッチに［TV FRAME］と［TV LINE］とあるのがこのビデオ信号専用のトリガ機能です。このトリガ信号には、
　　［TV LINE］　→ 水平系ビデオ信号用（TV-Hと表示の機種もあります）
　　［TV FRAME］→ 垂直系ビデオ信号用（TV-Vと表示の機種もあります）
の二つがあります。それぞれ、ビデオ信号に含まれる水平同期パルスと垂直同期パルスを別々に取り出してトリガ信号にしています。

## ビデオ信号の観測

①ビデオ信号を入力する

　　TRIGGERING MODEスイッチを［TV FRAME］（または［TV LINE］）に設定した後、ビデオテープ・レコーダやテレビジョンなどのビデオ回路からプローブを用いて信号を取り出しオシロスコープへ入力します。

⇩

② ビデオ波形を適当なサイズにする

　　TRIGGERING SLOPを［－］、CH1 VARIABLEノブとCH1 VOLTS/DIVスイッチで適当な振幅に調節し、次にSWEEP TIME/DIVスイッチとSWEEP VARIABLEノブで2～3周期位の波形を表示させます（下の写真は、NTSC方式カラーパターン・ジェネレータによるテスト・パターン信号の波形です）。

　　　　　［TV FRAME］の時　　　　　　　［TV LINE］の時

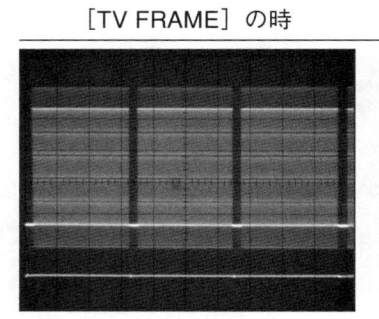

　　　　　　垂直系ビデオ信号　　　　　　　水平系ビデオ信号
　　　　　　　　NTSC方式カラーパターン信号

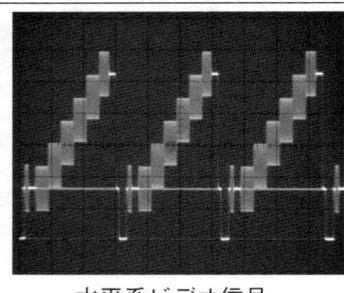

## 第11章 スキルアップ・テクニック

> **Hint**
> [TV FRAME]と[TV LINE]の自動切り替え
> [TV FRAME]と[TV LINE]をSWEEP TIME/DIVスイッチで自動切替(0.1 ms/div 以上→TV FRAME、50 µs/div 以下→TV LINE) する機種もあります。

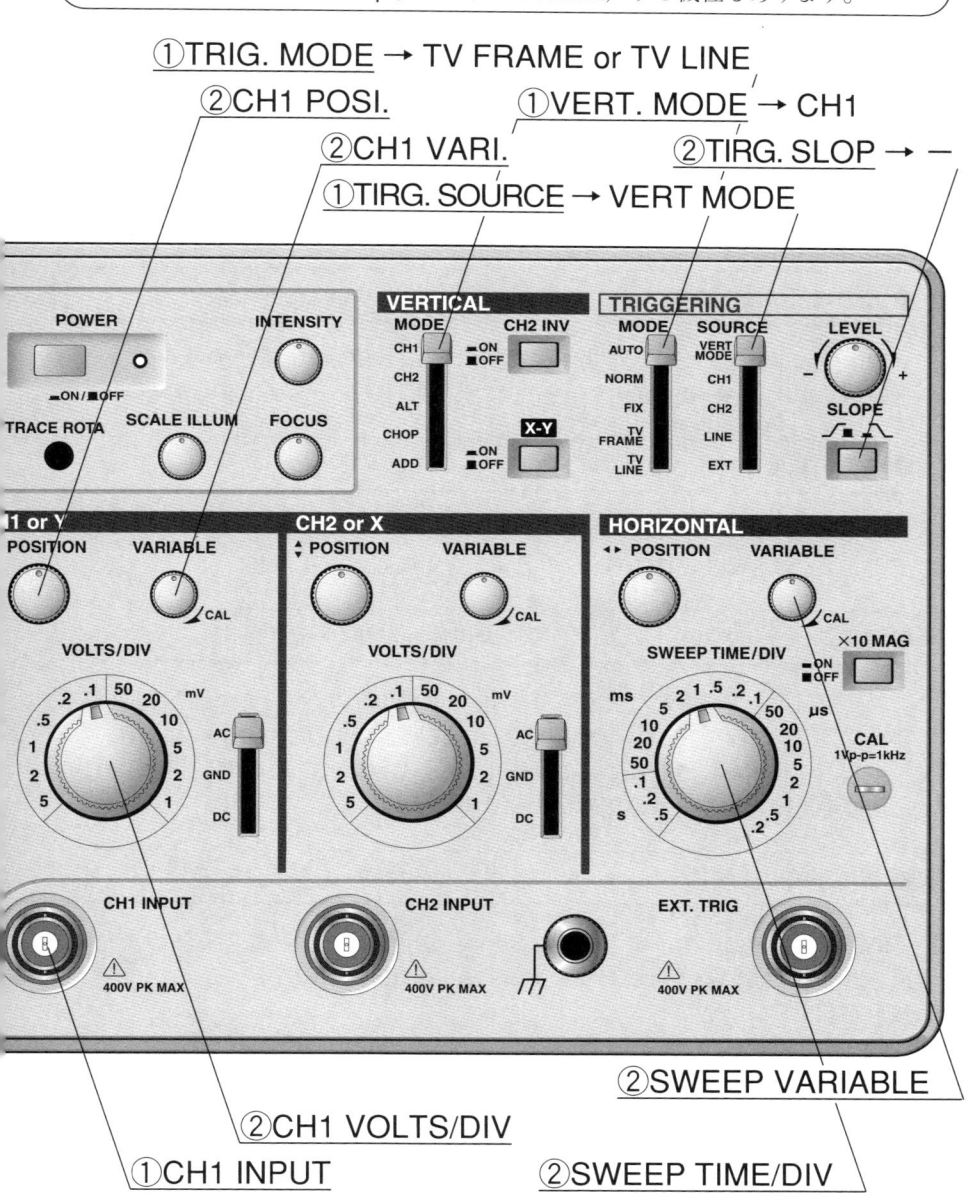

①TRIG. MODE → TV FRAME or TV LINE
②CH1 POSI.
①VERT. MODE → CH1
②CH1 VARI.
②TIRG. SLOP → ―
①TIRG. SOURCE → VERT MODE

②CH1 VOLTS/DIV
①CH1 INPUT
②SWEEP VARIABLE
②SWEEP TIME/DIV

オシロスコープ入門 **165**

# 第12章 オシロスコープの FAQ

オシロスコープを取り扱って行く上で色々な疑問に直面すると思います。それが運悪く故障している場合もありますが、ほとんどがたくさんあるノブやスイッチ類の設定が間違っていたり、操作ミスが圧倒的に多いようです。

基本的には原点に帰れで、「電源スイッチをONする前に、あらかじめ基本ポジションにセット」を思い出してください。機種により多少の違いはありますが、ノブ類は真上（12時方向）、スイッチ類の多くは一番上か一番左端が初期設定になります。以下は操作の途中で頻繁に起こりそうな事例（発生原因が一つに特定されるような初期段階での故障でない不具合）を説明します。

● 他の場所にオシロスコープを移動したら輝線が傾いてしまった

本体の向きを変えたり別の場所へ移動すると、地磁気の影響で輝線が傾くことがあります。TRACE ROTATION を再度調節し輝線を水平に戻します。

● 波形の輝度が普段より暗い

輝度を上げるため INTENSITY ノブを更に右へ回して1時～3時の位置にします。または SWEEP TIME/DIV スイッチを左に回してみます。

● 電源スイッチを ON したがブラウン管に何も現れない

輝度が上がっていないことがあります。INTENSITY ノブを右に回し1時～3時の位置にします。それでも輝線が見えない時には TRIGGERING MODE スイッチが［NORM］になっている可能性があります。［NORM］から［AUTO］に切り替え輝線が見えれば正常な動作状態です。

● 輝度が暗く波形というよりは斜線（または円弧の一部）に見える

SWEEP TIME/DIVスイッチを右の方へ回し過ぎていて波形の一部分だけが拡大されて見えている場合があります。SWEEP TIME/DIV スイッチを左に戻し波形が数周期になるようにします。

● 波形の輝度が暗くスクリーンの左右外側にも波形が続いている

×10MAG スイッチが［ON］になっています。［OFF］に戻せば通常の掃引状態に戻り 10 div の輝線が見えるはずです。

# 第 12 章 オシロスコープの FAQ

● 輝線が太く滲んでいるように見える

X-Yスイッチを［ON］に切り替え、FOCUSノブを回して輝点が小さな円になるように調節します。その後、X-Yスイッチを［OFF］に戻します。

● TRIGGERING MODE スイッチが［NORM］の時に輝線が見えない

TRIGGERING MODEスイッチが［NORM］の時は、信号が無いと輝線は見えません。問題ありませんが、いつも輝線が見えていたほうが良ければ［AUTO］に切り替えます（輝度が暗いことも考えられます）。

● TRIGGERING MODE スイッチが［AUTO］でも輝線が見えない

VERTICAL POSITIONノブが右または左に回しきった状態で、輝線がスクリーンから飛び出している可能性があります。VERTICAL POSITIONノブを中央付近に戻してみます（輝度が暗いことも考えられます）。

● 信号を入力しているが輝線しか見えない

AC-GND-DCスイッチが［GND］になっている可能性があります。［AC］になっていることを確認し、次に、VOLTS/DIVスイッチを右（または左）回してみます。

● CH1 に信号を入れても波形が見えない

VERTICAL MODEスイッチが［CH1］なっているか、CH1 AC-GND-DCスイッチが［AC］になっているか確認します。次に、TRIGGERING SOURCEを［VERT MODE］か［CH1］に設定し後にCH1 VOLTS/DIVスイッチを右に回してみます（輝度が暗いことも考えられます）。

● CH1 と CH2 に同時に信号を加えているが CH1 の波形しか見えない

VERTICAL MODEスイッチが［ALT］（または［CHOP］）になっていることを確認します。それでも見えない時には、CH2 AC-GND-DCスイッチが［GND］になっていることも考えられます。

更に、CH2 VERTICAL POSITIONノブを中央付近にしてからCH2 VOLTS/DIVスイッチを右（または左）に回して波形を確認します。

● 電源スイッチを［ON］したが輝点しか見えない

　X-Yスイッチを［OFF］に戻します。

● CH1に信号を加えたが縦に輝線が1本見えるだけ

　X-Yスイッチを［OFF］に戻します。

● リサジュー図形がHORIZONTAL POSITIONノブで横方向に移動できない

　リサジュー図形を水平方向に移動するにはHORIZONTAL POSITIONノブではなくCH2 POSITIONノブを使用します（機種によってはHORIZONTAL POSITIONノブで水平移動できる場合もあります）。

● リサジュー測定の時に図形の縦と横が説明と違う

　本書ではCH1をY軸とCH2をX軸として説明していますが、機種によってこのX軸とY軸が逆になっています。その時はCH1とCH2に接続しているケーブルを入れ替えてください。

● CH2の信号がTRIGGERING SLOPEの設定と逆にトリガする

　TRIGGERING SLOPEスイッチが［＋］に設定してあっても［－］でトリガする場合（あるいはその逆）はCH2 INVスイッチが［ON］になっている可能性があります。［OFF］になっているかを確認します（CH2 INVスイッチが［ON］でもスクリーンの表示波形が反転しない機種もあります）。

● VERTICAL MODEを［ADD］にしたが予想した波形と異なっている

　CH2 INVスイッチが［ON］になっていて、加算ではなく減算になっている可能性があります。［OFF］になっているか確認します。

● HORIZONTAL POSITIONノブを回しても輝線がスクリーンから外へ出ない

　VERTICAL POSITIONノブは輝線（波形）をスクリーン外まで移動できますが、元来、輝線は水平目盛10 divに一致している必要があり、HORIZONTAL POSITIONノブはその位置合わせが主たる機能のため移動できる距離は少なくてよいわけです。

# 第12章 オシロスコープのFAQ

● TRIGGER LEVELノブが中央付近にあっても波形が静止しない

　TRIGGERING SOURCEスイッチが［VERT MODE］にあるか確認します。［VERT MODE］の無い機種は、TRIGGER SOURCEスイッチで［CH1］と［CH2］を切り替えてみます。また、外部同期の時は［EXT］になっていることを確認します。波形によってはTRIGGERING SLOPEスイッチを［＋］→［－］または［－］→［＋］に切り替えてみます。

● 波形の振幅を小さくすると波形が静止しない

　TRIGGERING LEVELノブを中央付近でもう一度右または左にゆっくりと回してみます。

● 波形の振幅が1 div位から小さくなると静止しなくなる

　トリガ感度は1 divから1.5 divに規定されていますので、それより振幅が小さくなると同期が取れなくなります。
　このような場合にはVOLTS/DIVスイッチを右に一つ回し波形の振幅を大きくします。

● TRIGGERING MODEスイッチが［NORM］でも波形が静止しない

　TRIGGERING SOURCEスイッチが［VERT MODE］にあるか確認し、次に、TRIGGER LEVELノブを回しても静止しない時は、TRIGGERING SLOPEスイッチを［＋］→［－］または［－］→［＋］に切り替えてみます。

● 波形の立ち上がり部分から見たいのに立ち下がり部分からになる

　TRIGGERING SLOPEスイッチを［－］から［＋］に切り替えます。

● 低周波（50 Hz以下）になると波形がときどき動いてしまう

　50 Hz以下になると、同期がはずれやすくなります。TRIGGERING MODEスイッチが［AUTO］の時は［NORM］に切り替えてみます。

● ビデオ信号が静止しない

　TRIGGER SOURCEスイッチをビデオ信号専用の［TV LINE］か［TV FRAME］に切り替えます。（波形によってはTRIGGERING SLOPEスイッチを［＋］→［－］または［－］→［＋］に切り替えてみます）。

● ×10MAGスイッチを［ON］にすると波形が左右に揺れ動いている

　もともと波形自体が不安定な場合に、その動きが×10MAGの機能で10倍になるため目に付くことが多いようです。

● 低周波を2現象表示している時に波形がちらついて見にくい

　低周波の場合、ALT掃引を選択するとCH1とCH2を交互に表示するためチラツキが発生します。その時は、VERTICAL MODEスイッチを［CHOP］に切り替えてみます。

● 2現象表示している時に表示波形が細切れになる

　VERTICAL MODEスイッチが［CHOP］の状態で、SWEEP TIME/DIVスイッチを右に回した高速掃引の状態にあります。VERTICAL MODEスイッチを［ALT］に切り替えてみます。

● 信号（直流電圧）を加えたが輝線が動かない

　AC-GND-DCスイッチが［AC］になっている可能性があります。［GND］に切り替え、VERTICAL POSITIONノブで輝線を中央の水平目盛付近に移動し、［DC］に切り替えます。次にVOLTS/DIVスイッチを右または左に回し輝線が上または下に動くことを確認します。

● 直流分を含んだ微少交流電圧を測定したいが波形が見えない

　交流分と直流分を別々に測る必要があります。まず直流をカットするため、AC-GND-DCスイッチを［AC］に切り替えVOLTS/DIVスイッチを回し適当な振幅にして交流電圧を測ります。
　次に、直流分も測る場合、AC-GND-DCスイッチを［GND］に切り替え0ボルトの位置を設定してから［DC］に切り替え直流電圧を測ります。

# 第12章 オシロスコープのFAQ

### ● 同じ信号源からの測定で前回と全然違う測定値となった

　VOLTS/DIVスイッチとSWEEP TIME/DIVスイッチの両方に共通していることで、それぞれのVARIABLEノブは［CAL］にセットします。CALの状態で測定することで正しい値（電圧値や時間値）が得られます。

### ●測定波形に交流雑音が混じっている

　雑音を発生しているのが、被測定装置かオシロスコープか調べて、個々の対応が必要になります。
　オシロスコープの場合はAC-GND-DCスイッチを［GND］にしてVOLTS/DIVスイッチを右に回して（感度を上げる）みます。
　この時スクリーンに雑音信号の波形が見えなければオシロスコープは問題ありません、被測定装置が雑音源になっている可能性があります。
　被測定装置とオシロスコープのアース（接地）を同一の所から取るようにすると軽減される場合があります。

### ● 高い周波数で測定した電圧は誤差が大きいようだ？

　オシロスコープの垂直増幅器の周波数特性は周波数が高くなるにつれ増幅度が低下し、上限周波数では振幅が約30パーセントも低くなっています。

### ● パルス波の立上り時間を測定したが測定値が大き過ぎる？

　使用したオシロスコープの垂直増幅器の周波数特性がそのパルスを測定するには十分ではない可能性があります。測定するパルス波より4倍以上速い立上り時間のオシロスコープが必要です。

### ● プローブを使用したら測定値が一桁小さくなってしまった

　通常使用する電圧プローブは通称アッテネータ・プローブとも言われ、その内部回路の構成から測定電圧を0.1倍してオシロスコープに入力する仕組みになっています。
　ですから、プローブを使用しての測定においては、常に読みとった値を10倍することを忘れないようにします。

オシロスコープ入門　　**171**

# 第13章 定格の読み方

オシロスコープの定格について説明しておきます。測定する前に定格を知っておくことは、測定時の誤差や測定の限界を理解し、測定結果に対して適切な評価を可能にします。

ここでは、その主だった項目について説明しておきます（なお、この章の最後に、本書のモデルになったオシロスコープの定格を掲載していますので、それを参考にしながらこの説明を読んでください）。

## ブラウン管

### 「形式」

蛍光面（角形→長方形）の対角寸法で表示され150 mmが主流になっています。ポータブル型の75 mmから150 mm程度まで幾つかのバリエーションがあります。

### 「加速電圧」

普及型のオシロスコープには加速電圧が2 kV程度のブラウン管が使用されていますが、上位機種は12 kVから20 kV程度の後段加速ブラウン管が標準装備となり、より高輝度になっています。

### 「有効面」

蛍光面のうち波形が歪みが少なく表示できる領域（スクリーン）を言います。その部分は内側から格子状に縦8 div 横10 divの目盛が付けられています（なお、目盛の寸法は1 div=10 mm または 7～10 mmが多いようです）。また、この目盛を照明できる機種と照明機能のない機種があります。

## 垂直軸

### 「動作様式」（CH1、CH2 共通）

2現象オシロスコープのCH1とCH2の信号をスクリーンに表示する組み合わせです。［CH1］、［CH2］、［ADD］、［ALT］、［CHOP］を個々に切り替える機種や［ALT］と［CHOP］だけは別のスイッチで切り替える機種もあります。

また、［CH1］、［CH2］、［ADD］に加え［DUAL］(2現象)を設けて、［ALT］と［CHOP］はVOLTS/DIVスイッチで低速掃引時には［CHOP］、高速掃引時には［ALT］と自動切替になっている機種などもあります。

# 第13章 定格の読み方

## 「感度、減衰器」(CH1、CH2共通)

垂直増幅器に一定のレベルの信号電圧を入力するため減衰器です。
定格では、
  感度: 1 mV/div 〜 5 V/div ± 3 %
  減衰器: 1 - 2 - 5 ステップ、12 レンジ、レンジ間微調整可能
などと記載されます。

  1 - 2 - 5 ステップとは、
   各レンジの頭文字(数字)が 1 → 2 → 5 の繰り返しになることからネーミングされています。つまり、1 mV/div → 2 mV/div → 5 mV/div → 10 mV/div → 20 mV/div → 50 mV/div ···· → 5 V/div と続きます。
   上の例では、最高感度は 1 mV/div で、この数値が小さいほど高感度です。

また、1 mV/div 〜 5 V/div の全レンジが全周波数帯域をカバーしている場合と、高感度レンジでは周波数帯域を限定して、
  例えば、
   5 mV/div 〜 5 V/div では → DC 〜 40 MHz (−3 dB)
   1 mV/div と 2 mV/div では → DC 〜 5 MHz (−3 dB)
   などとレンジによって周波数帯域が異なる場合があります。

これを承知のうえで測定しないと高感度レンジ(この例では 1 mV/div と 2 mV/div)で 5 MHz より高い周波数を測定すると大きな誤差を生じます。

また、5 V/div は減衰量が最大のレンジですが、8 div 換算では 40 V、VARIABLE ノブを [CAL] から左回すと非校正(UNCAL)状態ですが 2.5 倍程度の減衰量で 100 V 位までの波形を見ることができます。
更に、プローブを取り付けた場合には、電圧プローブでは信号電圧が 0.1 倍になってオシロスコープに取り込まれるため、計算上ではプローブの先端で
  100 V × 10 = 1000 V となります。
しかし、プローブ自体の許容入力電圧の制約上 DC 600 V 位が測定上限になります。

## 「周波数特性」(CH1、CH2共通)

垂直増幅器の周波数帯域で、測定可能な信号の周波数がここでわかります。
  例えば、
   DC: DC 〜 40 MHz (−3 dB)
   AC: 10 Hz 〜 40 MHz (−3 dB)
のように規定され、上限周波数(この例では 40 MHz)が高いほど観測できる周波数帯域が広く、立上り時間の速いパルスなども測定できます。

但し、周波数特性も上限周波数の近傍ではかなり減衰するので、測定誤差を±3％以内で測定できる範囲は、この上限周波数の30％位の周波数（40 MHzの場合は12 MHz程度）です。

また、VOLTS/DIVスイッチの設定位置によってはこの周波数特性が変わることもあります。

例えば、
  5 mV/div ～ 5 V/div では  → DC ～ 40 MHz (–3 dB)
  1 mV/div と 2 mV/div では  → DC ～ 5 MHz (–3 dB)
のように高感度レンジでは周波数帯域が狭い機種もあります。

### 「入力インピーダンス」(CH1、CH2共通)

INPUT端子の入力インピーダンスを言いますが、一般的に1 MΩで容量は20数pFとなっています。この定格値によって接続できるプローブが限定されます。

### 「最大入力電圧」(CH1、CH2共通)

INPUT端子へ加えることのできる最大の電圧で、交流分だけであれば800 Vp-p、直流分を含む場合は400 V(DC+ACpeak)のようにそれぞれ分けて規定しています。

また、プローブを接続した時にはプローブ自体の許容入力電圧（例えば、600 V (DC+ACpeak)）のほうが優先します。

### 「CHOP周波数」(CH1、CH2共通)

2現象表示のCHOPモードの時の切り替え周波数で、機種によりますが150 kHz～500 kHz程度の周波数が用いられています。

## 水平軸 （CH2入力）

### 「動作様式」

X-Yスイッチを[ON]にすると、CH1をY軸、CH2をX軸とするリサジュー測定モードになります。なお、機種によりこのY軸とX軸が逆になっている場合があるので注意が必要です。

### 「感度」

垂直軸（CH2）に同じ

### 「入力インピーダンス」

垂直軸（CH2）に同じ

# 第13章 定格の読み方

## 「周波数特性」

リサジュー測定モード時の周波数特性になります。
　　　DC: DC 〜 500 kHz（-3 dB）
　　　AC: 10 Hz 〜 500 kHz（-3 dB）
垂直増幅器の周波数特性(この例の場合はDC 〜 40 MHz)よりかなり帯域が狭くなり、測定時には注意が必要です。

## 「X-Y間位相特性」

リサジュー測定モード時の位相特性です。50 kHzで3°以下とあり、あまり高い周波数では誤差が大きくなります。

# 掃引

## 「掃引時間」

　輝点を等速度で水平方向へ振らせる時の時間を言います。
　定格では、
　　　0.2 μs/div 〜 0.5 s/div ± 3 %
　　　1 - 2 - 5 ステップ、20 レンジ、レンジ間微調整可能
などと記載されます。
　　　1 - 2 - 5 ステップとは、
　　　　各レンジの頭文字（数字）が1 → 2 → 5 の繰り返しになるところからネーミングされています。つまり、10 μs/div → 20 μs/div → 50 μs/div → 0.1 ms/div → 0.2 ms/div → 0.5 ms/div → 1 ms/div・・・→ 0.5 s/div と続きます。
　最高掃引時間(例えば0.2 μs/div)は、その数値が小さいほど高速度とされ、変化の速い現象を表示する時に有効です。掃引時間の範囲は、その垂直増幅器の周波数特性に見合った速度になっています。

## 「掃引拡大」

　水平増幅器の増幅度を一時的に10倍上げ、見かけ上の掃引時間を10倍速くした効果を出します。
　ワンタッチで表示されている波形がスクリーン中央から左右に10倍拡大されますが、その分だけ輝度が暗くなるデメリットもあります。

## 「直線性」

　掃引時間の直線性で±3％は標準的な値です。直線性が良くないとスクリーン上の波形が水平方向に歪みを生じ、時間の測定時に誤差が大きくなります。

オシロスコープ入門　175

## 同期

### 「トリガ・ソース」

標準的な2現象オシロスコープの場合には、トリガ信号源として［VERT MODE］、［CH1］、［CH2］、［LINE］、［EXT］は必ず必要です。［VERT MODE］を［V. MODE］と表記している機種もあるようです。

### 「トリガ・モード」

［AUTO］、［NORM］、［FIX］、［TV FRAME］、［TV LINE］のうち［AUTO］と［NORM］は標準機能です。［FIX］（自動同期）は付いていれば便利です。

また、［TV FRAME］と［TV LINE］はビデオ信号専用で、［TV-V］、［TV-H］と表記されたりする場合もあります。

### 「トリガ感度」

どの程度の波形振幅あるいは外部同期電圧でトリガできるかを規定しています。INT: 1.5 div は、スクリーン上の波形が最小振幅1.5 div あればトリガする、EXT: 0.5 Vp-p は、最小電圧0.5 Vp-p の外部信号でトリガすることを示しています。

トリガ感度は、定格の数値が小さいほど良いわけですが、小レベルの雑音などでもトリガし、その都度スクリーンの波形表示が不安定になりわずらわしいので1 div 程度で十分でしょう。

## その他

### 「校正電圧」

1 Vp-p ± 3 %（1 kHz、方形波、正極性）、約1 kHz などとなっています。基準になる信号ですから誤差の少ないほうがベターです。

### 「外部輝度変調」

ブラウン管の第1グリッドの電圧を外部から制御して、スクリーンに表示されている波形の一部分を明るく表示する（輝度変調）機能です。

TTLレベル（Hi レベルで暗くなる）で制御され、機種による違いはほとんどありません。

### 「CH1信号出力」

CH1に入力された信号が増幅されここに出力（約50 mV/div）されます。周波数カウンタなどを接続する時に便利です。

# 第13章 定格の読み方

| モデル | | | 40 MHz2現象オシロスコープ | |
|---|---|---|---|---|
| ブラウン管 | | | | |
| | 形式 | | 150 mm後段加速(内面目盛)ブラウン管、目盛照明つき | |
| | 加速電圧 | | 約12 kV | |
| | 有効面積 | | 8×10 div (1 div=10 mm) | |
| 垂直軸(CH1、CH2共通) | | | | |
| | 動作様式 | | CH1、CH2、ADD、ALT、CHOP | |
| | 感度 | | 1 mV/div〜5 V/div (1 mV/div±5 %、5 mV/div〜5 V/div±3 %) | |
| | 減衰器 | | 1-2-5ステップ、12レンジ、レンジ間微調整可能 | |
| | 周波数特性 | DC | DC〜40 MHz (-3 dB) (5 mV/div〜5 V/div) | |
| | | | DC〜5 MHz (-3 dB) (1 mV/div, 2 mV/div) | |
| | | AC | 10 Hz〜40 MHz (-3 dB) (5 mV/div〜5 V/div) | |
| | | | 10 Hz〜5 MHz (-3 dB) (1 mV/div, 2 mV/div) | |
| | 入力インピーダンス | | 1 MΩ±2 %、約23 pF | |
| | 立上り時間 | | 約8.75 ns (40 MHz) (5 mV/div〜5 V/div) | |
| | | | 約70 ns (5 MHz) (1 mV/div, 2 mV/div) | |
| | クロストーク | | -40 dB以下 (1 kHz正弦波) | |
| | 極性反転 | | CH2のみ可能 | |
| | 最大入力電圧 | | 800 Vp-pまたは400 V(DC+ACpeak) | |
| | CHOP周波数 | | 約150 kHz | |
| 水平軸(CH2入力) | | | | |
| | 動作様式 | | X-YスイッチをONにする CH1: Y軸 CH2: X軸 | |
| | 感度 | | 垂直軸(CH2)に同じ | |
| | 入力インピーダンス | | 垂直軸(CH2)に同じ | |
| | 周波数特性 | | DC: DC〜500 kHz (-3dB) AC: 10 Hz〜500 kHz (-3 dB) | |
| | X-Y間位相特性 | | 50 kHzにて3°以下 | |
| 掃引 | | | | |
| | 掃引時間 | | 0.2 μs/div〜0.5 s/div±3% | |
| | | | 1-2-5ステップ、20レンジ、レンジ間微調整可能 | |
| | 掃引拡大(×10MAG) | | 10倍±5% | |
| | 直線性 | | ±3% (×10MAG時±5%) | |
| | 同期 | | | |
| | トリガ・ソース | | VERT MODE、CH1、CH2、LINE、EXT | |
| | モード | | AUTO、NORM、FIX、TV-FRAME、TV-LINE | |
| | 感度 | | | |
| | | NORM | INT | 10 Hz〜20 MHz | 1.5 div / 0.25 Vp-p |
| | | | EXT | | |
| | | | INT | 20 MHz〜40 MHz | 2 div / 0.3 Vp-p |
| | | | EXT | | |
| | | AUTO | INT | 50 Hz〜20 MHz | 1.5 div / 0.25 Vp-p |
| | | | EXT | | |
| | | | INT | 20 MHz〜40 MHz | 2 div / 0.3 Vp-p |
| | | | EXT | | |
| | | TV | INT | FRAME、LINE | 1.5 div / 0.2 Vp-p |
| | | | EXT | | |
| | | FIX | INT | 50 Hz〜40 MHz | 2 div / 0.5 Vp-p |
| | | | EXT | | |
| 外部同期 | | | | |
| | 入力インピーダンス | | 1 MΩ、約22 pF | |
| | 最大入力電圧 | | 800 Vp-pまたは400 V(DC+ACpeak) | |
| 外部輝度変調 | | | 校正信号 | |
| | 入力電圧 | | TTLレベル (HIで暗くなる) | 波形: 方形波、正極性 |
| | 入力インピーダンス | | 約5 kΩ | 電圧: 1 Vp-p±3% |
| | 周波数特性 | | DC〜3.5 MHz | 周波数: 約1 kHz |
| | 最大入力電圧 | | 84 Vp-pまたは42 V(DC+ACpeak) | |
| CH1信号出力 | | | | |
| | 出力電圧 | | 約50 mV/div (50 Ω負荷) | |
| | 出力インピーダンス | | 約50 Ω | |
| トレース・ローテーション | | | 前面パネルで調整可能 | |
| 環境条件 | | | | |
| | 仕様保証温度湿度範囲 | | 10°C〜35°C 85 %以下 | |
| | 動作温度湿度範囲 | | 0°C〜40°C 85 %以下 | |
| 電源 | | | | |
| | 電圧 | | AC 100/120/220/230 V±10% (最大AC 250 V) 50/60 Hz | |
| | 消費電力 | | 最大35 W | |
| 外形寸法(最大寸法) | | | 300(343)W×140(159)H×415(431)D mm | |
| 質量 | | | 約7.2 kg | |
| 付属品 | | | 取扱説明書1部、プローブ2本、電源コード1本 | |

⚠ 上記の定格は本書の説明のため製品カタログの内容を引用していますが、説明に便宜を与えるためのものであり、商取引上の事由には一切使用できません。

オシロスコープ入門

# 第14章 オシロスコープの用語

オシロスコープに関連する用語について簡単に説明しておきます。本文にもこれらの用語がしばしば登場しますので、該当ページも併せて読み返してください。

## 記　号

**×10MAG（掃引拡大）**
　　水平増幅器の増幅度をワンタッチで10倍する（波形が左右に10倍拡大される）。

**1-2-5ステップ**
　　垂直感度調整器（VOLTS/DIV）と掃引時間切替器（SWEEP TIME/DIV）のレンジ表示が、1→2→5→10→20→50→100のようにステップが1、2、5と繰り返すこと。

## Ａ　行

**AC**
　　Alternate Currentの略で、交流のこと。

**ADD（加算、和）**
　　Addition（加算）の略で、CH1とCH2に入力された信号電圧を足し算してスクリーンに表示する。

**ALT（2現象）**
　　Alternate（交互に）の略で、2現象オシロスコープでCH1とCH2に入力された信号を交互に掃引してスクリーンに表示する方法で、掃引時間が速い時に有効。

**AUTO**
　　オートフリーランとも呼ばれ、無信号時にも輝線が表示され、信号が入力されるとトリガ掃引を行う。

## Ｃ　行

**CAL（校正）**
　　Calibration（校正）の略で、VOLTS/DIV（垂直感度調整）とSWEEP TIME/DIV（掃引時間切替器）それぞれのVARIABLE（微調整）ノブを右に回し切ってCALにすると偏向感度と掃引時間が校正された状態になる。

**CAL端子（校正用電圧端子）**
　　アッテネータ・プローブや垂直感度調整（VOLTS/DIV）、掃引時間切替器（SWEEP TIME/DIV）を校正するための信号を出力する端子。

**Cathode Ray Tube（CRT、陰極線管）**
　　陰極線管のこと、一般的にはオシロスコープに使われているブラウン管を指す。

**CH1 OUT**
　　CH1に入力された信号電圧が増幅されこの端子に出力される。

**CH2 INV（CH2 POLARITY、CH2反転）**
　　CH2の波形の極性を反転（極性を反転）してスクリーンに表示する。

# 第14章 オシロスコープの用語

CHOP（2現象）
　2現象オシロスコープで各チャンネルの信号を高速で切り替え（スイッチング）て交互に波形を表示する方式で、掃引時間が遅い時に用いられる。

CHOP周波数
　2現象オシロスコープで、各チャンネルを交互に切り替える信号の周波数。

CRT（Cathode Ray Tube、陰極線管）

## D 行

DC
　Direct Currentの略で、直流のこと。
DIV
　Divisionの略で、ブラウン管のスクリーンに表示されているスケール1目盛のこと。
DUAL（2現象）
　ALTまたはCHOPにより二つの信号を同時に表示する2現象表示モード。

## F，G，I，P，S 行

FETプローブ
　FET（電界効果トランジスタ）を使った無減衰で低入力容量のプローブ。
GND（アース、接地）
　Groundの略で、接地（アース）のこと。
INV
　Invertの略で、表示される波形の極性を反転すること。
Peak to peak
　波形のプラスの最大値からマイナスの最大値までの振幅（p-pと略す場合もある）。
Probe　（プローブ）

## T，U，V 行

TTL
　Transistor Transistor Logicの略で、トランジスタとダイオードを用いた論理回路のこと。
TV FRAME（フレーム信号、TV-V）
　テレビジョンの映像信号のうち垂直系信号のこと。
TV LINE（ライン信号、TV-H）
　テレビジョンの映像信号のうち水平系信号のこと。
TV-H（TV LINE）
TV-V（TV FRAME）
UNCAL（非校正）
　VOLTS/DIV（垂直感度調整）とSWEEP TIME/DIV（掃引時間切替器）が校正されていない状態（CALも参照）。
Vp-p
　波形の＋のピークから－のピークまでの電圧値の単位。

オシロスコープ入門　**179**

## X, Y, Z 行

**X-Y 測定（リサジュー）**
　　水平軸を時間軸とせず、垂直軸と同じ電圧軸として用い、両方の入力信号によるリサジュー図形により測定する。

**X 軸（水平軸）**

**Y 軸（垂直軸）**

**Z 軸**
　　X 軸、Y 軸に対し輝度変調（表示波形の一部分を明るくする）を意味する用語。

**Z AXIS INPUT**
　　輝度変調のための信号を入力する端子で、X 軸、Y 軸に対し Z 軸と呼ばれる。

## ア 行

**アース（GND）**
　　接地すること。

**アッテネータ・プローブ（電圧プローブ）**
　　被測定回路からの信号を忠実にオシロスコープの入力回路へ導くためのツールで、一般的には、信号電圧が十分の一になるためアッテネータ・プローブと呼ばれる。

**アンブランキング回路**
　　掃引開始と同時にブラウン管の第1グリッドのバイアス電圧をプラスにして電子ビームを通過させ蛍光面に衝突させ輝線（波形）を表示させ、掃引終了とともにこれをマイナスに戻し輝線を消去する回路。

## イ、エ、オ 行

**位相**
　　振動を繰り返す波形において、1サイクル中のある瞬間での位置。

**位相差**
　　二つの波形の時間的なズレ。

**陰極線管（Cathode Ray Tube、CRT）**

**映像信号（ビデオ信号）**
　　テレビジョンの信号のうち映像関係の信号。

**オート・フォーカス**
　　ブラウン管の焦点（フォーカス）を自動的に行う機能。

## カ 行

**下限周波数**
　　増幅器の増幅度が、直流（DC）の時の約 70 ％になる低域での周波数。

**加算（ADD、和）**

**カソード**
　　ブラウン管の電子銃部の中にあり、電子を放射する電極。

# 第14章 オシロスコープの用語

**カソード・レンズ系**
　電子銃部で、電子ビームを集束し更に加速させ前方へ進ませる役目をする、カソードと制御グリッド、第2グリッドで構成されている部分。

**加速**
　電子銃内のカソードから放射された電子ビームの速度を更に増加させること。

**加速電圧**
　ブラウン管のカソードから放射された電子ビームを加速して蛍光面に衝突させるための加速電極に加える電圧。ブラウン管の種類により 2 kV から 20 kV 程度の電圧で、この電圧が高いほど波形の輝度が明るくなる。

**可聴帯域**
　人間の聴覚で感じられる周波数範囲。

**ガン（電子銃）**

## キ 行

**輝線**
　掃引する時にスクリーンに表示される明るい直線。

**輝点（スポット）**
　垂直軸と水平軸の両方に入力がない場合、スクリーンに表示される明るい点。

**輝度**
　スクリーンに表示される輝線（波形）の明るさ。

**輝度変調**
　外部からブラウン管の第1グリッドの電圧を制御することにより、表示されている波形の特定の部分の輝度を変えること。

**基本波**
　高調波の元になる周波数の波形。

**キャリ（CAL）**

**極性反転**
　波形のスロープを逆（＋→－または－→＋）にすること。

**許容誤差**
　定格値に最初から表記されている誤差。例えば、1 V ± 5 % など。

## ケ 行

**ゲート信号**
　掃引発生器の動作を ON/OFF する信号。

**蛍光物質**
　ブラウン管の蛍光面に塗布された物質で電気的な刺激で発光する性質を持ち、その種類により発光色や発光時間が決まる。

**蛍光面**
　蛍光物質が塗布され、電子ビームの衝突で発光するブラウン管のスクリーン部分。

**減算（差）**
　CH1 と CH2 に入力された信号電圧を引き算してスクリーンに表示する。

## コ 行

**コーン部**
　　ブラウン管を構成するガラス筐体の胴体部分。

**高圧プローブ**
　　高い電圧（数kVから十数kV）を測ることを目的としたプローブ。

**校正（CAL）**

**校正電圧**
　　アッテネータ・プローブや垂直感度調整（VOLTS/DIV）、掃引時間切替器(SWEEP TIME/DIV) を校正するための信号電圧。

**校正用電圧端子（CAL端子）**
　　アッテネータ・プローブや垂直感度調整（VOLTS/DIV）、掃引時間切替器(SWEEP TIME/DIV) を校正するための信号を出力する端子。

**後段加速電極**
　　ブラウン管のコーン部に塗布されている導電被膜を第2陽極から分離させ、更に高い電圧を加えられるようにした電極。

**後段加速ブラウン管**
　　後段加速電極を持つブラウン管で高い周波数領域においても十分な輝度が得られる。

**高調波**
　　基本の波形に対し整数倍の周波数を含む波形。

## サ 行

**差（減算）**

**最大許容入力電圧**
　　入力できる最大限度の電圧。

**最大値**
　　波形の振幅のうち最大になる値（振幅がランダムに変化する波形では尖頭値という）。

**残光形ブラウン管**
　　蛍光面（スクリーン）に表示される波形は通常は数十ミリ秒で消えてしまうが、秒単位の残像効果を保持できるような蛍光物質を塗布してあるブラウン管。

**残光時間**
　　スクリーンに波形が表示されてから消えるまでの時間。

## シ 行

**時間軸**
　　水平軸と類似の意味だが、スクリーンの水平方向を時間で表す時に用いる用語。

**実効値**
　　交流電圧の単位で、波形の形ではなく、波形の持つエネルギーの量から定義されてる。単位は、Vr.m.s.であるが通常は省略され単にVで表される（一般家庭で使用されている交流100 Vの単位はこの実効値である）。

**周期**
　　波の変化が一回りして最初の点まで戻るに要する時間（周波数の逆数）、単位は秒。

# 第14章 オシロスコープの用語

**集束**
　ブラウン管内で拡散しようとする電子ビームを細く束ねる（絞り込む）こと。

**周波数**
　交流の1秒間に振動する回数（周期の逆数）、単位はHz。

**周波数帯域**
　増幅器の利得（損失）がDCから、基準周波数（オシロスコープの場合は1 kHz）の70 %になる周波数（上限周波数）までをいう。

**周波数特性**
　増幅器の利得（損失）の周波数に対する変化の割り合いを表したもの。

**瞬時値**
　時々刻々と変化する交流のある時刻での値。

**上限周波数**
　増幅器の増幅度が、直流（DC）の時の約70 %になる高域での周波数。

**焦点**
　ブラウン管の蛍光面に衝突する電子ビームの断面を小さく丸くすること。

**商用交流**
　一般家庭で使用されている交流（100 V、50 Hz or 60 Hz）。

**商用電源**
　本書では一般家庭で使用されている交流電源（100 V、50 Hz or 60 Hz）を指す。

**信号遅延ケーブル（ディレー・ライン）**
　垂直増幅器を通過する信号を時間的に遅らせるためのケーブル。

## ス 行

**垂直系ビデオ信号**
　テレビジョンの映像信号のうち垂直系の信号。

**垂直軸（Y軸）**
　ブラウン管の上下方向の電圧特性を表す時に用いる。

**垂直増幅器**
　オシロスコープのメインになる増幅器で、ブラウン管内の垂直偏向板の駆動に必要な電圧まで歪み無く増幅する。

**垂直偏向板（Y軸偏向板）**
　電子銃部の前にあって、電子ビームの進行方向を垂直方向に曲げる働きをする。

**水平系ビデオ信号**
　テレビジョンの映像信号のうち水平系の信号。

**水平軸（X軸）**
　ブラウン管の左右方向の時間特性を表す時に用いる。

**水平偏向板（X軸偏向板）**
　電子銃部の前にあって、電子ビームの進行方向を水平方向に曲げる働きをする。

**スクリーン**
　ブラウン管の蛍光面で波形の表示されるエリア、格子状（縦8横10）の目盛付き。

## セ 行

**制御グリッド　（第1グリッド）**

**正弦波**
　　三角関数 sin, cos, tan の sin・・サインウェーブのこと。

**静電偏向形ブラウン管**
　　ネック部分の内部に偏向板が配置され、それに加える電圧を加減して電子ビームを偏向する方式のブラウン管（主としてオシロスコープ用）。

**尖頭値**
　　振幅がランダムに変化する波形において振幅が最大になった時の値(正弦波や方形波では最大値と呼ばれるのが一般的)。

## ソ 行

**掃引**
　　信号の入力に合わせ、スクリーンの左端から右端まで等速度で輝点を移動させること。

**掃引拡大（×10MAG）**

**掃引時間**
　　輝点がスクリーン上の水平目盛を1目盛移動するに要する時間（s/div で表す）。

## タ 行

**第1グリッド（制御グリッド）**
　　ブラウン管内の電子銃部にある電極で、電子ビームを細く束ねる働きをする。

**第1陽極**
　　ブラウン管内の電子銃部にある電極で、電子ビームのフォーカスを絞る働きをする。

**第2グリッド**
　　ブラウン管内の電子銃部にある電極で、電子ビームを加速させる働きをする。

**第2陽極**
　　ブラウン管内の電子銃部にある電極で、電子ビームを更に加速する働きをする。

**多現象表示**
　　オシロスコープで、複数の波形を同時に表示させること。

**立上り時間**
　　パルス波や方形波などの振幅が 10 % から 90 % までに要する時間（秒）。

**立下り時間**
　　パルス波や方形波などの振幅が 90 % から 10 % までに要する時間（秒）。

## チ 行

**地磁気**
　　地球の磁場による磁気。

**超低周波**
　　数 Hz 以下の非常にゆっくり振動する波（耳では聴けないような低い振動）。

**直線性**
　　二つの次元が正比例の関係にあること。

# 第14章 オシロスコープの用語

## テ 行

ディレー・ライン（信号遅延ケーブル）

電圧プローブ（アッテネータ・プローブ）

電源周波数
　一般家庭で使用している商用交流の周波数（東日本では 50 Hz、西日本では 60 Hz）。

電子銃（ガン）
　ブラウン管のネック部にあり、細く集束された電子ビームを蛍光面へ向けて高速で発射させるための電極部分、ガン（Gun····銃の意味）とも呼ばれる。

電子ビーム
　ブラウン管内の電子銃から蛍光面へ高速で向かう、細く集束された電子の流れ。

電磁偏向形ブラウン管
　ネック部の外側に偏向用のコイルを取り付け、そのコイルに電流を流して磁界を発生させ電子ビームを偏向する方式のブラウン管（テレビジョンに多く使用されている）。

電流プローブ
　電流の変化を電圧の変化に変換してオシロスコープに導くツール。

## ト 行

同期
　スクリーンに表示する波形を静止させるため、垂直軸の信号と水平軸（ノコギリ波）のタイミングを合わせること。

同期掃引方式
　掃引用のノコギリ波を垂直軸の信号と関係なく発生させておき、マニュアル操作でその周波数や位相を変えながら、表示される波形を安定に静止させるようにした方式。

導電被膜
　ブラウン管内のコーン部に塗布され、高電圧で電子ビームを更に加速する役目を持つ。

トリガ
　広義な意味で、スクリーンに表示された波形を静止させること。

トリガ信号（トリガ・パルス）
　掃引用のノコギリ波をスタートさせるために、入力信号から生成されたパルス信号。

トリガ掃引方式
　垂直軸に入力された信号により発生させたトリガ・パルスに同期してノコギリ波の掃引がスタートし波形を安定に表示させる方式。

トリガ発生器
　垂直軸に入力された信号によりトリガ・パルスを生成させる回路。

トリガ・パルス（トリガ信号）

トリガ・レベル
　掃引を開始するための波形のレベル。

## ニ、ネ、ノ 行

**入力インピーダンス**
電気信号を入力する側から見たその回路の内部抵抗。

**ネック部**
ブラウン管を構成するガラス筐体の細くなった部分（電子銃の付近）。

**ノコギリ波**
鋸（ノコギリ）の歯の形をした波形で、オシロスコープでは掃引用の波形。

## ハ 行

**発光時間**
ブラウン管の蛍光面に塗布された蛍光物質が電子の衝突で光っている時間。

**発光色**
ブラウン管の蛍光面に塗布された蛍光物質が電子の衝突で発光した時の色。

**パルス周期**
パルス波形の1周期に要する時間、単位は秒。

**パルス振幅**
パルス波形の振幅の0％から100％までの距離、単位はVp-p。

**パルス波**
極めて短い時間にある値から他の値に変化し、また短時間に元に戻るような波形。

**パルス幅**
パルス波や方形波の振幅の立ち上がりと立ち下がりで50％ラインを横切る時間（秒）。

**ハレーション**
INTENSITYノブを右に回し過ぎると、スクリーンに表示される波形が太く滲むように見え始め、時には蛍光面全体が明るくなってしまう現象。

## ヒ 行

**ピーク値（尖頭値）**

**ヒータ**
ブラウン管内の電子銃部にある電極で、外側にあるカソードを加熱する働きをする。

**非校正（UNCAL）**

**ビデオ信号**
テレビジョンの信号のうち映像関係の信号。

## フ 行

**フォーカス・レンズ系**
電子銃部で、蛍光面に焦点を合わせる役目をする、第1陽極と第2陽極、第2グリッドで構成されている部分。

**ブラウン管**
陰極線管（Cathode Ray Tube）の通称で、大別するとテレビジョンに用いられている電磁偏向形とオシロスコープに用いられている静電偏向形がある。オシロスコープにおいてはブラウン管のことをCRTと略すことが多い。

# 第14章 オシロスコープの用語

フレーム信号　（垂直系ビデオ信号）

プローブ（Probe）
　被測定回路からの信号を忠実にオシロスコープの入力回路へ導くためのツールで、電圧プローブ、電流プローブ、高圧プローブなど用途により各種ある。

## ヘ 行

偏向
　ブラウン管の電子銃部から放射された電子ビームの進行方向を曲げること。

偏向感度
　輝点がスクリーン上の目盛を1目盛移動するに要する電圧（Volts/div で表す）。

偏向板
　ブラウン管内の電子銃部の前方に配置され、垂直に向かい合う電極と水平に向かい合う電極があり、電子ビームの進行方向を制御する。

偏向部（ヨーク）
　ブラウン管内の電子銃と蛍光面の中間にあって電子ビームの進行方向を上下左右に曲げる働きをする電極部分で、ヨークとも呼ばれる。

## ホ 行

ホールドオフ
　不規則な周期の信号や複雑な波形の信号を観測するため、掃引時間に関係なく掃引の周期を変化させる機能。

方形波
　四角形の形をした波形で、瞬時に一定の値になり、あらかじめ定められた時間だけその状態を保った後、瞬時に逆向きの状態になり、次に元へ戻る、以後これを繰り返す波形。

補助目盛
　ブラウン管のスクリーンにある目盛（1 div）を更に5等分した 0.2 div 間隔の目盛。

## メ、ユ、ヨ、ラ、リ、ワ 行

目盛
　ブラウン管のスクリーン上にある格子状（縦8 div 横10 div）に区切った線。

有効面
　ブラウン管のスクリーンで波形が歪み無く表示される範囲（通常は縦8 div 横10 div の目盛のある範囲）。

ヨーク　（偏向部）

陽極
　ブラウン管内の電子銃部にある電極で、電子ビームの焦点や加速に関わる部分。

ライン信号　（水平系ビデオ信号）

リサジュー　（リサージュ、リサジウ、リサジュ）
　互いに直角方向に振動する二つの単振動を合成して得られる平面図形で、オシロスコープでは X-Y 測定などと呼ばれることも多い。

和（ADD、加算）

# インデックス

インデックスの対象範囲は第1章から第13章までの本文です。ノブやスイッチの名称は第4章のみインデックスに掲載しました。

## 記　号

× 10MAG　58, 140
× 10MAG と SWEEP TIME/DIV
　　　～の測定は同じか？　140
　　　～の測定の違いは？　142
× 10MAG の測定　140
1 - 2 - 5 ステップ　48, 54, 173, 175
12 時方向　64, 132, 146, 166
2 現象　43, 44, 82, 88, 172
　　　～オシロスコープ　43, 125, 132, 152, 172, 176
　　　～オシロスコープの回路構成　36
　　　～表示　36, 77, 82, 170, 174
2 信号　36, 84, 108, 110, 114, 116, 139
　　　～の位相差の測定　154
　　　～の切替方式　36
　　　～の差　163
　　　～の差の測定　160
　　　～の時間差と位相差の測定　152
　　　～の時間差の測定　152
　　　～の和と差の測定　158
　　　～の和の測定　158
50 Hz or 60 Hz　62, 139
50 Hz　12, 23, 61, 122, 169
5 等分　38, 127
5 div=100 %　145
8 div = 360°　156

## A　行

AC　43, 64, 65, 93, 95, 103, 129, 132, 133, 167, 170, 173, 177
AC - GND - DC　43
ADD　44, 88, 160, 161, 168, 172
　　　～（加算）　43
addition　160

# インデックス

ALT 37, 44, 88, 98, 136, 152, 154, 160, 162, 167, 170, 172
 〜（2現象） 43
 〜（オルタ）方式とは 37
 〜（オルタ）方式 36
alternate 37
AUTO 60, 61, 63, 84, 134, 166, 167, 169, 176

## C 行

CAL
 端子 124
calibration 51, 56
Cathode Ray Tube 4
CH1 INPUT 42
CH1
 〜 OUT 52
 〜信号出力 52, 176
CH2 INPUT 42
CH2
 〜 INV 45
 〜 POLARITY 45
 〜反転 45
CHOP 37, 43, 44, 88, 89, 167, 170, 172, 177
 〜（2現象） 43
 〜周波数 174
 〜（チョップ）方式 36
 〜（チョップ）方式とは 37

## D 行

DC 41, 43, 96, 97, 99, 100, 101, 109, 115, 129, 146, 147, 149, 170, 177
DIV 47, 54
division 38, 47, 54
DUAL2現象 43, 172

## E 行

EXT 60, 61, 62, 139, 169, 176
 〜 TRIG 60
 〜 TRIG 端子 139
 〜は外部信号でトリガ 139

## F , G , H 行

FET プローブ 122
FIX 60, 61, 176
FOCUS 40

GND  41, 43, 60, 96, 98, 167, 170, 171
ground  60
HORIZONTAL POSITION  57

## I 行

INPUT COUPLING SELECTOR  43
INTENSITY  39
INV  45
invert  45

## J, K, L, N, P 行

J.A.Lissajous  120
Karl Ferdinand braun  4
LEVEL  63, 65, 86, 87, 133, 147, 149
LINE  137, 61, 62, 176
　　　〜は電源同期（50 Hz or 60 Hz）専用  139
NORM  60, 61, 85, 166, 167, 169, 176, 177
N字形  120
peak to peak  94, 124
POWER  39
Probe  59, 122, 123

## S 行

SCALE ILLUMINATION  39
SCREEN  38
SLOP  62, 63, 86, 146, 148, 168, 169
SWEEP TIME/DIV  53

## T, U 行

TIME/DIV  38, 53
TRACE ROTA  40
TRIGGERING
　　　〜 MODE  60
　　　〜 LEVEL  63
　　　〜 SLOP  62
　　　〜 SOURCE  61
TTL  52, 176
TV FRAME  60, 61, 164, 165, 170, 176
TV LINE  60, 61, 164, 165, 170, 176
TV-H  164, 176
TV-V  164, 176

# インデックス

TV
　～フレーム信号 60
　～ライン信号 60
UNCAL 92, 96, 104, 108, 173
U字形 120

## V 行

VARIABLE 51, 56
VERT MODE 61, 62
　～がトリガ信号を自動選択 136
VERTICAL
　～ ATTENUATOR 46
　～ MODE 43
　～ POSITION 41
VOLTS/DIV 38, 46
Vp-p 95

## X , Y , Z 行

X-Y 45
X-Y間位相特性 175
X-Y測定モード 45
X-Yモード
　～切替 45
　～測定の時 42, 48, 52
X軸 27, 42, 45, 48, 52, 108, 110, 112, 114, 118, 120, 168, 174, 177
　～偏向板 20, 22
Y軸 27, 42, 45, 48, 52, 108, 110, 112, 114, 118, 120, 168, 174, 177
　～偏向板 20
Z AXIS INPUT 52
Z軸 27

## ア 行

アース 60, 171
アッテネータ・プローブ 122, 123, 171
アンブランキング回路 35

## イ 行

位相 45, 108, 118, 119, 120, 140, 160, 162
　～差 112, 139, 152, 154, 156
　～特性 14, 175
陰極線管 4

## エ、オ 行

映像信号（ビデオ）の観測 164
円弧 166
オート・フォーカス 40
温度 131

## カ 行

外部
　　　〜信号 176
　　　〜同期 169, 176
　　　〜トリガ入力端子 60
　　　〜入力 61
角度 20, 28, 112
下限周波数 129
加算 158, 160, 168
カソード 18, 20
　　　〜レンズ系 18
加速 18
　　　〜電圧 21, 172
過大な
　　　〜直流成分 43
　　　〜直流電圧 41
可聴帯域 36, 43
ガラス材 26
ガン 17, 18
乾電池 12
感度 173

## キ、ク 行

基準レベル 43
奇数倍 14
軌跡 24, 28
輝線 23, 28, 31, 35, 37, 39, 40, 61, 96, 98, 127, 134, 166, 167, 168, 170
　　　〜傾き調整 40
基点 58, 142
輝点 4, 13, 15, 20, 21, 22, 23, 24, 26, 28, 29, 30, 37, 38, 40, 53, 167, 168, 175
輝度 19, 26, 35, 39, 58, 134, 166, 175
　　　〜調整 39
　　　〜変調 52, 176
　　　〜変調入力 52

# インデックス

基本的な動作 28
基本波 14
逆位相 162
逆相 14
キャリ 51, 56
極性
　　　～を反転 160
許容
　　　～誤差 129, 131
　　　～入力電圧 135, 173, 174
繰り返し周期 23, 28, 30

## ケ　行

ゲート
　　　～回路 32
　　　～信号 35
蛍光物質 26, 28
蛍光面 16, 17, 18, 21, 22, 23, 26, 27, 28, 39, 40, 172
減算 158, 160, 162, 168
減衰 174
減衰器 30, 33, 43, 131, 158, 173
減衰量 33, 47, 50, 123, 173

## コ　行

コーン部 17, 19
コイル 16
高圧プローブ 122
交差する点 116
格子状 27, 38, 172
高周波 13, 20, 42, 120
　　　～信号 37, 43, 120, 129
校正 14, 35, 51, 56, 124, 125, 131
合成 120
　　　～信号 62
校正電圧 131, 176
　　　～回路 35
校正用電圧端子 59
広帯域増幅器 34, 129
後段加速形 17
後段加速
　　　～電極 19

オシロスコープ入門　193

　　　　～ブラウン管　172
高調波　14
交点数　116
公約数　108, 114
交流　12, 13, 20, 28, 43, 98, 106, 122
　　　　～結合　43
　　　　～成分　43
　　　　～電圧　12, 13, 14, 15, 23, 28, 90, 92, 94, 100, 170
　　　　～電圧計　12, 13, 14, 15
　　　　～分　102, 170, 174

## サ　行

差　158
最高
　　　　～感度　173
最大
　　　　～許容入力電圧　123, 134
　　　　～値　13, 14, 15
　　　　～点　12, 13
　　　　～入力電圧　174
雑音信号　171
差動
　　　　～電圧　122
　　　　～プローブ　122
三角関数　13
三角関数表　112
残光
　　　　～形ブラウン管　26
　　　　～時間　26

## シ　行

磁界　16, 40
時間
　　　　～間隔　128
　　　　～差　139, 152, 154
　　　　～軸　38
　　　　～測定　104, 128
　　　　～値　56
　　　　～的変化　4
　　　　～の測定　91
実効値　12, 13, 14, 15, 95, 134
湿度　131

# インデックス

斜線 166
周期 14, 23, 30, 31, 32, 54, 56, 58, 70, 72, 80, 90, 104, 106, 128, 144
集束 18, 20
周波数
　　　〜特性 14, 123, 129, 131, 158, 171, 173, 174, 175, 177
　　　〜比 116, 120
瞬時値 14, 23
衝撃波 14
上限周波数 129, 130, 171, 173, 174
焦点 18, 35, 40, 66
　　　〜調整 40
商用電源 12, 13, 139
真空状態 17
信号
　　　〜遅延ケーブル 148
　　　〜入力端子 42
振幅
　　　〜比 110

## ス 行

垂直
　　　〜位置調整 41
　　　〜感度調整 46
　　　〜感度微調整 51
　　　〜減衰器 46
　　　〜増幅器 123, 129, 130, 171, 173, 175
　　　〜同期パルス 164
　　　〜入力切替 43
　　　〜プリアンプ 34
　　　〜メイン・アンプ 34
　　　〜目盛 38
垂直系
　　　ビデオ信号 164
　　　ビデオ信号用 164
垂直軸 28, 29, 30, 31, 32, 34, 38, 116, 118, 172, 174, 177
垂直偏向板 20, 22, 23, 24, 28, 34
　　　〜（Y軸偏向板）20
水平
　　　〜位置調整 57
　　　〜増幅器 175
　　　〜同期パルス 164
　　　〜目盛 38, 40

オシロスコープ入門　**195**

水平系
  ビデオ信号 164
  ビデオ信号用 164
水平軸 27, 28, 29, 30, 31, 32, 116, 118, 174, 177
  〜増幅器 35
水平偏向板 20, 22, 23, 24, 35
  〜（X軸偏向板） 20
スクリーン
  〜の目盛 145

## セ 行

正極性 176
制御グリッド 18
整数
  〜倍 30
  〜比 31
  〜分の1 30
正相 14
静電偏向形 16, 20, 35
  〜ブラウン管 16, 17
  〜ブラウン管の構造 17
接地 43, 60
  〜端子 60

## ソ 行

掃引 31, 34, 35, 37, 175
  〜回路 30
  〜拡大 58, 140, 175
  〜ゲート回路 35
  〜時間切替器 53
  〜時間微調整 56
  〜周波数 30
  〜電圧 13
  〜発生器 35
掃引時間 37, 38, 53, 54, 56, 58, 106, 128, 131, 140, 175
増幅器 14
増幅度 36, 58, 158, 162, 171, 175

# インデックス

## タ 行

第 1
　　　～グリッド 18, 35, 176
　　　～陽極 18
対角寸法 26, 172
第 2
　　　～グリッド 18
　　　～陽極 18, 19
代表的な波形 13
タイミング 30, 31, 84
楕円 110, 112, 120
多現象 36
立上り時間 130, 144, 145, 148, 150, 171, 173
　　　～の測定 146
立ち上がり部分 34, 58, 150, 152, 154, 169
立下り時間 144, 145, 148
　　　～の測定 148
立ち下がり部分 150, 169
縦 8 div 横 10 div 172
縦を 8 等分、横を 10 等分 27
縦 8 分割、横 10 分割 38
単振動 120

## チ 行

遅延回路 34
遅延ケーブル 34
蓄電池 12
地磁気 40, 166
超低周波 43
直線性 58, 175, 177
直流 12, 42, 43, 96, 98, 106, 122, 129, 134, 170
　　　～結合 43
直流電圧 12, 23, 41, 42, 90, 98, 100, 122, 170
直流電圧計 12
直流電圧
　　　～と交流電圧 12
直流
　　　～分 170, 174
直角方向 120

オシロスコープ入門　**197**

## テ 行

定格 124, 129, 131, 172, 173, 175, 176, 177
　　～値 21, 129, 131, 174
ディレー・ライン 34
テレビジョン 16, 164
電圧
　　～測定 126, 128
　　～の基本測定 92
　　～の測定 90
　　～プローブ 122, 173
電位 28
電位差 22
電荷 22
電界 40
電気信号 4
電極 12, 19, 20, 35
電源/高圧回路 35
電源
　　～周波数 61, 62, 139
　　～スイッチ 39
電子 17, 18, 22, 40
　　～ビーム 16, 18, 20, 21, 22, 26, 28, 31, 35, 40
電子銃 16, 20, 26, 28, 40
　　～部 17, 18, 20
電磁偏向形 16, 20
　　～ブラウン管 16, 17
電流 12
　　～プローブ 122

## ト 行

同期 30, 31, 34, 86, 169, 177
　　～回路 30
　　～関係 152
　　～信号 31, 32
　　～掃引方式 31, 32
動作様式 172, 174
同軸 51, 56
　　～ケーブル 34, 123
同振幅 162
同相 114

# インデックス

等速度 23, 24, 29, 175
導電被膜 18, 19
トリガ 61, 63, 136, 139, 140, 152, 164, 168, 176
 〜感度 169, 176
 〜機能 164
 〜信号 60, 61, 62, 136, 139, 164
 〜信号選択 61
 〜スロープ設定 62
 〜ソース 136, 139, 152, 176
 〜掃引 61, 84
 〜掃引方式 32
 〜発生器 34
 〜パルス 32, 34, 35
 〜モード 176
 〜モード選択 60
 〜レベル 61, 84
 〜レベル調整 63

## ニ、ネ、ノ 行

入力
 〜インピーダンス 131, 174
 〜許容電圧 42, 60
 〜結合切替 43
 〜減衰器 33
ネック 20
 〜部 16, 17
ノコギリ波 13, 23, 24, 28, 29, 30, 31, 32, 34, 35, 58, 118
 〜発生回路 32

## ハ 行

波形
 〜拡大 140
 〜撮影 27
発光
 〜時間 26
 〜状態 26
発光色 26
パルス 35, 130, 171, 173
 〜周期 145
 〜信号 130
 〜振幅 145
 〜波 14, 144, 145, 171
 〜波形 130

パルス幅 144, 145, 150
　　　～の測定 150
ハレーション 39
反転 45, 140, 160
反撥 18, 22

## ヒ　行

ピーク 24, 35, 94, 154
　　　～値 42, 60, 134
ヒータ 18
非校正 92, 96, 104, 108, 173
微少
　　　～交流電圧 170
　　　～な交流成分 43
ビデオ信号 164, 170
　　　～の観測 164
ビデオテープ・レコーダ 164

## フ　行

フォーカス・レンズ系 18
負荷 12
負電圧 18
ブラウン管
　　　～の種類 16
　　　～の偏向部 20
フレーム同期信号 61
プローブ 35, 42, 59, 122, 123, 124, 125, 135, 164, 171, 173, 174

## ヘ　行

平均化した電圧 15
平均的
　　　～な値 4
　　　～な電圧 14
平面図形 120
偏向 16, 20
偏向感度 21, 49, 94, 98, 102, 126
偏向板 16, 18, 20, 22, 23, 28
　　　～の機能 20
　　　～の構造 20
偏向部 17, 20
　　　～（ヨーク） 20

# インデックス

## ホ 行

ホールドオフ回路 35
方形波 14, 15, 59, 124, 144, 145, 146, 164, 176
　　　〜信号 35
　　　〜、パルス波の各部分の定義 145
　　　〜やパルス波の測定 144
補助目盛 38, 127

## ム、メ、ユ、ヨ、ラ 行

無信号 61, 84
目盛
　　　〜照明調整 39
有効面 172
ヨーク 17
陽極 18
ライン同期信号 61

## リ、ワ 行

リアルタイム 4, 15, 126
リサージュ／リサジウ／リサジュ 120
リサジュー 28, 120
　　　〜図形 45, 90, 91, 108, 114, 116, 118, 119, 120, 121, 168
　　　〜測定 117, 174, 175
リボン形 120
和 158

# Appendix 遅延掃引（Delayed Sweep）

遅延掃引(Delayed Sweep)とは文字どおり遅れて掃引することの意味です。通常のオシロスコープの動作は、入力信号があるとすぐにトリガ信号を発生してトリガ回路が動作し掃引を開始するので、その時点からの波形がスクリーンで見られます。つまり、入力があれば遅滞なく掃引することで私たちはリアルタイムで波形を観測することができます。

「遅れて掃引する」の本質的な意味は「波形の部分拡大」にあります。波形の拡大はSWEEP TIME/DIVノブを右に回し掃引時間を速くすることで可能ですが、これではトリガ点からの波形拡大になり拡大率が上がれば上がるほどトリガ点の近くしか見ることができません。

そこで、このトリガ点から離れた（ある時間だけ遅れた）波形の一部分を拡大する方法として「遅延掃引」が使われます。

遅延掃引の説明をする前に、波形拡大についてもう一度整理しておきます。

## SWEEP TIME/DIVスイッチによる波形拡大

既に前章までに説明したように「SWEEP TIME/DIVスイッチ」を右に回せば波形の周期が少なくなり、反対に左に回せば波形の周期が多くなります。

つまり、このスイッチにより波形が拡大（あるいは縮小）することは、スクリーンの波形の見え方で理解されていると思います。

掃引時間は「SWEEP TIME/DIVスイッチ」を一つ右へ切り替える毎に0.5倍（または0.4倍）に、一つ左へ切り替える毎に2倍（または2.5倍）になり、スクリーンに表示される波形の周期もそれにしたがい変わっていきます。

［図A-1］A SWEEP TIME/DIVスイッチの回転方向と表示波形の見え方

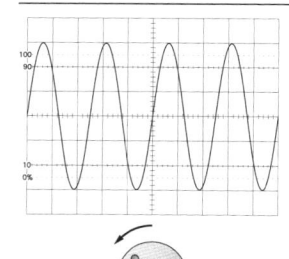

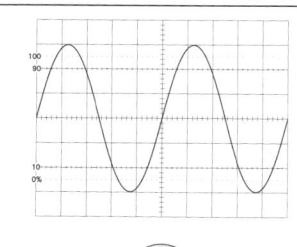

左に1ステップ回す　　　現在位置　　　右に1ステップ回す

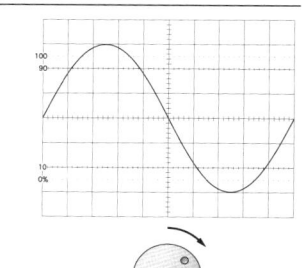

# Appendix 遅延掃引 (Delayed Sweep)

- (DELAY POSITION) COARSE
- (DELAY POSITION) FINE
- (SWEEP) VARIABLE
- A SWEEP TIME/DIV
- B SWEEP TIME/DIV

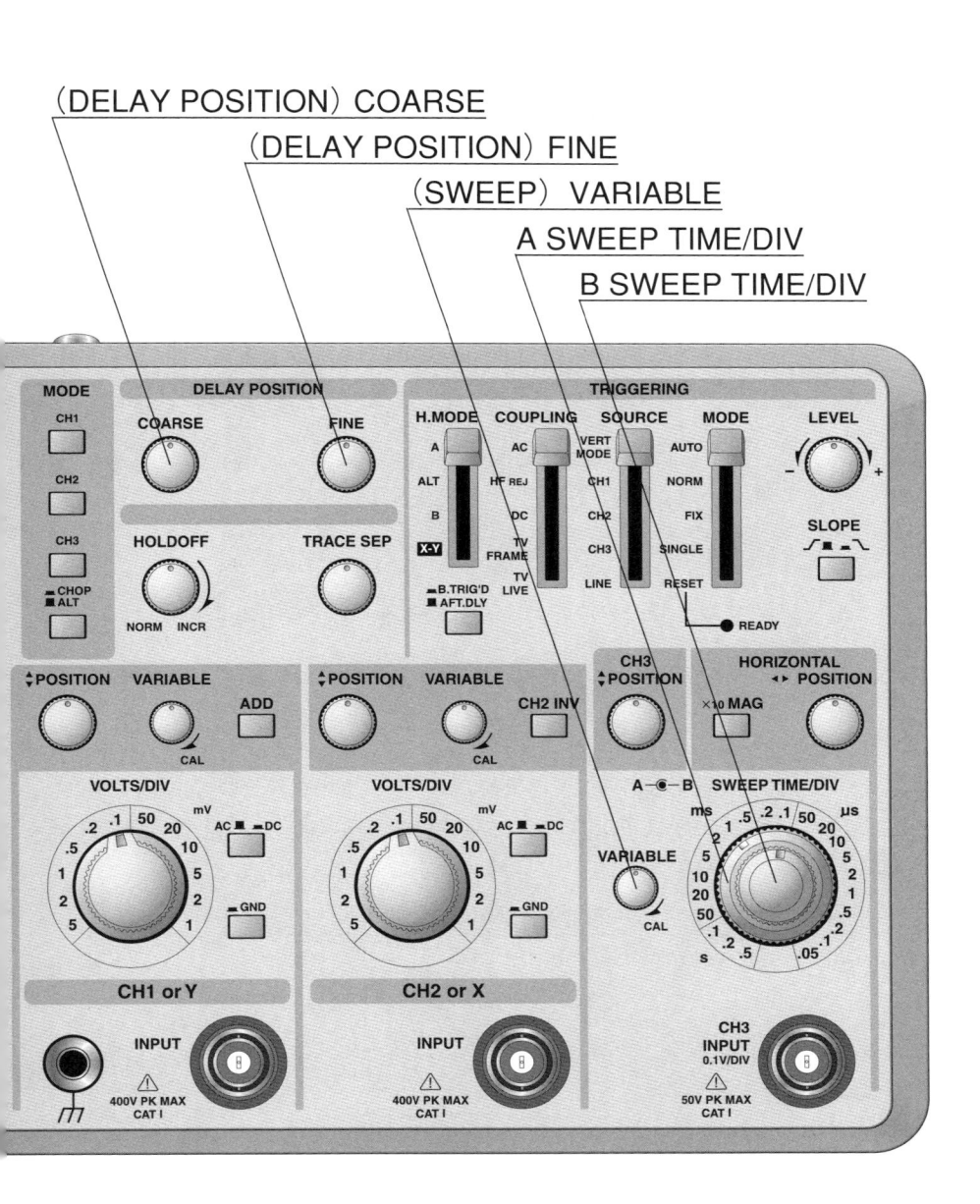

(注)「遅延掃引」の説明では、第11章までとは異なる機種をモデルにしています。

オシロスコープ入門 **203**

## ×10MAGによる波形拡大

波形の拡大には、もう一つ「第11章スキルアップ・テクニック」で説明した「×10MAG」があります。これはSWEEP TIME/DIVスイッチで掃引時間を速くする方法と波形拡大の仕組みが異なります。そのSWEEP TIME/DIVスイッチは、右に3ステップ回す毎に波形は水平方向に10倍ずつ拡大されます。

図A-2 (a) のような減衰振動の波形が見えている時に、SWEEP TIME/DIVスイッチで3ステップ右に回し拡大すると、図A-2 (b) のように、波形の左端から1 div幅の部分(左端のCの部分)だけが10倍になり、それより右の9 div幅の部分はスクリーンから右の外へ飛び出してしまい見ることができません。

[図A-2] SWEEP TIME/DIVスイッチによる拡大

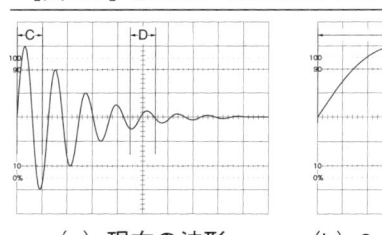

(a) 現在の波形　　(b) 3ステップ右に回す

次に、図A-2 (a) 状態から、「×10MAG」を [ON] すると水平増幅器の増幅度が10倍になり、スクリーン中央を基点(図A-2 (a) の中央のDに注目)に、図A-3のように、波形全体が水平方向に10倍拡大されます。

拡大されて最初に見える部分は、拡大前のスクリーン中央部分の1 div幅ですが、その状態で、HORIZONTAL POSITIONノブを左あるいは右に回せば、波形の左端から右端まで全て見られます。

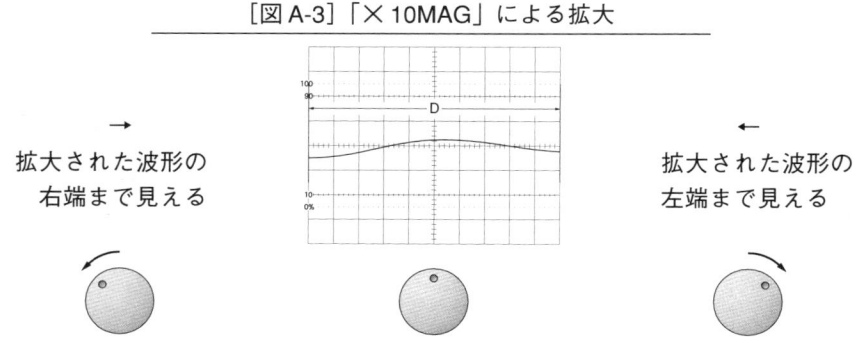

[図A-3] 「×10MAG」による拡大

→
拡大された波形の
右端まで見える

←
拡大された波形の
左端まで見える

HORIZONTAL POSITIONノブ

# Appendix 遅延掃引（Delayed Sweep）

## 遅延掃引とは

「SWEEP TIME/DIV」や「×10MAG」による波形の拡大について、それぞれの特徴を理解されたと思います。

波形の任意の部分を自由に拡大して観測したいというニーズに対し、「SWEEP TIME/DIV」ではトリガ点からの拡大、「×10MAG」では拡大率が10倍に固定と、この両方とも条件を満たすことができません。

そこで考え出されたのがこれから説明する「遅延掃引」です。遅延掃引は冒頭で触れたように、文字通り遅れて掃引することの意味で、トリガ点から離れた（ある時間だけ遅れた）波形の一部を拡大する方法です。

## 遅延掃引の特徴

これまでの方法では波形拡大におのずと限度があります。そこでこの問題を解決する意味で「遅延掃引」が考案されました。

この遅延掃引の特徴は、

- 波形の任意の部分を拡大して観測できること。
- その拡大率が可変できること。

次にもう少し順を追って遅延掃引ならではの特徴を説明します。

## 主掃引と遅延掃引

通常は、信号の入力によりトリガ信号が発生し、それによって掃引が開始するわけですが、遅延掃引では、このトリガ信号からある時間遅らせて別のトリガ信号（遅延トリガ信号という）を作り、そこから別の掃引回路で掃引を開始させることにより、波形の任意の部分の拡大を可能にしています。

つまり、遅延掃引の機能があるオシロスコープには掃引回路が二つあり、それぞれ主掃引（A掃引ともいう）、遅延掃引（B掃引ともいう）と呼ばれ、個々に掃引時間が変えられます。図A-4のように、最初の元になった掃引を主掃引が行い、波形の全体をスクリーンに表示させ、後から掃引を開始した遅延掃引が、拡大されて波形の部分だけを表示する役目をしています。

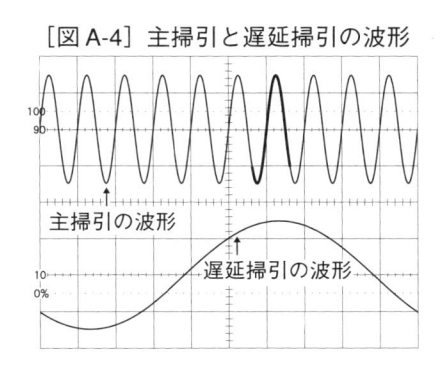

［図A-4］主掃引と遅延掃引の波形

オシロスコープ入門　**205**

## A & B SWEEP TIME/DIV（A & B 掃引時間切替器）

　掃引時間を段階的に可変するスイッチで、遅延掃引の機能があるオシロスコープには SWEEP TIME/DIV スイッチが二つあります。

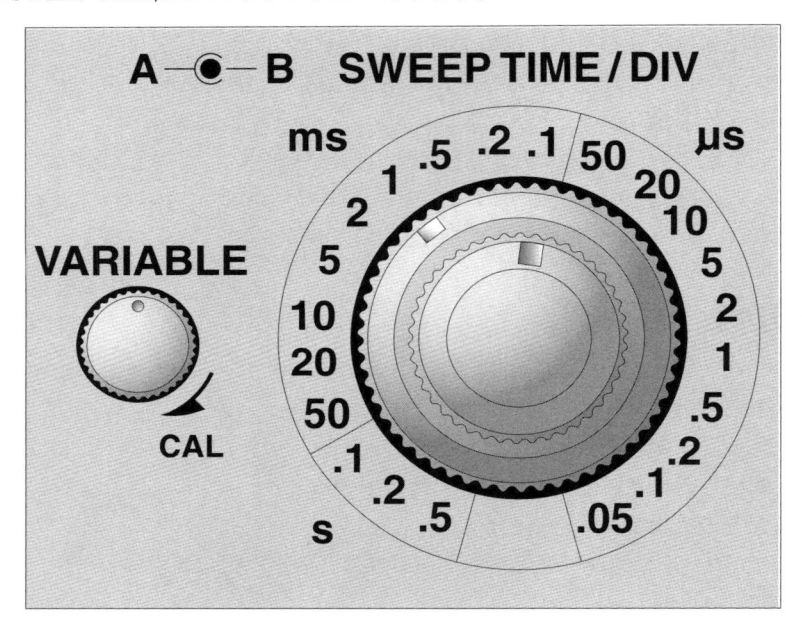

　上の図でもわかるように、スイッチは同軸（2軸）になっています。<u>外側の大きなノブが A SWEEP TIME/DIV スイッチ、内側の小さなノブが B SWEEP TIME/DIV スイッチで、パネルの単位表示は共用になっています。</u>

　図の左側のノブは掃引時間を微調節する VARIABLE ノブで、A SWEEP TIME/DIV スイッチと B SWEEP TIME/DIV スイッチと同軸（3軸）の機種もあります。

　通常は、A 掃引の A SWEEP TIME/DIV スイッチだけを使いますが、遅延掃引を行う時には B 掃引の B SWEEP TIME/DIV スイッチも併用します。

---

**Hint**　　　　（SWEEP）VARIABLE ノブは一つだけ

　SWEEP TIME/DIV スイッチは、主掃引用と遅延掃引用にそれぞれ一つずつありますが、掃引時間の微調整用の VARIABLE ノブは主掃引専用になっています。時間測定の時には必ず［CAL］の位置にセットしておきます。

# Appendix　遅延掃引（Delayed Sweep）

## 遅延時間

　最初のトリガ信号の発生から遅延トリガ信号の発生までの時間を遅延時間と呼び、DELAY POSITIONノブ（機種によっては、DELAY TIME POSITION、略してDTPまたはDTPダイヤルともいう）で可変できます。

**DELAY POSITION**
COARSE　　　FINE

　遅延掃引では、図A-5のように、スクリーンに表示されている主掃引の波形の拡大したい部分の左端（遅延掃引の開始点になります）に、輝度変調（波形の一部分を明るくする）のかかった部分の左端をDELAY POSITIONノブで合わせます。

　このDELAY POSITIONノブによりスクリーン上では水平軸の幅（0.2 div～10 div）を連続的に可変できます。

　また、拡大される波形の部分のスクリーン上での幅（輝度変調の部分）は、遅延掃引の掃引時間を設定するB SWEEP TIMIE/DIVスイッチの設定位置で決まります。

　このB SWEEP TIMIE/DIVスイッチを右に回すと掃引時間は速くなり、拡大される部分の幅は狭まり（拡大率が大きくなる）ます。反対にB SWEEP TIMIE/DIVスイッチを左に回すと掃引時間は遅くなり、拡大される部分の幅は広がり（拡大率が小さくなる）ます。

　なお、主掃引（A掃引）によりスクリーンに表示される波形のうち、遅延掃引（B掃引）により拡大される部分については輝度変調（図A-5では、主掃引の波形のうち太く見える部分）がかけられ、他の部分より明るく見えてどこが拡大される部分かはっきりわかるようになっています。

［図A-5］主＆遅延掃引と遅延時間

主掃引の波形
遅延掃引の波形
遅延時間

オシロスコープ入門　**207**

## 拡大する部分の設定

　これまでの説明を整理すると、波形の拡大する部分の開始ポイントはDELAY POSITIONノブ（またはDTPダイヤル）で設定し、拡大率はB SWEEP TIMIE/DIVスイッチを右に回すことにより拡大できます。

　図A-6のように、この拡大率は、基本的にA SWEEP TIMIE/DIVスイッチの設定値に対するB SWEEP TIMIE/DIVスイッチの設定値の比率で決まります。

　例えば、A SWEEP TIMIE/DIVスイッチの設定値が10 ms/divの時に、B SWEEP TIMIE/DIVスイッチが1 ms/divであれば10倍（10 ms / 1 ms）の拡大率です。

　次にB SWEEP TIMIE/DIVスイッチを0.5 ms/divに切り換えると20倍（10 ms / 0.5 ms）になり、更に0.1 ms/divに切り換えれば100倍（10 ms / 0.1 ms）の拡大と、任意に変えることができます。

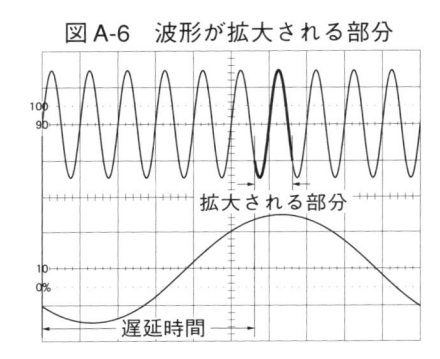

図A-6　波形が拡大される部分

## 「×10MAG」との相違

　掃引拡大の「×10MAG」は、簡単に波形を10倍にできますが、遅延掃引にはそれに勝るメリットがあります。

- 拡大する部分の開始点を自由に決められる。
- 拡大率は10倍に限定されず広範囲な倍率で設定できる。
- 水平方向の直線性が良い（波形歪みが少ない）。
- 同期遅延により揺らぎ（ジッタという）が少ない観測もできる。

# 連続遅延と同期遅延

　通常のトリガ信号とは別に、遅延掃引では遅延トリガ信号により遅延掃引(B掃引)が掃引を開始するようになっています。

　この遅延トリガ信号の発生の仕方により、連続遅延（Starts After Delay）と同期遅延（Triggerable After Delay）の二つの遅延掃引方式があります。

　どちらも遅延掃引に違いはないのですが、遅延掃引の開始の仕方がそれぞれ少しずつ異なっていて一長一短があります。

# Appendix 遅延掃引（Delayed Sweep）

## 連続遅延（Starts After Delay）

　この遅延掃引では、通常のトリガ信号が発生してから、DELAY POSITIONノブ（またはDTPダイヤル）で設定された時間の経過後に、遅延トリガ信号が発生し遅延掃引（B掃引）が掃引を開始します。

　図A-7のように、このモードでは、DELAY POSITIONノブ（またはDTPダイヤル）で連続的に遅延掃引（B掃引）を開始するポイントを設定できます。

　連続的に可変できるため時間間隔の測定に都合がよいのですが、拡大率を上げていくと次第に拡大波形が左右方向に揺らぎ（ジッタ）はじめ不安定になる欠点があります。

［図A-7］連続遅延（Starts After Delay）の操作順序

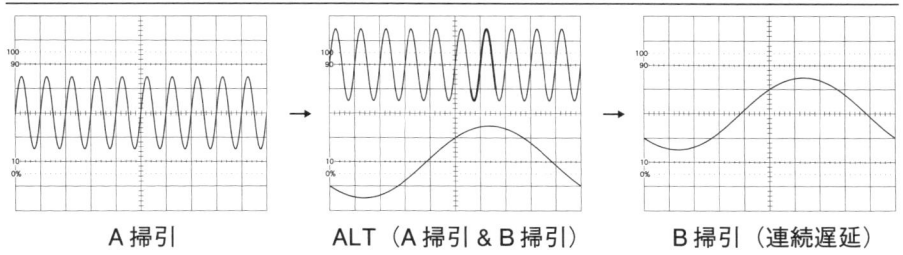

A掃引　→　ALT（A掃引＆B掃引）　→　B掃引（連続遅延）

## 同期遅延（Triggerable After Delay）

　連続遅延と異なる点は、DELAY POSITIONノブ（またはDTPダイヤル）で設定された時間の経過後に発生する、最初のトリガ信号により掃引を開始します。

　図A-8のように、このモードでは、あらかじめ設定された遅延時間経過後、すぐには遅延掃引が開始しないため、波形の任意の部分からの拡大はできません。

　しかし、設定された遅延時間の経過後、最初のトリガ信号により遅延掃引を始めるため、波形の拡大率が上がってもジッタが目立つようなことはありません。

［図A-8］同期遅延（Triggerable After Delay）の操作順序

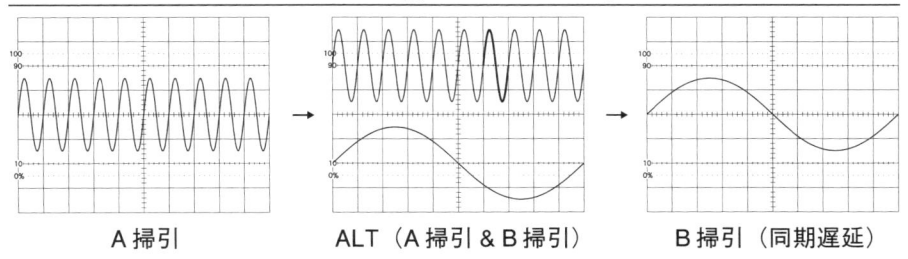

A掃引　→　ALT（A掃引＆B掃引）　→　B掃引（同期遅延）

「参考・引用文献」
**取扱説明書**（40MHz2現象オシロスコープ CS-4135）
**取扱説明書**（100MHz2現象オシロスコープ CS-5375）
株式会社ケンウッド ティー・エム・アイ 制作

**製品カタログ**（オシロスコープ）
株式会社ケンウッド ティー・エム・アイ 制作

**オシロスコープ活用法**
株式会社ケンウッド ティー・エム・アイ 著作
ＣＱ出版株式会社 発行

**理科年表**
国立天文台 編集
丸善株式会社 発行

**電気通信大学ホームページ**
http://www.uec.ac.jp

## 「筆者」

**田中新治**(Tanaka Shinji)　テクニカルライタ

　1942年、東京都で出生。電気通信大学を1964年に卒業後、都内の弱電系企業に入社した。

　営業企画職を永年勤めた後、宣伝部へ異動し企画制作職として1991年まで在職する。

　同年秋にマッキントッシュによるDesk Top Publishing（DTP）の新規事業分野に転身した。

　'90年代は写植版下時代から急速にパソコンによるDTPが台頭し始めた時期で、以後アドビシステムズ社の代表的なアプリケーションAdobe Photoshop、Illustrator、PageMakerなどを中心とした制作活動に注力してきた。近年、マルチメディアの普及にともないデジタルコンテンツの企画制作に専念するため独立する。

　パソコン歴はNEC PC-8001からエントリーしBASICからMS-DOS2.1、Windows3.1、Windows95/98と歴代のOSにお世話になってきたが、Windows3.1時代から平行して漢字talk6のMacintosh II Fx、Macintosh SE-30も使い始め、現在はPower Macintoshをメインとしているがウインドウズとマッキントッシュのバイリンガルである。

　趣味はアマチュア無線、1963年開局で現在もJA1NAF（第一級アマチュア無線技士）として無線電信とパケット通信をメインにオンエアーしている。（社）日本アマチュア無線連盟（JARL）の正会員（E-mail　ja1naf@jarl.com）。

**田中沙織**(Tanaka Saori)　デザイナー

　1978年、東京都で出生。東京デザイナー学院ビジュアルデザイン科（コンピュータグラフィックス専攻）を1999年に卒業した。現在はフリーのデザイナーとしてマッキントッシュ（Adobe Photoshop、Illustrator）によるビジュアルデザインを手がけている。

　パソコンとの付き合いは、ロードランナー、インベーダなどゲームで遊び始めたNECのPC-8801からBASIC、MS-DOS、Windows95/98に至る約17年。現在はウインドウズとマッキントッシュのバイリンガルである。

　趣味は手芸、編み物、その他、ジャンルを問わず読書が好き。

●**本書記載の社名，製品名について** ── 本書に記載されている社名および製品名は，一般に開発メーカーの登録商標です．なお，本文中では™，®，©の各表示を明記していません．

●**本書掲載記事の利用についてのご注意** ── 本書掲載記事は著作権法により保護され，また産業財産権が確立されている場合があります．したがって，記事として掲載された技術情報をもとに製品化をするには，著作権者および産業財産権者の許可が必要です．また，掲載された技術情報を利用することにより発生した損害などに関して，CQ出版社および著作権者ならびに産業財産権者は責任を負いかねますのでご了承ください．

●**本書に関するご質問について** ── 直接の電話でのお問い合わせには応じかねます．文章，数式などの記述上の不明点についてのご質問は，必ず往復はがきか返信用封筒を同封した封書でお願いいたします．ご質問は著者に回送し直接回答していただきますので，多少時間がかかります．また，本書の記載範囲を越えるご質問には応じられませんので，ご了承ください．

●**本書の複製等について** ── 本書のコピー，スキャン，デジタル化等の無断複製は著作権法上での例外を除き禁じられています．本書を代行事業者等の第三者に依頼してスキャンやデジタル化することは，たとえ個人や家庭内の利用でも認められておりません．

---

**JCOPY** 〈出版者著作権管理機構委託出版物〉
本書の全部または一部を無断で複写複製（コピー）することは，著作権法上での例外を除き，禁じられています．本書からの複製を希望される場合は，出版者著作権管理機構（TEL：03-5244-5088）にご連絡ください．

---

# オシロスコープ入門　2現象オシロスコープの簡単操作ガイドブック

| | |
|---|---|
| 2000年9月1日　初版発行 | © 田中　新治　2000 |
| 2023年10月1日　第16版発行 | 著　者　田中　新治 |
| | 発行人　櫻田　洋一 |
| | 発行所　CQ出版株式会社 |
| | 〒112-8619　東京都文京区千石4-29-14 |
| | 　　　　　編集　03-5395-2149 |
| | 　　　　　販売　03-5395-2141 |
| | 振　替　00100-7-10665 |
| | |
| | DTP編集　田中　新治 |
| | デザイン　田中　沙織 |
| 乱丁・落丁はお取り替えします． | 編集担当　櫻田　洋一 |
| 定価はカバーに表示してあります． | 印刷・製本　三晃印刷株式会社 |
| ISBN978-4-7898-1189-7 | Printed in Japan |